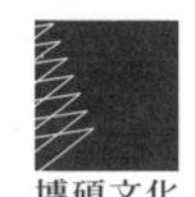

超簡單 Python/MicroPython 物聯網應用

堆積木寫程式輕鬆學習軟硬體整合 第二版

陳會安——著

- 「圖解 + 實作 + 原理」，本書才是初學者真正能夠學習的入門書籍
- 使用 ESP8266 開發板，零基礎實作軟硬整合 MicroPython 程式設計

雲端資料儲存　WiFi上網　手機遠端監控　物聯網雲端平台　LINE訊息通知

本書如有破損或裝訂錯誤，請寄回本公司更換

作　　者：陳會安
責任編輯：偕詩敏

董 事 長：陳來勝
總 編 輯：陳錦輝

出　　版：博碩文化股份有限公司
地　　址：221 新北市汐止區新台五路一段 112 號 10 樓 A 棟
電話 (02) 2696-2869 傳真 (02) 2696-2867

郵撥帳號：17484299　戶名：博碩文化股份有限公司
博碩網站：http://www.drmaster.com.tw
讀者服務信箱：dr26962869@gmail.com
訂購服務專線：(02) 2696-2869 分機 238、519
（週一至週五 09:30 ～ 12:00；13:30 ～ 17:00）

版　　次：2022 年 12 月二版一刷

建議零售價：新台幣 720 元
I S B N：978-626-333-314-7
律師顧問：鳴權法律事務所 陳曉鳴 律師

國家圖書館出版品預行編目資料

超簡單Python/MicroPython物聯網應用：堆積木寫程式輕鬆學習軟硬體整合/陳會安著. -- 二版. -- 新北市：博碩文化股份有限公司, 2022.12
面；　公分

ISBN 978-626-333-314-7 (平裝)

1.CST: Python (電腦程式語言)
2.CST: 電腦程式設計
3.CST: 物聯網

312.32P97　　111018612

Printed in Taiwan

商標聲明

本書中所引用之商標、產品名稱分屬各公司所有，本書引用純屬介紹之用，並無任何侵害之意。

有限擔保責任聲明

雖然作者與出版社已全力編輯與製作本書，唯不擔保本書及其所附媒體無任何瑕疵；亦不為使用本書而引起之衍生利益損失或意外損毀之損失擔保責任。即使本公司先前已被告知前述損毀之發生。本公司依本書所負之責任，僅限於台端對本書所付之實際價款。

作者序

物聯網 IoT 就是萬物連網，所有東西（物體）都可以上網，因為所有東西都連上了網路，我們可以透過任何連網裝置來遠端控制這些連網的東西、就算遠在天涯海角也一樣可以進行監控。

MicroPython 是 Damien George 開發的精簡版 Python 3 語言，其語法和 Python 3 相同，受限於微控制器的硬體效能，只實作小部分 Python 標準模組，和新增微控制器專屬模組來存取低階的硬體裝置。MicroPython 已經支援 ESP8266/ESP32 等多種開發板，和 ARM 微控制器的開發板，官方網址：https://micropython.org/。

「因為微控制器開發板的發展只會愈來愈簡化，程式設計能力和各種 Web 服務的整合應用才是物聯網專案開發的核心能力。」軟硬整合的程式設計教學或學習雖然可以大幅提昇學習動機，但是，軟硬整合也需要面對加倍難度的除錯，因為錯誤可能發生在硬體接線；或程式的邏輯錯誤，造成初學者學習上很大的困擾。

為了讓初學者也能夠輕鬆進入軟硬整合的 MicroPython 程式設計，本書嚴選 ESP8266 高性價比的「Witty Cloud 機智雲」開發板，此開發板本身就是 IoT 裝置，不需麵包板；不用硬體接線，即可讓你輕鬆學習軟硬體整合的 MicroPython 程式設計，快速進入 STEAM 世界（Science、Technology、Engineering、Arts 和 Math）。

本書在二版更新軟體工具、使用最新版 MicroPython 韌體和模組，在內容架構上是針對 Python 或對運算思維有興趣的初學者，可以作為 Python 程式設計入門，或 MicroPython 物聯網相關課程的上課教材。在內容上專注於程式設計與 Web 整合應用，並且大幅降低 IoT 裝置的硬體複雜度，前 14 章都只需要一塊 Witty Cloud 機智雲開發板，不只讓初學 Python 者能快速入門 MicroPython 語言，更可以輕鬆進入軟硬整合，和 Web 服務整合應用的 MicroPython 物聯網專案開發，如下圖所示：

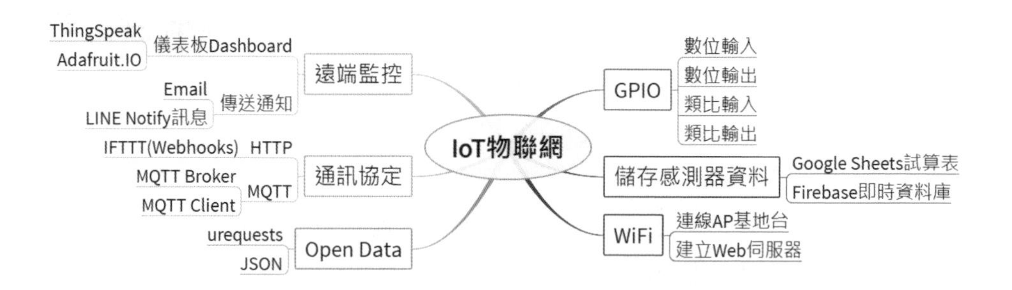

因為實作是程式學習上不可缺少的部分，應用更是持續學習程式設計動機的來源，本書提供馬上可用的大量程式實例，以及眾多實際整合各種 Web 服務的應用範例，並且在第 15 章說明更多的感測器和執行器，第 16 章的 MicroPython 專案更打造出一台 ESP-WiFi 遙控車，不只是遙控車，更可以讓你輕鬆變身成一台自動避障的自走車。

如何閱讀本書

本書架構上是循序漸進從 Python 語言的基礎開始，在學會基礎語法後，才真正進入 MicroPython 物聯網應用的各種領域，可以讓你輕鬆使用 MicroPython 語言整合各種 Web 服務來建立所需的物聯網應用或專案開發。

第一篇：Python 程式設計與 Thonny Python IDE「超」入門

第一篇說明 Python 程式語言，在第 1 章詳細說明「初學者」專屬的 Thonny Python IDE，第 2 章是 Python 基本語法的變數、型別、運算子、輸出與輸入，在第 3 章是流程控制的條件與迴圈結構，第 4 章是字串與容器型別的串列、元組與字典，最後第 5 章是函式、模組、檔案與例外處理，詳細說明如何匯入模組與套件，和 os 模組的使用。

第二篇：ESP8266+MicroPython 物聯網應用「超」簡單

第二篇是 ESP8266＋MicroPython 程式設計的物聯網應用，在第 6 章說明物聯網和物聯網平台後，詳細介紹本書使用的 ESP8266 開發板和 IoT 裝置，第 7 章說明如何建立 MicroPython 開發環境，在第 8 章是 GPIO 數位輸入、數位輸出、類比輸出和類比輸入，第 9 章是 WiFi 上網和 HTTP 請求的 Open Data，並且說明 JSON 資料剖析，在第 10 章是訊息通知，在詳細說明 MicroPython 檔案系統和本書使用的自訂模組後，說明如何使用 IFTTT 來寄送電郵，和發送 LINE Notify 通知訊息，在第 11 章說明如何將資料上傳至 ThingSpeak 和 Adafruit.IO 物聯網平台和建立監控儀表板，第 12 章是 MQTT 通訊協定，說明如何透過 MQTT 來實作遠端監控，在第 13 章是雲端資料儲存，在校正開發板的時間後，說明如何將資料存入雲端 Google Sheets 和 Firebase 即時資料庫，最後說明 Timer 計時器的使用，第 14 章是 Socket 程式設計，在說明 Telnet 後，建立 Web 伺服器來進行網頁介面的遠端監控。

第三篇：ESP8266+MicroPython 物聯網專案開發「超」實務

第三篇是 ESP8266+MicroPython 物聯網專案開發，在第 15 章說明中斷處理後，就啟用 WebREPL 的 WiFi 無線連接，可以讓機智雲開發板空出 GPIO 來連接更多其他感測器和執行器，例如：蜂鳴器、DHT11 溫溼度感測器、WS2812B RGB LED 燈條和伺服馬達，第 16 章在說明 MicroPython 專案開發的檔案和目錄管理後，進一步說明 HC-SR04 超音波感測器模組和直流馬達控制的使用，最後使用 ESP8266 開發板打造一台 ESP-WiFi 遙控車，提供 Web 介面的遙控器來控制小車的行走。

附錄 A 說明本書各章使用的電子元件和 ESP8266 開發板清單。附錄 B 是客製化 Thonny+ESP8266 工具箱套件的下載與安裝。

編著本書雖力求完美，但學識與經驗不足，謬誤難免，尚祈讀者不吝指正。

陳會安

於台北 hueyan@ms2.hinet.net

2022.10.30

範例檔案說明

為了方便讀者學習本書 Python/MicroPython 程式設計和物聯網應用，筆者已經將本書的範例程式和相關檔案都收錄在範例檔案，如下表所示：

資料夾	說明
ch1~ch5	本書 Python 範例程式和相關檔案
ch7~ch16	本書 MicroPython 範例程式和相關檔案

在 fChart 流程圖教學工具的官方網站，可以下載配合本書使用的【ESP8266Toolkit】工具箱（請在上方選【Python 套件】標籤頁，可以看到本書 ESP8266Toolkit 工具箱的下載超連結，請任選一個下載），如下所示：

https://fchart.github.io/

在 ESP8266Toolkit 工具箱提供 Thonny 和 ESP8266 Blockly for MicroPython 積木程式、驅動程式、燒錄工具和 MicroPython 韌體，如下表所示：

檔案或資料夾	說明
AmpyGUI 資料夾	AmpyGUI 的 MicroPython 檔案管理工具
ESP8266_Firmware 資料夾	MicroPython 韌體檔案
Examples 資料夾	本書 Python/MicroPython 範例程式
fChartBlockly6SE 資料夾	fChart 流程圖和 Python 積木程式
micropython_blockly 資料夾	ESP8266 Blockly for MicroPython 積木程式
webrepl 資料夾	MicroPython 官方的 WebREPL 工具
AmpyGUI.bat 檔案	啟動 AmpyGUI 檔案管理工具
CH341SER.EXE 檔案	CH340 驅動程式
index.html 檔案	開啟 ESP8266 Blockly for MicroPython
NodeMCU-PyFlasher.exe 檔案	ESP8266 開發板燒錄工具
putty.exe 檔案	在第 13 章使用的 PuTTY 終端機工具
thonny-4.0.1.exe 檔案	Thonny Python IDE 4.0.1 版

在附錄 A 列出本書各章使用的電子元件和 ESP8266 開發板清單，以供購買參考。Witty Cloud 機智雲開發板可在國內外拍賣網站直接搜尋「機智雲」來購買，例如：蝦皮、露天、Yahoo 拍賣和淘寶等，國內拍賣網站的價格約 100～250 元新台幣；淘寶約 50～150 元新台幣。

線上資源下載

fChart 程式設計教學工具官方網址：
https://fchart.github.io/

範例程式下載：
http://www.drmaster.com.tw/Bookinfo.asp?BookID=MP32211

版權聲明

目錄

第一篇 Python 程式設計與 Thonny Python IDE「超」入門

01 Thonny Python IDE 的安裝與使用

02 Python 基本語法

03 流程控制

04 字串與容器型別

05 函式、模組、檔案與例外處理

第二篇 ESP8266+MicroPython 物聯網應用「超」簡單

06 物聯網與開發板：ESP8266 開發板 +WiFi 無線基地台

07 韌體與開發環境：建立 MicroPython 開發環境

08 GPIO 控制：按鍵開關 + 三色 LED+ 光敏電阻

09 WiFi 上網：urequests 物件 +JSON 處理 (Open Data)

10 訊息通知：IFTTT 寄送電郵 +LINE Notify

11 物聯網雲端平台：建立 ThingSpeak+Adafruit.IO 儀表板

12 MQTT 通訊協定：實作手機 App 遠端監控

13 雲端資料儲存：雲端試算表 +Firebase 即時資料庫

14 Socket 程式設計：建立 Web 伺服器

第三篇 ESP8266+MicroPython 物聯網專案開發「超」實務

15 WebREPL：更多感測器、執行器與中斷處理

16 MicroPython 專案開發：ESP-WiFi 遙控車

A 本書各章電子零件的購買清單

B Thonny+ESP8266 工具箱套件使用說明

01 Thonny Python IDE 的安裝與使用

1-1 認識 Thonny Python IDE

雖然使用純文字編輯器就可以輸入 Python 程式碼，但是對於初學者來說，建議使用「IDE」（Integrated Development Environment）整合開發環境來學習 Python 語言，「開發環境」（Development Environment）是一種工具程式用來建立、編譯 / 直譯和除錯程式語言建立的程式。

目前的高階程式語言大都提供有整合開發環境，可以在同一工具來編輯、編譯 / 直譯和執行特定語言的程式。Thonny Python IDE 是愛沙尼亞 Tartu 大學所開發，一套完全針對「初學者」開發的免費 Python 整合開發環境。Thonny Python IDE 簡稱 Thonny，其主要特點如下所示：

- Thonny 同時支援 Python 和多種開發板的 MicroPython 語言，例如：ESP8266/ESP32、BBC Micro:bit 和 Raspberry Pi Pico 等。
- Thonny 程式碼編輯器支援自動程式碼完成和括號提示，可以幫助初學者輸入正確的 Python 程式碼。

- Thonny 使用即時高亮度來提示程式碼錯誤，並且提供協助說明和程式碼除錯，可以讓我們一步一步執行程式碼來進行程式除錯。
- Thonny 提供簡單好用的 Python 套件管理，可以方便初學者管理和安裝 Python 程式開發所需的 Python 套件。

1-2 下載與安裝 Thonny Python IDE

Thonny Python IDE 跨平台支援 Windows、MacOS 和 Linux 作業系統，我們可以在 Thonny 官方網站免費下載最新版本。

下載 Thonny Python IDE

Thonny Python IDE 可以在 Thonny 官方網站免費下載，其 URL 網址如下所示：

```
https://thonny.org/
```

請點選【Windows】超連結下載最新版 Thonny Python IDE，本書是使用 4.0.1 版，其下載檔名是【thonny-4.0.1.exe】。

安裝 Thonny Python IDE

在成功下載 Thonny Python IDE 後，我們就可以在 Windows 10 電腦安裝 Thonny，其步驟如下所示：

Step 1 請雙擊【thonny-4.0.1.exe】下載的安裝程式檔案，在選擇模式，選【Install for me only】，可以看到歡迎安裝的精靈畫面，請按【Next】鈕。

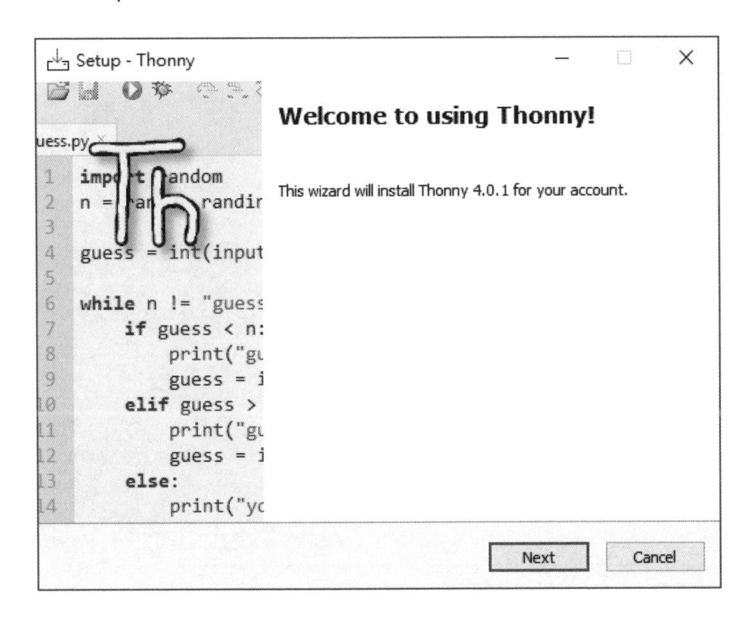

Step 2 勾選【I accept the agreement】同意授權後，按【Next】鈕。

Setup - Thonny

License Agreement

Please read the following important information before continuing.

Please read the following License Agreement. You must accept the terms of this agreement before continuing with the installation.

The MIT License (MIT)

Copyright (c) 2022 Aivar Annamaa

Permission is hereby granted, free of charge, to any person obtaining a copy of this software and associated documentation files (the "Software"), to deal in the Software without restriction, including without limitation the rights to use, copy, modify, merge, publish, distribute, sublicense, and/or sell copies of the Software,

I accept the agreement

I do not accept the agreement

Back　Next　Cancel

Step 3 接著選擇安裝和開始功能表路徑，不用更改，請按 2 次【Next】鈕後，勾選【Create desktop icon】建立桌面捷徑後，按【Next】鈕。

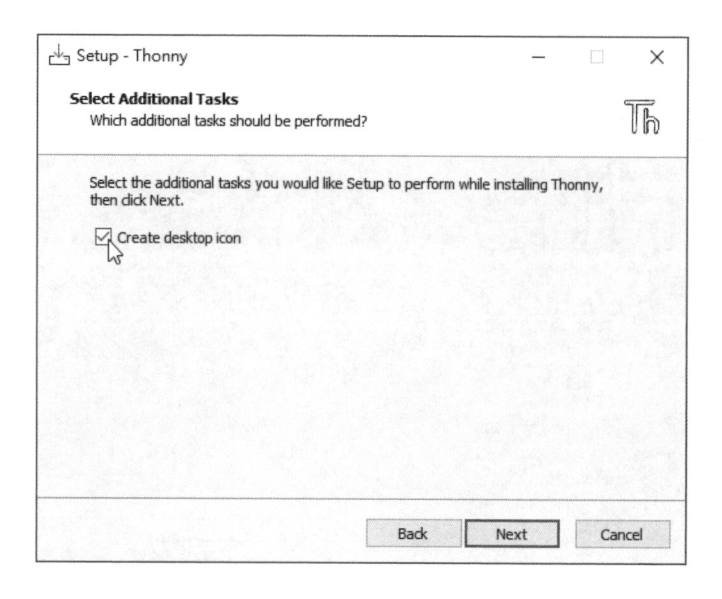

Step 4 可以看到安裝的相關資訊，如果沒有問題，請按【Install】鈕開始安裝，可以看到目前的安裝進度。

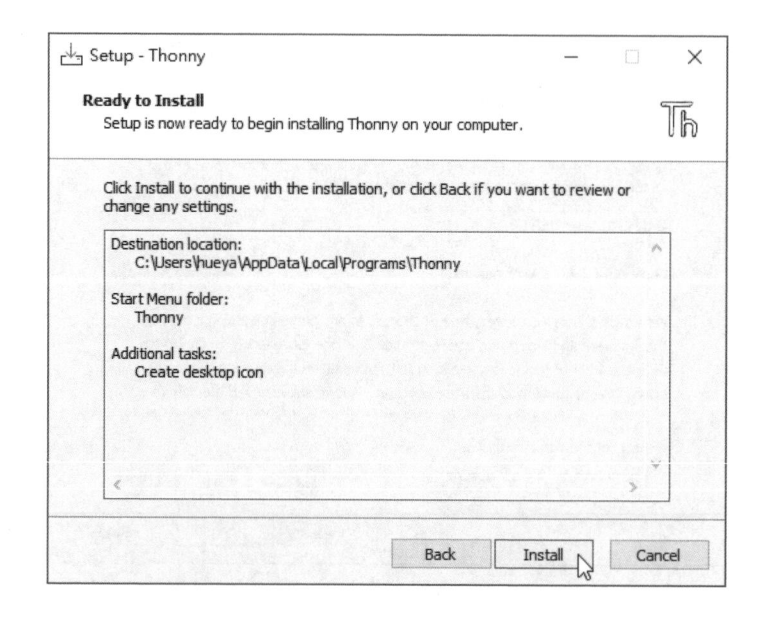

Step 5 等到安裝完成，請按【Finish】鈕完成 Thonny 安裝。

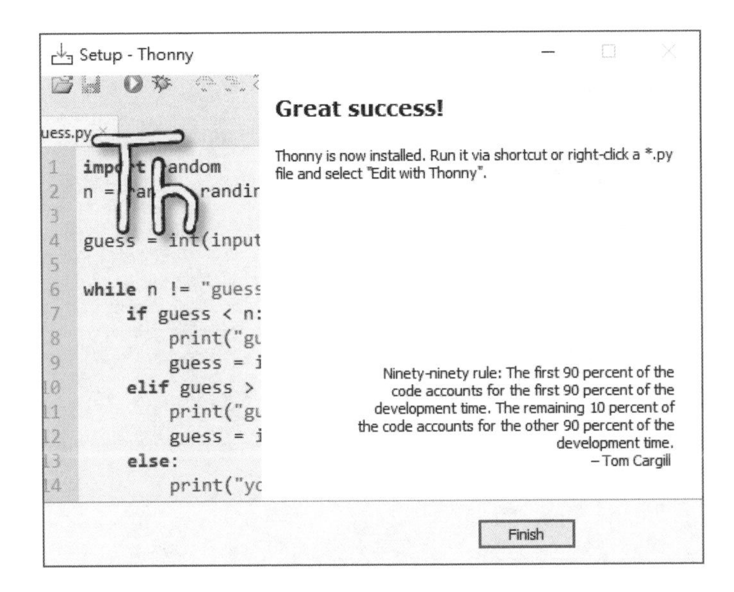

1-3 使用 Thonny 建立 Python 程式

在完成 Thonny 安裝後，我們就可以馬上啟動 Thonny 來撰寫第 1 個 Python 程式，並且使用互動環境來輸入和執行 Python 程式碼。

≫ 1-3-1 建立第一個 Python 程式

現在，我們準備從啟動 Thonny 開始，一步一步建立第 1 個 Python 程式，其步驟如下所示：

Step 1 請在 Windows 執行「開始 >Thonny>Thonny」命令，或桌面【Thonny】捷徑，即可啟動 Thonny 開發環境，第一次啟動如果看到選擇介面語言，請選【繁體中文 -TW】，按【Let's go!】鈕。

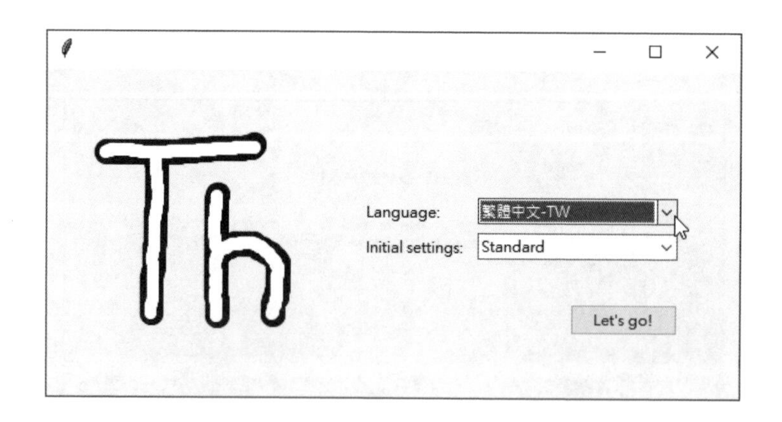

Step 2 可以看到 Thonny 簡潔的開發介面。

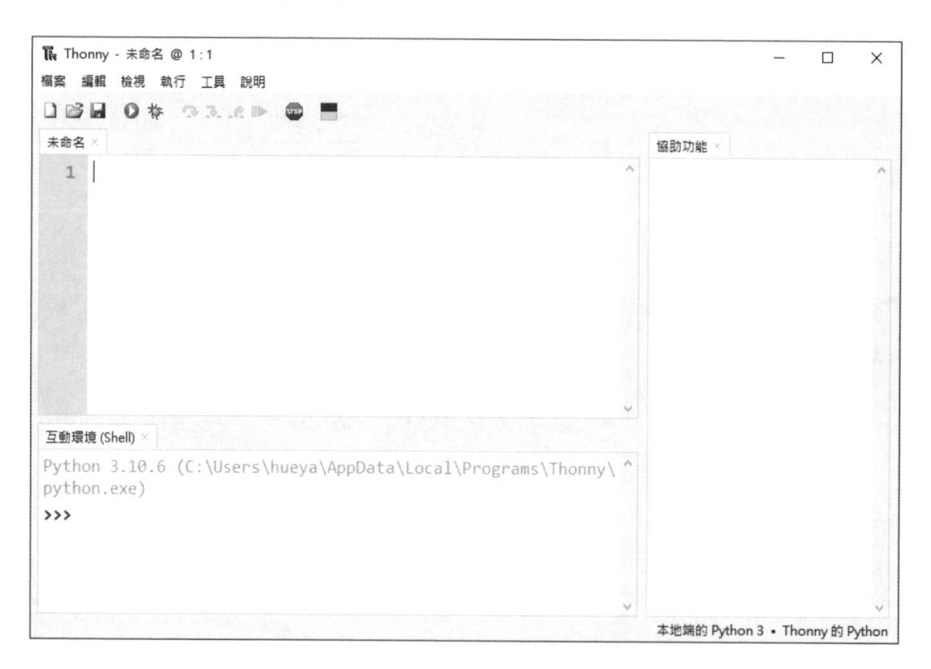

上述開發介面的上方是功能表，在功能表下方是工具列，工具列下方分成三部分，右邊是「協助功能」視窗顯示協助說明（執行「檢視 > 協助功能」命令切換顯示），在左邊分成上 / 下兩部分，上方是程式碼編輯器的標籤頁；下方是「互動環境 (Shell)」視窗，可以看到 Python 版本 3.10.6，結束 Thonny 請執行「檔案 > 結束」命令。

Step 3 請在編輯器的【未命名】標籤輸入第一個 Python 程式，此程式只有 1 行程式碼，如下所示：

```
print("第1個Python程式")
```

Step 4 執行「檔案 > 儲存檔案」命令或按工具列的【儲存檔案】鈕，可以看到「另存新檔」對話方塊，請切換至「\mpy\ch01」目錄，輸入【ch1-3】，按【存檔】鈕儲存成 ch1-3.py 程式。

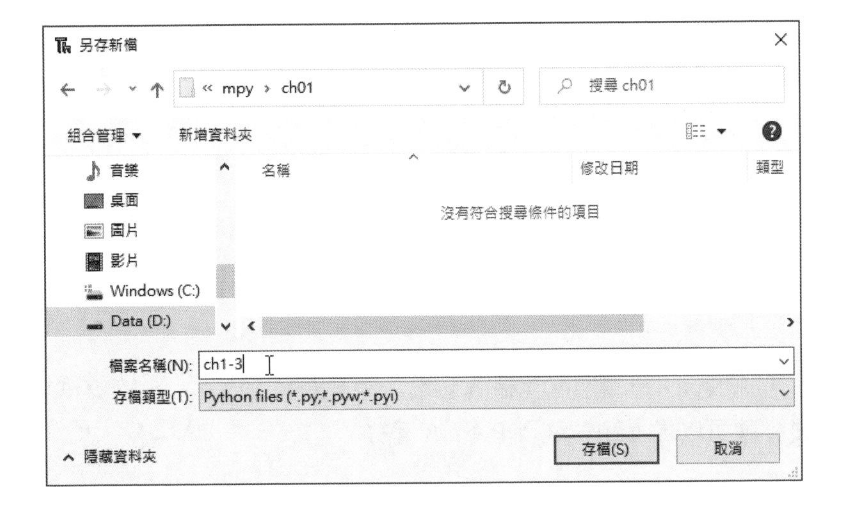

Step 5 可以看到標籤名稱已經改成檔案名稱，然後我們可以馬上執行 Python 程式，請執行「執行 > 執行目前程式」命令，或按工具列綠色箭頭圖示的【執行目前程式】鈕（也可按 F5 鍵）。

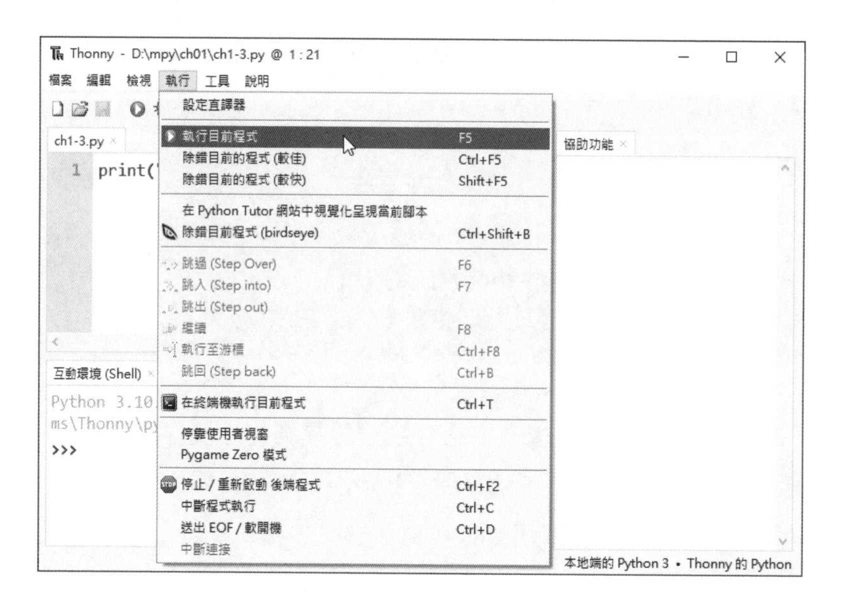

Step 6 可以在下方「互動環境 (Shell)」視窗看到 Python 程式的執行結果。

對於現存或本書所附的 Python 程式範例，請執行「檔案 > 開啟舊檔」命令開啟檔案後，就可以馬上測試執行 Python 程式。

≫ 1-3-2 使用 Python 互動環境

在 Thonny 開發介面下方的「互動環境 (Shell)」視窗就是 REPL 交談模式，REPL（Read-Eval-Print Loop）是循環「讀取 - 評估 - 輸出」的互動程式開發環境，可以讓我們直接在「>>>」提示文字後輸入 Python 程式碼來馬上執行，例如：輸入 5+10，按 Enter 鍵，可以馬上看到執行結果 15，如右圖所示：

```
互動環境 (Shell) ×
>>> %Run ch1-3.py
  第1個Python程式
>>> 5+10
15
>>> |
```

同樣的，我們可以定義變數 num = 10，然後輸入 print() 函式來顯示變數 num 的值，如下圖所示：

```
互動環境 (Shell) ×
  第1個Python程式
>>> 5+10
15
>>> num = 10
>>> print(num)
  10
>>> |
```

如果是輸入程式區塊，例如：if 條件敘述，請在輸入 if num >= 10: 後（最後是「:」冒號），按 Enter 鍵，就會換行且自動縮排 4 個空白字元，然後按二次 Enter 鍵來執行程式碼，可以看到執行結果，如下圖所示：

```
互動環境 (Shell) ×
>>> 5+10
15
>>> num = 10
>>> print(num)
  10
>>> if num >= 10:
        print("數字是10")

  數字是10
>>> |
```

1-4 Thonny 的基本使用

在這一節筆者準備說明如何更改主題、編輯器字型和尺寸、更改使用的直譯器、如何使用語法錯誤與協助說明、除錯和套件管理等 Thonny 的基本使用。

≫ 1-4-1 更改 Thonny 選項

在啟動 Thonny 後，請執行「工具 > 選項」命令，可以看到「Thonny 選項」對話方塊，即可切換標籤來設定選項。例如：在【一般】標籤可以切換 Thonny 介面的語言，預設是【繁體中文 -TW】。

更改 Thonny 佈景主題和字型尺寸

選【主題和字型】標籤，可以更改 Thonny 外觀的主題和編輯器的字型與尺寸，如下圖所示：

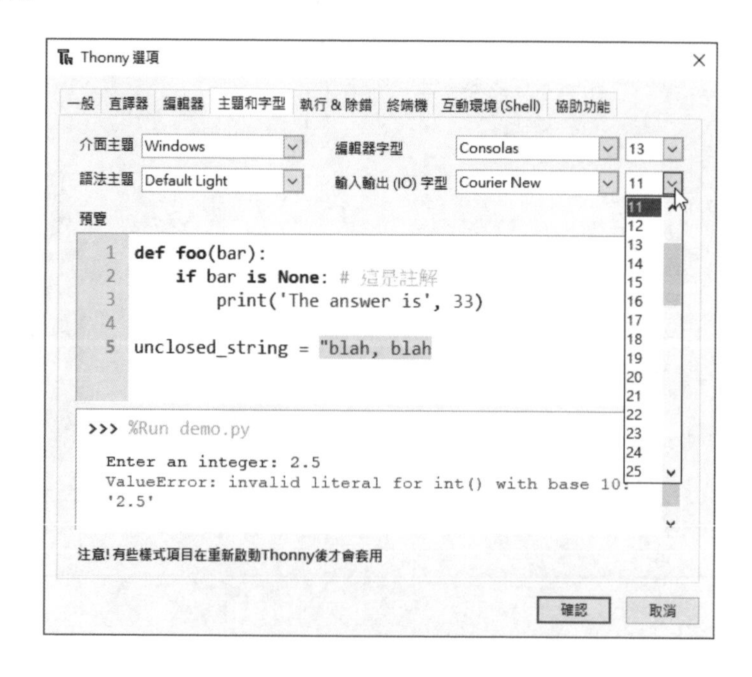

在上述標籤頁的上方可以設定介面 / 語法主題和字型尺寸，在右方的下拉式選單調整編輯器和輸出的字型與尺寸，在下方顯示的是 Thonny 介面外觀的預覽結果。

更改 Thonny 使用的直譯器

選【直譯器】標籤，可以在下拉式選單更改 Thonny 使用的直譯器，如下圖所示：

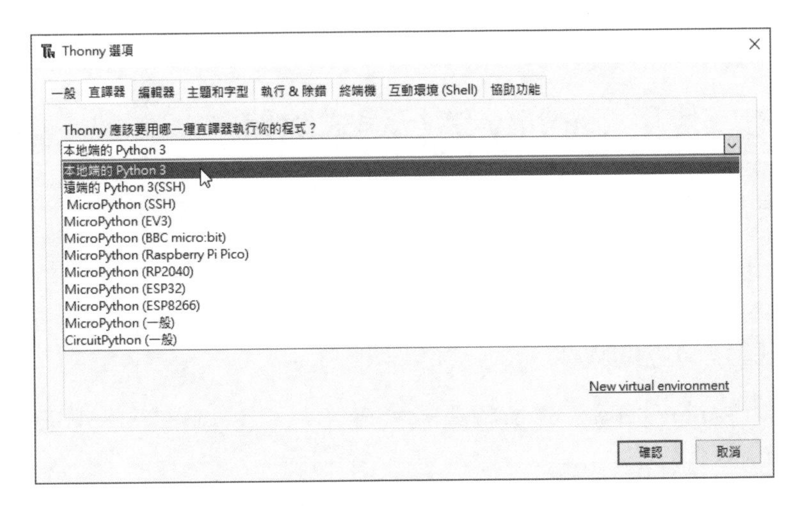

上述【本地端的 Python 3】是預設值，即使用 Python 直譯器來執行 Thonny 編輯的 Python 程式，看出來了嗎！ Thonny 本身就是使用 Python 語言開發的整合開發環境。

如果使用 Thonny 開發 MicroPython 程式，請依據開發板的種類來選擇直譯器，在本書是使用 ESP8266，其進一步說明請參閱第 7-5 節。

自動程式碼完成和函式參數列提示說明

選【編輯器】標籤，勾選【在鍵入 '(' 後自動顯示參數資訊】是函式參數列提示說明；【在鍵入同時提出自動補全的建議】是自動程式碼完成，可以自動提供下拉式選單來選擇完成程式碼，如下一頁的圖所示：

一般　直譯器　編輯器　主題和字型　執行 & 除錯　終端機

- ☑ 標示匹配名稱
- ☐ 標示區域變數
- ☑ 標示括號
- ☑ 標示語法元素
- ☑ 標示定位 (tab) 字元
- ☐ 標示當前行 (需重啓編輯器)
- ☑ 在鍵入 '(' 後自動顯示參數資訊
- ☑ 在鍵入同時提出自動補全的建議
- ☑ 提出自動補全的建議時一併顯示說明文件
- ☐ 在編輯器中使用 Tab 鍵要求自動補全

≫ 1-4-2　使用 Thonny 進行程式除錯

Thonny 提供功能強大的程式除錯功能，不只可以提供即時語法錯誤標示與協助說明，更可以使用除錯器來一步一步進行程式碼的除錯。

語法錯誤與協助說明

語法錯誤（Syntax Error）是指輸入程式碼不符合 Python 語法規則，例如：Python 程式：ch1-4-2error.py 有語法錯誤的 2 行程式碼，在第 1 行程式碼忘了最後的雙引號，Thonny 是使用即時高亮度綠色來標示語法錯誤；第 2 行少了右括號，Thonny 是使用灰色來標示，如下圖所示：

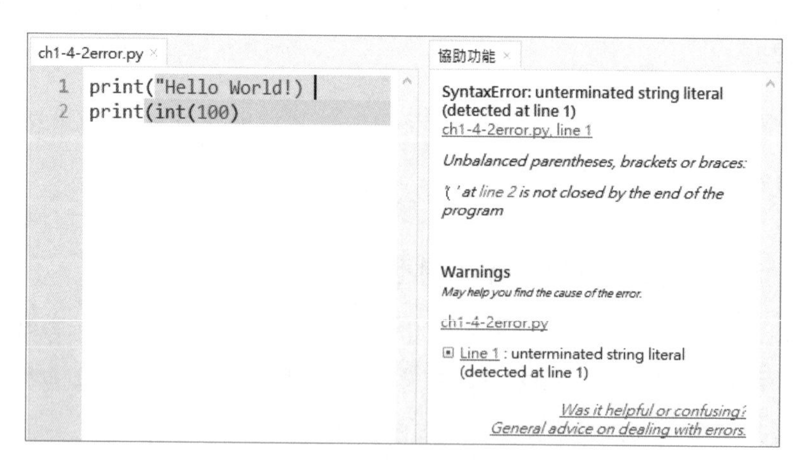

ch1-4-2error.py
1 print("Hello World!)
2 print(int(100)
協助功能
SyntaxError: unterminated string literal (detected at line 1)
ch1-4-2error.py, line 1
Unbalanced parentheses, brackets or braces:
'(' at line 2 is not closed by the end of the program
Warnings
May help you find the cause of the error.
ch1-4-2error.py
Line 1 : unterminated string literal (detected at line 1)
Was it helpful or confusing?
General advice on dealing with errors.

當執行上述語法錯誤的程式碼後，在右邊的「協助功能」視窗就會顯示語法錯誤的協助說明：第 1 行的字串少了最後的雙引號，如果沒有看到此視窗，請執行「檢視 > 協助功能」命令來切換顯示此視窗。

請在第 1 行的字串最後加上雙引號後，再執行一次 Python 程式，可以看到「協助功能」視窗顯示第 2 行少了右括號，如下圖所示：

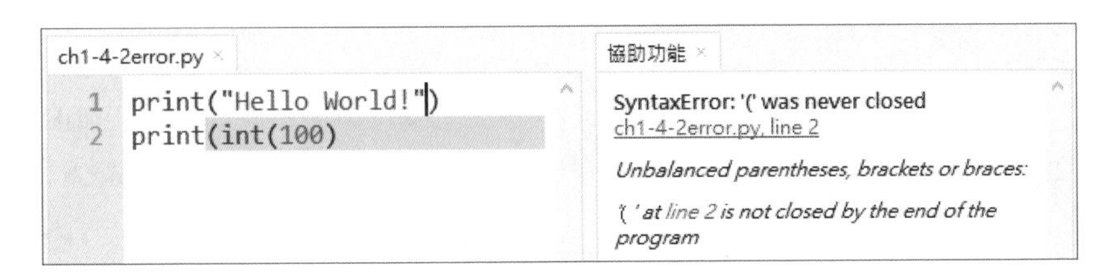
ch1-4-2error.py
1 print("Hello World!")
2 print(int(100)
協助功能
SyntaxError: '(' was never closed
ch1-4-2error.py, line 2
Unbalanced parentheses, brackets or braces:
'(' at line 2 is not closed by the end of the program

Thonny 除錯器

Thonny 內建除錯器（Debugger），可以一行一行執行程式碼來找出程式碼的錯誤。例如：Python 程式：ch1-4-2.py 可以顯示「#」號的三角形，本來應該顯示 5 行的三角形，但執行結果只顯示 4 行，如下所示：

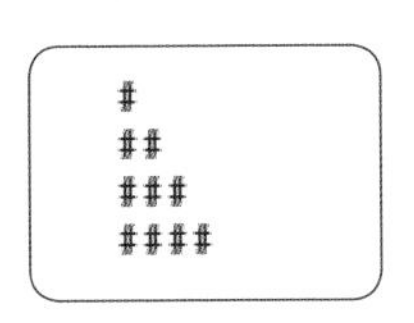
#
##
###
####

在 Thonny 上方工具列提供除錯所需的相關按鈕，小蟲圖示鈕就是開始除錯，如下圖所示：

按下小蟲圖示鈕（或按 Ctrl + F5 鍵），Thonny 就進入一步一步執行的除錯模式，在之後是除錯的相關按鈕，如下圖所示：

上述按鈕從左至右的說明，如下所示：

- 跳過（Step Over）：跳至下一行或下個程式區塊（或按 F6 鍵）。
- 跳入（Step Into）：跳至程式碼的每一行運算式（或按 F7 鍵）。
- 跳出（Step Out）：離開除錯器。
- 繼續：從除錯模式回到執行模式（或按 F8 鍵）。
- 停止：停止程式的執行（或按 Ctrl + F2 鍵）。

我們準備使用 Thonny 除錯器來找出 Python 程式的錯誤，請啟動 Thonny 開啟 ch1-4-2.py 後，按上方工具列的小蟲圖示鈕（或按 Ctrl + F5 鍵）進入除錯模式，同時請執行「檢視 > 變數」命令開啟「變數」視窗，可以看到目前停在第 1 行。

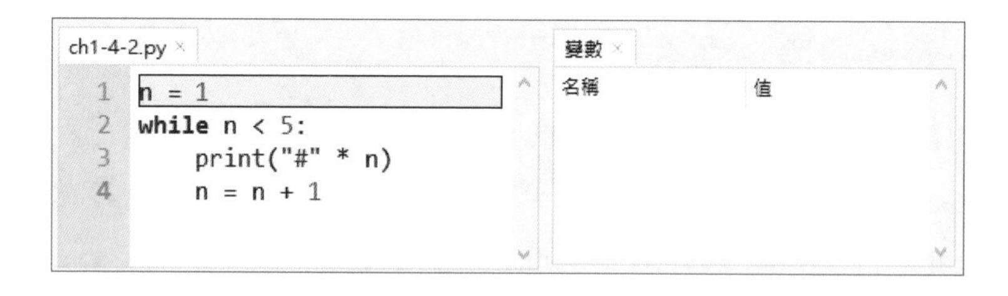

按 F6 鍵跳至下一行的程式區塊，如下圖所示：

```
ch1-4-2.py
1  n = 1
2  while n < 5:
3      print("#" * n)
4      n = n + 1
```

名稱	值
n	1

請先按 F7 鍵跳進 while 程式區塊（如果按 F6 鍵會馬上跳至下一行而結束程式執行）後，再按 F6 鍵跳至下一行，如下圖所示：

```
ch1-4-2.py
1  n = 1
2  while n < 5:
3      print("#" * n)
4      n = n + 1
```

名稱	值
n	1

請持續按 F6 鍵跳至下一行，可以看到變數 n 值增加，等到值是 5 時，就跳出 while 迴圈，沒有再執行 print() 函式，所以只顯示 4 行的三角形，而不是 5 行，如下圖所示：

ch1-4-2.py

```
1  n = 1
2  while n < 5:
3      print("#" * n)
4      n = n + 1
```

變數

名稱	值
n	5

我們只需將條件改成 n <= 5，就可以顯示 5 行的三角形。

視覺化顯示函式呼叫的執行過程

Python 程式：ch1-4-2a.py 的 factorial() 函式是遞迴的階層函式（N!），當在 Thonny 使用除錯模式執行 ch1-4-2a.py 時，請持續按 F7 鍵，可以看到視覺化顯示整個 factorial() 函式的呼叫過程，首先呼叫 factorial(5) 函式，如下圖所示：

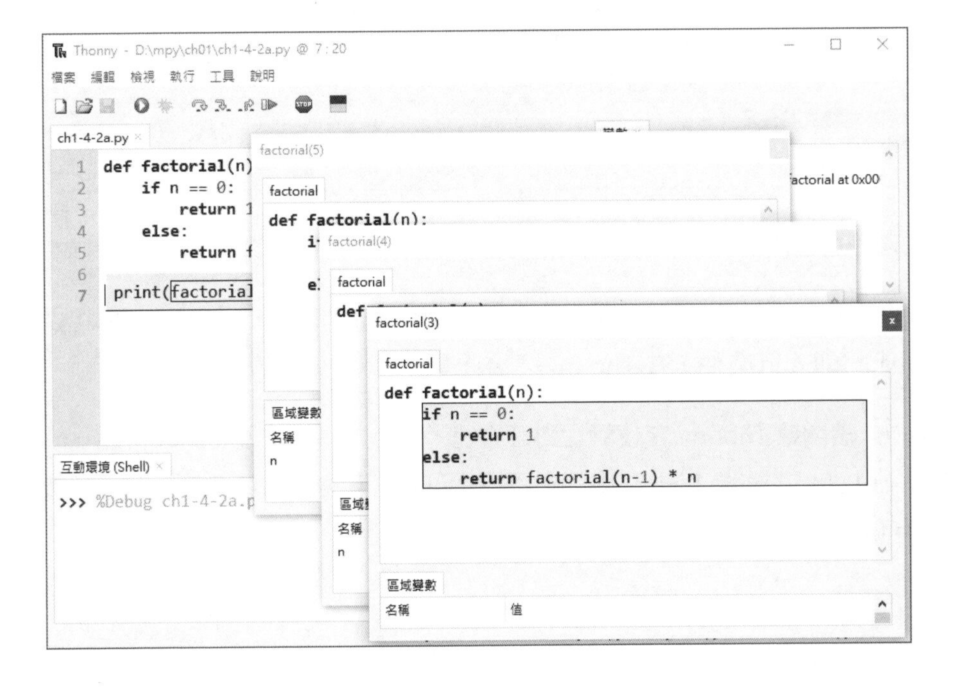

請持續按 F7 鍵，可以看到依序呼叫 factorial(4)、factorial(3)、…、factorial(1) 函式，接著一一從函式回傳值，最後計算出 5! 的值是 120。

≫ 1-4-3　Thonny 的套件管理

套件管理（Package Manager）是用來管理 Python 程式開發所需的套件，我們可以安裝新套件，或移除不再需要的套件。在 Thonny 執行「工具 > 管理套件…」命令，可以看到 Thonny 套件管理對話方塊，在左邊清單是已經安裝的套件，如下圖所示：

在左邊點選套件，例如：esptool，可以在右邊看到套件的安裝版本和說明文字。

如果 Python 程式開發需要使用尚未安裝的套件，例如：Python 爬蟲程式需要使用 BeautifulSoup 套件，在 Thonny 安裝此套件的步驟，如下所示：

Step 1 請開啟 Thonny 套件管理對話方塊，在上方欄位輸入【beautifulsoup】，按【在 PyPI 中搜尋】鈕，稍等一下，可以在下方看到搜尋結果，請點選【beautifulsoup4】。

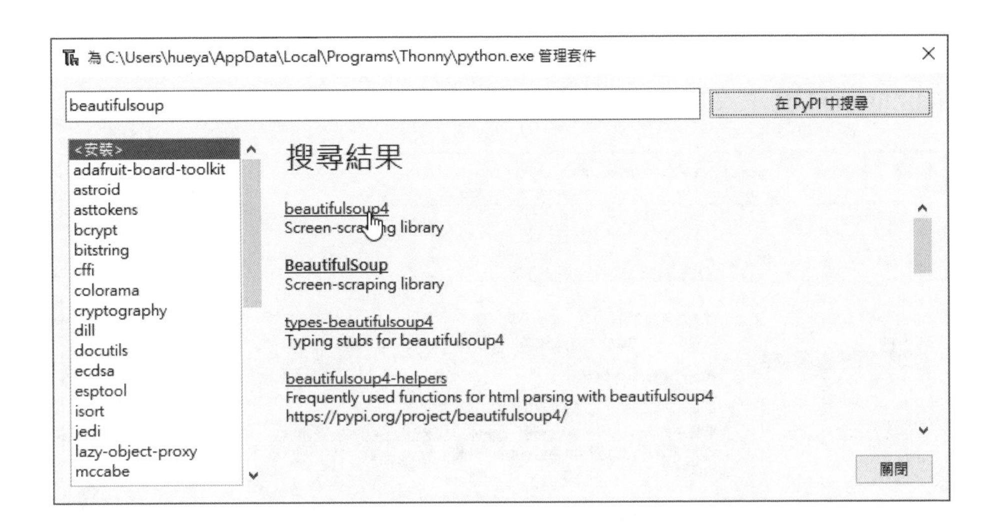

Step 2 可以看到套件的版本和說明，確認後，按【安裝】鈕安裝此套件。

Step 3 可以看到正在下載和安裝套件。

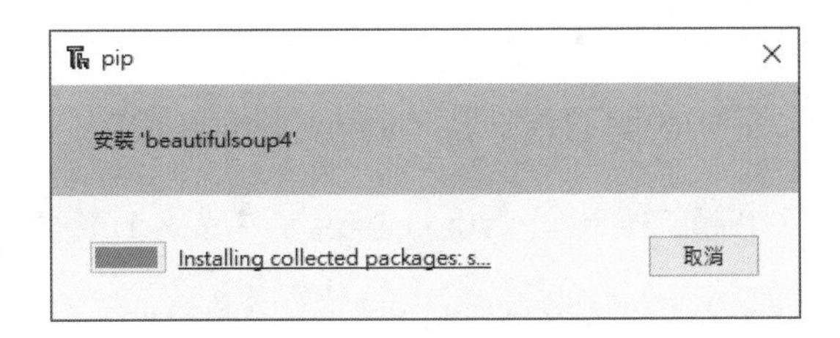

Step 4 稍等一下，等到成功安裝套件後，在左邊清單可以看到新安裝的 beautifulsoup4 套件，如下圖所示：

如果套件有更新，可以按下方【更新】鈕更新套件，按【解除安裝】鈕是解除安裝套件。本書第 5 章的 Python 程式：ch5_2b.py 就是匯入 BeautifulSoup 套件來說明 Python 模組和套件的使用。

學習評量

1. 請簡單說明什麼是 IDE 和開發環境？
2. 請問 Thonny Python IDE 是什麼？ Thonny 的主要特點為何？
3. 在 Thonny 開發介面提供「互動環境 (Shell)」視窗的用途為何？
4. 請參閱第 1-2 節的說明下載安裝 Thonny Python IDE。
5. 請修改第 1-3-1 節的第一個 Python 程式，改成輸出讀者的姓名。
6. 請參閱第 1-4-3 節的步驟和說明安裝 requests 套件，這是送出 HTTP 請求的套件。

CHAPTER 02

Python 基本語法

2-1 認識 Python 語言

Python 語言分為兩種版本：Python 2 和 Python 3，在本書是使用 Python 3 語言。

≫ 2-1-1 Python 是一種直譯語言

Python 是 Guido Van Rossum 開發的通用用途（General Purpose）程式語言，一種擁有優雅語法和高可讀性程式碼的程式語言，可以開發 GUI 視窗程式、Web 應用程式、系統管理工作、財務分析、大數據資料分析和人工智慧等各種不同的應用程式，其官方網址是：https://www.python.org/。

Python 是一種直譯語言（Interpreted Language），Python 程式是使用「直譯器」（Interpreters）來執行，直譯器並不會輸出可執行檔案，而是一個指令一個動作，一行一行轉換成機器語言後，就馬上執行程式碼，如下圖所示：

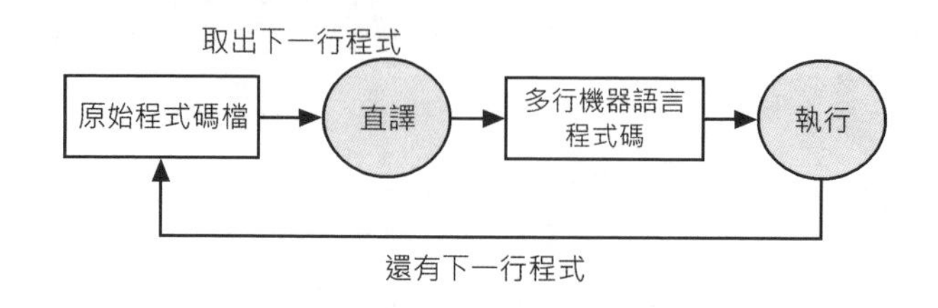

≫ 2-1-2　Python 識別字與命名原則

程式設計者在 Python 程式碼需要自行命名元素，稱為「識別字」(Identifier)，例如：變數或函式等名稱，程式設計者在撰寫 Python 程式碼時，需要替這些識別字命名。Python 語言的命名原則，如下所示：

- 名稱是合法識別字，這是使用英文字母或「_」底線開頭（不可以使用數字開頭），不限長度，包含字母、數字和底線「_」字元組成的名稱。一些名稱範例，如下所示：
    - 合法名稱：T、c、Size、test123、count、_hight、Long_name、word
    - 不合法名稱：1、12、1count、hi!world、a@、Long⋯.name、hello World
- 區分英文字母大小寫，例如：sum、Sum 和 SUM 是不同識別字。
- 名稱不能使用 Python「關鍵字」(Keywords) 或稱為「保留字」(Reserved Words)，這些是 Python 特殊意義的名稱，如下所示：

  https://docs.python.org/3/reference/lexical_analysis.html#keywords

```
False      await      else       import     pass
None       break      except     in         raise
True       class      finally    is         return
and        continue   for        lambda     try
as         def        from       nonlocal   while
assert     del        global     not        with
async      elif       if         or         yield
```

說明

Python 除了關鍵字，還有一些內建函式，例如：input()、print()、file() 和 str() 等，雖然將識別字命名為 input、print、file 和 str 都是合法名稱，但同一 Python 程式如果宣告變數且呼叫這些同名內建函式，就會讓直譯器產生混淆和產成錯誤，實務上，並不建議使用內建函式名稱作為識別字名稱。

- 名稱的「有效範圍」(Scope) 是指 Python 程式有哪些程式碼可以存取此名稱的範圍，在第 5-1-6 節有進一步的說明。

≫ 2-1-3 Python 的程式註解

程式註解（Comments）是用來提供程式的進一步說明，基本上，程式註解是給程式設計者閱讀的內容，Python 在執行時會忽略註解文字和多餘的空白字元。Python 註解有 2 種寫法，如下所示：

- 單行註解：Python 單行註解是在程式中以「#」符號開始的行，或程式行位在「#」符號後的文字內容都是註解文字，如下所示：

```
# 顯示訊息
print("第一個Python程式")    # 顯示訊息
```

- 多行註解：多行註解是使用「"""」和「"""」符號（3 個「"」符號）或「'''」和「'''」符號（3 個「'」符號）括起的文字內容，可以跨過很多行，例如：在 Python 程式開頭加上程式檔名稱的註解文字，如下所示：

```
''' Python程式:
   檔名: test.py '''
```

2-2 變數

「變數」（Variables）是用來儲存程式執行期間的暫存資料，變數就是一個名稱，用來代表電腦記憶體空間的數值位址，如下圖所示：

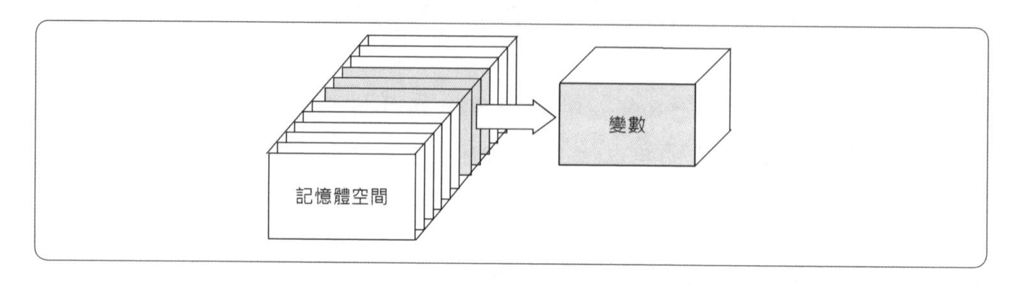

≫ 2-2-1 使用變數和指定初值

程式設計者在程式碼使用變數時需要替變數命名，和決定儲存什麼樣的資料，即變數的資料型別。Python 變數並不需要宣告，只需指定變數值，就可以建立變數，而且在「第 1 次」指定變數值時，直譯器就會依據初值來自動決定其資料型別，我們並不用指定資料型別。

Python 變數雖然不用宣告，但在使用前一定需要指定初值，如下所示：

```
grade = 76
height = 175.5
weight = 75.5
```

上述程式碼的 grade 變數是整數，因為初值是整數，變數 height 和 weight 是浮點數（因為初值 175.5 有小數點），然後使用 3 個 print() 函式顯示這 3 個變數值，如下所示：

```
print("成績 = ", grade)
print("身高 = ", height)
print("體重 = ", weight)
```

上述 print() 函式是 Python 內建輸出函式，可以將參數內容輸出至電腦螢幕來顯示，如果有多個參數，請使用「,」逗號分隔。

Python 程式 | ch2-2-1.py

在 Python 程式指定和顯示變數 grade、height 和 weight 的值，其執行結果如右所示：

```
成績 =  76
身高 =  175.5
體重 =  75.5
```

程式內容

```
01: grade = 76
02: height = 175.5
03: weight = 75.5
04: print("成績 = ", grade)
05: print("身高 = ", height)
06: print("體重 = ", weight)
```

程式說明

- 第 1~3 行：指定 3 個變數的初值，即可建立 3 個 Python 變數。
- 第 4~6 行：使用 print() 函式顯示 3 個變數值。

2-2-2 取得變數的物件參考

Python 變數都是物件，可以使用 id() 函式取得變數值的記憶體位址，這是參考此變數的物件參考，如下所示：

```
grade = 76
grade_id = id(grade)
print("物件參考 = ", grade_id)
```

上述程式碼指定 grade 變數值是 76 後，呼叫 id() 函式取得變數 grade 的整數記憶體位址和顯示此物件參考的值。

Python 程式 | ch2-2-2.py

在 Python 程式顯示變數 grade 和 height 的物件參考，即記憶體位置的整數值，其執行結果如右所示：

```
成績 =  76
物件參考 =  2239783504464
身高 =  175.5
物件參考 =  2239788329840
```

程式內容

```
01: grade = 76
02: grade_id = id(grade)
03: print("成績 = ", grade)
04: print("物件參考 = ", grade_id)
05: height = 175.5
06: height_id = id(height)
07: print("身高 = ", height)
08: print("物件參考 = ", height_id)
```

程式說明

- 第 1~4 行：指定整數變數 grade 的初值後，在第 2 行使用 id() 函式取得變數的記憶體位址，第 3~4 行顯示變數和物件參考值。
- 第 5~8 行：指定浮點數變數 height 的初值後，在第 6 行使用 id() 函式取得變數的記憶體位址，第 7~8 行顯示變數和物件參考值。

2-3 指定敘述

「指定敘述」（Assignment Statements）是在程式執行中指定或更改變數值，可以指定或更改變數值成為字面值、其他變數或運算結果。

≫ 2-3-1 使用指定敘述

Python 指定敘述是「=」等號，其基本語法如下所示：

```
變數 = 字面值、其他變數或運算式
```

上述指定敘述「=」的左邊是變數，右邊是字面值（就是數值或字串值）、其他變數，或運算式，如下所示：

```
score1 = 35
score2 = 10
score3 = 10
score2 = 27
```

上述程式碼建立 3 個變數且指定初值，這是整數變數，然後將變數 score2 使用指定敘述從 10 更改成變數值 27（字面值），目前變數記憶體空間的圖例，如下圖所示：

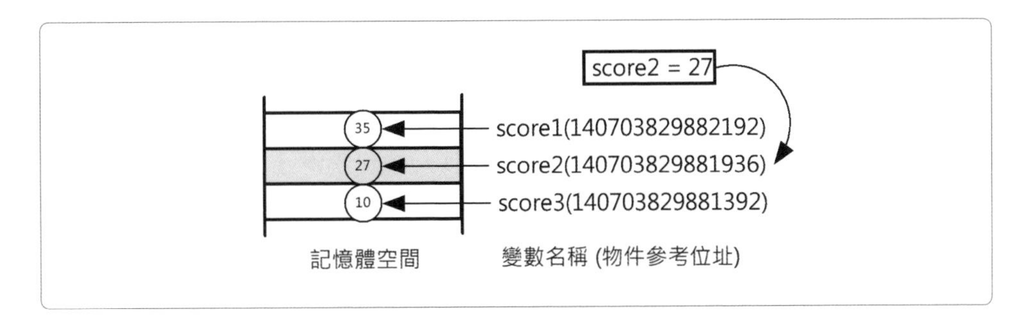

上述變數 score2 和 score3 的初值是 10（圓形代表物件），變數 score2 已經使用指定敘述改為 27，可以看到 3 個變數的物件參考位址值都不相同。

在指定敘述等號右邊的 27 稱為字面值（Literals），也就是直接使用數值來指定變數值，如果在指定敘述右邊是變數，如下所示：

```
score3 = score2
```

上述程式碼的等號左邊是變數 score3，指定敘述是將變數 score2 的值存入變數

score3，也就是更改變數 score3 的值成為變數 score2 的值，即 27，如下圖所示：

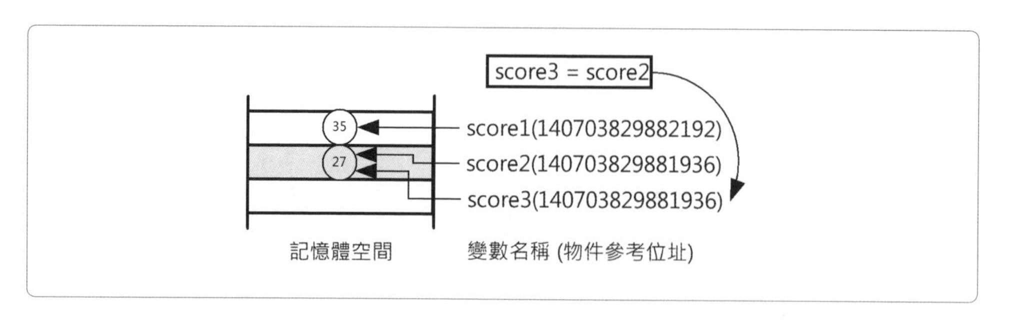

上述圖例可以看出 Python 變數是物件參考，變數 score2 和 score3 是參考同一個整數物件 27。

Python 程式 | ch2-3-1.py

在 Python 程式使用 3 個變數儲存籃球的 3 節分數，並且使用指定敘述來更改第 2 節和第 3 節的分數，其執行結果如右所示：

```
第一節 =  35
第二節 =  27
第三節 =  27
```

程式內容

```
01: score1 = 35
02: score2 = 10
03: score3 = 10
04: score2 = 27
05: score3 = score2
06: print("第一節 = ", score1)
07: print("第二節 = ", score2)
08: print("第三節 = ", score3)
```

程式說明

- 第 1~3 行：指定整數變數 score1~3 的初值。
- 第 4 行：使用指定敘述來更改變數 score2 的值是整數 27。
- 第 5 行：使用指定敘述來更改變數 score3 的值是變數 score2 的值。

≫ 2-3-2　多重指定敘述

多重指定敘述（Multiple Assignments）可以使用單一指定敘述來同時指定多個變數值，如下所示：

```
score1 = score2 = score3 = 25
```

上述指定敘述同時將 3 個變數值指定為 25，請注意！多重指定敘述一定只能指定成相同值。

Python 程式 | ch2-3-2.py

在 Python 程式使用多重指定敘述來指定 3 個變數是相同值 25，其執行結果如右圖所示：

```
25 25 25
```

》程式內容

```
01: score1 = score2 = score3 = 25
02: print(score1, score2, score3)
```

》程式說明

- 第 1 行：多重指定敘述指定 3 個變數值都是 25。

≫ 2-3-3　同時指定敘述

同時指定敘述（Simultaneous Assignments）的「=」等號左右邊是使用「,」逗號分隔的多個變數和值，如下所示：

```
x, y = 1, 2
```

上述程式碼同時指定變數 x 和 y 的值，相當於是 2 個指定敘述，如下所示：

```
x = 1
y = 2
```

在實務上，同時指定敘述可以簡化變數值交換，如下所示：

```
x, y = y, x
```

上述程式碼可以交換變數 x 和 y 的值，以此例本來 x 是 1；y 是 2，執行後 x 是 2；y 是 1。

Python 程式 | ch2-3-3.py

在 Python 程式使用同時指定敘述來交換 2 個變數值，其執行結果如右所示：

```
X =  1 Y =  2
X =  2 Y =  1
```

程式內容

```
01: x, y = 1, 2
02: print("X = ", x, "Y = ", y)
03: x, y = y, x
04: print('X = ', x, 'Y = ', y)
```

程式說明

- 第 1 行和第 3 行：首先使用同時指定敘述指定 2 個變數的初值，在第 3 行使用同時指定敘述交換這 2 個變數值。

2-4 資料型別

Python 提供資料型別：數值（Number）、字串（String）、布林（Boolean）、串列（List，也稱列表或清單）、元組（Tuple）和字典（Dictionary）。串列、元組和字典稱為容器型別（Container Type）。

≫ 2-4-1　數值資料型別

Python 數值資料型別有三種：整數（Integers）、浮點數（Floats）和複數（Complex Number）。

整數資料型別　| ch2-4-1.py

整數資料型別是指變數儲存的資料為整數值，沒有小數點，其資料長度可以是任何長度，視記憶體空間而定，如下所示：

```
a = 1
b = 56789
print(type(a))
print(type(b))
```

上述整數值 1 和 56789 是 10 進位值的十進位數字系統，type() 函式可以取得參數變數 a 和 b 的資料型別 <class 'int'>，變數 a 和 b 的值是 int 物件，因為 Python 所有資料型別都是物件。

Python 支援二進位、八進位和十六進位的數字系統，此時的數值需要加上數字系統的字首，如下表所示：

數字系統	字首	範例（十進位值）
二進位	0b 或 0B	0b1101011（107）
八進位	0o 或 0O	0o15（13）
十六進位	0x 或 0X	0xFB（251）

上表的字首是以數字「0」開始，英文字母 b 或 B 是二進位；o 或 O 是八進位；x 或 X 是十六進位。

浮點數資料型別 | ch2-4-1a.py

浮點數資料型別是指變數儲存的是整數加上小數，其精確度可以到小數點下 15 位，基本上，整數和浮點數的差異就是小數點，5 是整數；5.0 是浮點數，如下所示：

```
f = 1.0
g = 55.22
print(type(f))
print(type(g))
```

上述執行結果可以看到型別是 <class 'float'>。

複數資料型別 | ch2-4-1b.py

Python 數值資料型別支援複數，其基本語法如下所示：

```
x + yj
```

上述語法的 x 是實數（Real）；y 是虛數（Imaginary），在下方程式碼的執行結果可以看到型別是 <class 'complex'>，如下所示：

```
h = 2 + 3j
print(type(h))
```

≫ 2-4-2　字串資料型別

Python 字串是使用「'」單引號或「"」雙引號括起的一序列 Unicode 字元（Python 程式：ch2-4-2.py），如下所示：

```
str1 = "學習Python程式設計"
str2 = 'Hello World!'
print(type(str1))
print(type(str2))
```

上述變數 str1 和 str2 是字串資料型別 <class 'str'>。請注意！ Python 沒有字元型別，當引號括起的字串只有 1 個時，就可視為字元，如下所示：

```
ch1 = "A"
ch2 = 'b'
```

Python 也可以使用 3 個「'」單引號或「"」雙引號括起一序列 Unicode 字元來建立字串，通常是使用在跨過多行的字串，如下所示：

```
str3 = """學會Python程式"""
str4 = '''Welcome to the world
of Python'''
```

請注意！ Python 字串的單引號和雙引號可以互換，例如：在字串中需要使用單引號，就可以使用雙引號來括起字串，如下所示：

```
str5 = "It's my life."
```

如果 Python 字串需要使用鍵盤無法輸入的特殊字元，可以使用「\」符號開頭的 Escape 逸出字元（Escape Sequence，Python 程式：ch2-4-2a.py），如下表所示：

逸出字元	說明
\b	Backspace，Backspace 鍵
\f	FF，Form feed 換頁字元
\n	LF（Line Feed）換行或 NL（New Line）新行字元
\r	Carriage Return，Enter 鍵
\t	Tab 鍵，定位字元
\'	「'」單引號
\"	「"」雙引號
\\	「\」符號
\?	「?」問號
\N	N 是八進位值的字元常數，例如：\040 空白字元
\xN	N 是十六進位值的字元常數，例如：\x20 空白字元

≫ 2-4-3　布林資料型別

Python 布林（Boolean）資料型別是使用 True 和 False 關鍵字來表示（Python 程式：ch2-4-3.py），如下所示：

```
x = True
y = False
print(type(x))
print(type(y))
```

上述程式碼的變數是布林資料型別 <class 'bool'>。除了使用 True 和 False 關鍵字，下列變數值也視為 False，如下所示：

- 0、0.0：整數值 0 或浮點數值 0.0。
- []、()、{}：容器型別的空清單、空元組和空字典。
- None：關鍵字 None 是 Python 內建常數值，可以重設變數成原始空狀態，即變數尚未定義，沒有指定其初值。

≫ 2-4-4　資料型別轉換函式

Python 並不會自動轉換資料型別，需要自行呼叫內建型別轉換函式來轉換資料型別。常用資料型別轉換函式，如下表所示：

型別轉換函式	說明
str()	將任何資料型別的參數轉換成字串型別
int()	將參數轉換成整數資料型別，參數如果是字串，字串內容只能是數字，如果是浮點數，轉換成整數會損失精確度
float()	將參數轉換成浮點數資料型別，如果是字串，字串內容只可以是數字和小數點

程式範例 | ch2-4-4.py

在 Python 程式將字串變數 a 轉換成整數變數 b，接著轉換成浮點數變數 c，其執行結果如右所示：

```
變數a型別 =  <class 'str'>
變數b型別 =  <class 'int'>
變數c型別 =  <class 'float'>
```

》程式內容

```
01: a = "1234"
02: print("變數a型別 = ", type(a))
03: b = int(a)
04: print("變數b型別 = ", type(b))
05: c = float(b)
06: print("變數c型別 = ", type(c))
```

》程式說明

第 1～6 行：測試型別轉換 str()、int() 和 float() 函式。

2-5 輸入與輸出

Python 程式通常都需要與使用者進行互動，當取得使用者「輸入」的資料，在處理後，將執行結果「輸出」至電腦的輸出裝置。

≫ 2-5-1 Python 輸入與輸出

Python 最常使用的輸入裝置是鍵盤；輸出裝置是螢幕，即主控台輸入與輸出（Console Input and Output，Console I/O），如下圖所示：

在上述程式取得使用者鍵盤輸入的資料，在執行後在螢幕上顯示執行結果。

Python 輸入：input() 函式

Python 輸入函式 input() 可以顯示參數的提示文字來讓使用者以鍵盤輸入資料，輸入的是字串資料，需要使用資料轉換函式轉換成整數或浮點數。首先輸入字串資料，如下所示：

```
str1 = input("請輸入字串: ")
print("字串 = " + str1)
```

上述 input() 函式參數是顯示的提示訊息文字（也可以沒有），因為輸入資料 str1 是字串型別，print() 函式可以輸出參數 str1 的字串內容，在此的「+」加法是字串連接運算子，用來連接前後 2 個字串。

說明

Python 的「+」加法當 2 個運算元是數值時，這是數學加法，如果是字串，就是字串連接運算子，如下所示：

```
"Python" + "3"    # Python3
```

如果需要輸入整數資料，請呼叫 int() 函式轉換成整數，如下所示：

```
var1 = int(input("請輸入整數: "))
print("整數值 = " + int(var1))
```

上述 input() 函式的外面加上 int() 函式，將輸入字串轉換成整數。如果需要輸入浮點數資料，請改用 float() 函式，如下所示：

```
var2 = float(input("請輸入浮點數: "))
print("浮點數值 = " + float(var2))
```

Python 輸出：print() 函式

Python 輸出函式 print() 可以將參數的資料輸出顯示在螢幕上，預設會換行，其基本語法如下所示：

```
print(項目1 [,項目2… ], sep=" ", end="\n")
```

上述 print() 函式的參數說明，如下所示：

- 項目 1 和項目 2 等參數：這些是使用「,」號分隔的輸出內容，可以一次輸出多個項目。
- sep 參數：分隔字元預設 1 個空白字元，如果輸出多個項目，即在每一個項目之間加上 1 個空白字元。
- end 參數：結束字元是輸出最後加上的字元，預設是 "\n" 新行字元。

因為 end 參數的預設值是 "\n" 新行字元，所以會換行，如果改成空白字元，就不會顯示換行，如下所示：

```
print("整數值 = " + str(var1), end="")
```

上述函式輸出的文字內容並不會換行，可以將 2 個 print() 函式顯示在同一行。另一種方法是使用 sep 參數的分隔字元，因為 print() 函式可以有多個「,」逗號分隔的參數，每一個參數都是輸出內容，如下所示：

```
print("整數值 =" , var1, "浮點數值 =", var2)
```

上述函式共有 4 個參數，當依序輸出各參數時，在之間就會自動加上 sep 參數的 1 個空白字元來分隔，而且各參數都會自動進行型別轉換，所以變數 var1 和 var2 不需要呼叫 str() 函式。

Python 程式 | ch2-5-1.py

在 Python 程式依序輸入字串、整數和浮點數後，顯示輸入的變數值，其執行結果如右所示：

```
請輸入字串: This is a book.
字串 = This is a book.
請輸入整數: 35
整數值 = 35
請輸入浮點數: 24.5
浮點數值 = 24.5
整數值 = 35 浮點數值 = 24.5
```

》程式內容

```
01: str1 = input("請輸入字串: ")
02: print("字串 = " + str1)
03: var1 = int(input("請輸入整數: "))
04: print("整數值 = " + str(var1))
05: var2 = float(input("請輸入浮點數: "))
06: print("浮點數值 = " + str(var2))
07: print('整數值 =" , var1, "浮點數值 =", var2)
```

》程式說明

- 第 1~2 行：輸入和顯示字串。
- 第 3~4 行：輸入和顯示整數。
- 第 5~6 行：輸入和顯示浮點數。
- 第 7 行：同時輸出字串、整數和浮點數的 2 個變數值。

≫ 2-5-2 Python 的格式化輸出

Python 可以使用 print() 函式和字串的 format() 方法來格式化輸出執行結果。

print() 函式的格式化輸出 | ch2-5-2.py

print() 函式的參數有格式化輸出的寫法，其基本語法如下所示：

```
print(範本字串 % (參數1, 參數2…))
```

上述範本字串（Template）可以建立格式化的輸出內容，在範本字串中使用「%s」代表字串、「%d」代表整數和「%f」代表浮點數，這些符號代表需替換成「%」符號後參數 1 和參數 2 的值，如下所示：

```
name = "陳會安"
balance = 5000
print("姓名: %s 的帳戶餘額是 %d" % (name, balance))
```

上述 print() 函式可以將變數 name 和 balance 的值分別填入範本字串的「%s」和「%d」的位置，其執行結果如右所示：

```
姓名: 陳會安 的帳戶餘額是 5000
```

format() 方法的格式化輸出 | ch2-5-2a.py

Python 字串可以使用 format() 方法來格式化輸出，其基本語法如下所示：

```
範本字串.format(參數1, 參數2…)
```

上述範本字串使用「{}」符號建立格式碼（Format Codes），代表需替換的位置，然後使用 format() 方法的參數來替換這些格式碼來顯示參數值，如下所示：

```
x, y = 10, 20
s = "Y= {} X= {}".format(x, y)
print(s)
```

上述程式碼因為 Python 字面值也是物件，一樣可以呼叫 format() 方法，第 1 個參數 x 對應第 1 個「{}」格式碼；第 2 個參數 y 對應第 2 個「{}」格式碼，其執行結果如右所示：

```
Y= 10 X= 20
```

在 {} 格式碼也可以加上編號 {0} 和 {1} 標示參數順序，0 是 format() 的第 1 個參數；1 是第 2 個（Python 程式：ch2-5-2b.py），如下所示：

```
s = 'Y= {1} X= {0}'.format(x, y)
```

2-6 運算子與運算式

運算式（Expressions）是一個執行運算的程式敘述，可以產生運算結果，運算式可以簡單到只有單一字面值或變數，或使用多個運算子和運算元所組成。

≫ 2-6-1　Python 運算子的優先順序

Python 提供完整算術（Arithmetic）、指定（Assignment）、位元（Bitwise）、關係（Relational）和邏輯（Logical）運算子。Python 運算子預設的優先順序（愈上面愈優先），如下表所示：

運算子	說明
()	括號運算子
**	指數運算子
~	位元運算子 NOT
+、-	正號、負號
*、/、//、%	算術運算子的乘法、除法、整數除法和餘數
+、-	算術運算子加法和減法
<<、>>	位元運算子左移和右移
&	位元運算子 AND
^	位元運算子 XOR
|	位元運算子 OR
in、not in、is、is not、<、<=、>、>=、<>、!=、==	成員、識別和關係運算子小於、小於等於、大於、大於等於、不等於和等於
not	邏輯運算子 NOT
and	邏輯運算子 AND
or	邏輯運算子 OR

當 Python 運算式的多個運算子擁有相同優先順序時，如下所示：

```
3 + 4 - 2
```

上述運算式的「+」和「-」運算子擁有相同優先順序，此時的運算順序是從左至右依序進行運算，即先運算 3+4=7，然後再運算 7-2=5。請注意！ Python 多重指定運算式是一個例外，如下所示：

```
a = b = c = 25
```

上述多重指定運算式是從右至左，先執行 c = 25，然後才是 b = c 和 a = b。

≫ 2-6-2 使用算術運算子建立數學公式

Python 算術運算子和數學上的算術運算並沒有什麼不同，其說明如下表所示：

運算子	說明	運算式範例
-	負號	-7
+	正號	+7
*	乘法	7 * 2 = 14
/	除法	7 / 2 = 3.5
//	整數除法	7 // 2 = 3
%	餘數	7 % 2 = 1
+	加法	7 + 2 = 9
-	減法	7 – 2 = 5
**	指數	2 ** 3 = 8

算術運算子加、減、乘、除、指數和餘數運算子都是二元運算子（Binary Operators），共需要 2 個運算元；正 / 負號是「單元運算子」（Unary Operators），只需要 1 個運算元。

說明

請注意！「/」、「//」和「%」運算子都是除法，所以第 2 個運算元不可以是 0，否則會產生 ZeroDivisionError 錯誤。

Python 程式只需使用算術運算子和變數，就可以建立複雜的數學運算式，例如：攝氏（Celsius）轉華氏（Fahrenheit）的溫度轉換公式，如下所示：

```
f = (9.0 * c) / 5.0 + 32.0
```

現在，我們可以建立 Python 程式解決數學問題，配合 Python 數學函式，不論統計或工程上的數學問題，都可以撰寫 Python 程式來處理。

Python 程式 | ch2-6-2.py

在 Python 程式輸入攝氏溫度後，使用算術運算子建立數學公式來進行攝氏轉換成華氏溫度，其執行結果如右所示：

```
請輸入攝氏溫度: 45
華氏溫度=  113.0
```

上述執行結果輸入攝氏溫度 45，可以轉換成華氏溫度 113 度。

程式內容

```
01: c = int(input("請輸入攝氏溫度: "))
02: f = (9.0 * c) / 5.0 + 32.0
03: print("華氏溫度= ", f)
```

程式說明

- 第 1 行：輸入攝氏溫度。
- 第 2 行：建立數學公式執行溫度轉換。
- 第 3 行：輸出攝氏轉換後的華氏溫度。

≫ 2-6-3　再談指定運算子

指定運算子建立的指定運算式（Assignment Expressions）就是指定敘述，Python 是使用「=」等號的指定運算子來建立運算式，請注意！這是「指定」或稱為「指派」；並沒有相等的等於意義。

在指定運算子「=」等號的左邊是欲指定值的變數；右邊可以是變數、字面值或運算式，如下所示：

```
a = 1
b = 2
c = b
d = a + b
```

這一節準備說明 Python 指定運算式的簡化寫法：擴增指定運算子（Augmented Assignment Operator），其需符合的條件如下所示：

- 在指定運算子「=」等號的右邊是二元運算式，擁有 2 個運算元。
- 在指定運算子「=」等號的左邊的變數和第 1 個運算元相同。

例如：滿足上述條件的指定運算式，如下所示：

```
x = x + y
```

上述「=」等號右邊是加法運算式，擁有 2 個運算元，而且第 1 個運算元 x 和「=」等號左邊的變數相同，所以，可以改用「+=」運算子來改寫此運算式，如下所示：

```
x += y
```

上述運算式就是指定運算式的簡化寫法，其語法如下所示：

```
變數名稱 op= 變數或字面值
```

上述 op 代表「+」、「-」、「*」或「/」等運算子，在 op 和「=」之間不能有空白字元，此種寫法展開的指定運算式，如下所示：

```
變數名稱 = 變數名稱 op 變數或字面值
```

上述「=」等號左邊和右邊是同一變數名稱。各種擴增指定運算式和相當的運算子說明，如下表所示：

指定運算子	範例	相當的運算式	說明
=	x = y	N/A	指定敘述
+=	x+ = y	x = x + y	加法
-=	x -= y	x = x - y	減法
*=	x *= y	x = x * y	乘法
/=	x /= y	x = x / y	除法
//=	x //= y	x = x // y	整數除法
%=	x %= y	x = x % y	餘數
**=	x **= y	x = x ** y	指數

學習評量

1. 請簡單說明 Python 語言？ Python 命名原則？如何使用註解文字？
2. 請問什麼是程式語言的變數？在 Python 如何使用變數？
3. 請簡單說明 Python 資料型別？ Python 指定敘述有幾種？
4. 請在 Python 程式建立 2 個整數變數、1 個浮點數變數，在分別指定初值為 100、200 和 23.45 後，將變數值都顯示出來。
5. 請建立 Python 程式可以在螢幕輸出下列執行結果，如下所示：

```
請輸入圓周率的值 ==> 3.14159 Enter
圓周率的值是: 3.141590
```

6. 請建立 Python 程式可以輸入華氏溫度來轉換成攝氏溫度，其轉換公式如下所示：

```
c = (5.0 / 9.0 ) * (f - 32.0)
```

7. 圓周長的公式是 2*PI*r，PI 是圓周率 3.1415，r 是半徑，請建立 Python 程式使用變數指定圓周率值後，輸入半徑來計算和顯示圓周長。

```
請輸入半徑值: 10 Enter
圓周長的值是: 62.830000
```

8. 計算體脂肪 BMI 值的公式是 W/(H*H)，H 是身高（公尺），W 是體重（公斤），請建立 Python 程式輸入身高和體重後，計算和顯示 BMI 值。

CHAPTER 03

流程控制

3-1 認識流程控制結構

基本上，程式碼大部分是一行接著一行循序的執行，但是對於複雜工作，為了達成預期的執行結果，需要使用「流程控制結構」(Control Structures) 來改變執行順序。

循序結構 (Sequential)

循序結構是程式預設的執行方式，也就是一個敘述接著一個敘述依序的執行（在流程圖上方和下方的連接符號是控制結構的單一進入點和離開點），如右圖所示：

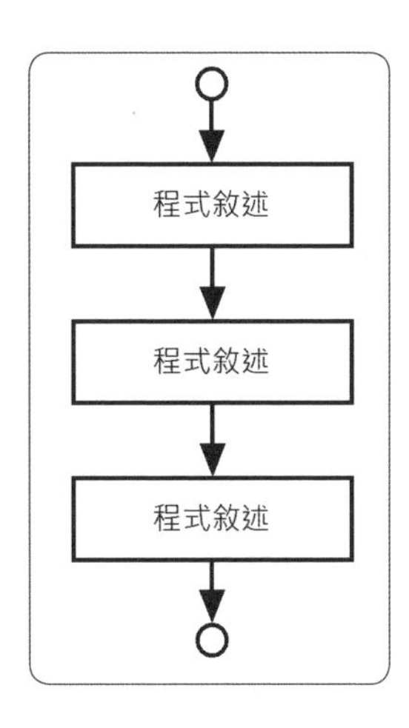

選擇結構（Selection）

選擇結構是一種條件判斷，這是一個選擇題，分為是否選、二選一或多選一三種。程式執行順序是依照關係或比較運算式的條件，決定執行哪一個區塊的程式碼（在流程圖上方和下方的連接符號是控制結構的單一進入點和離開點，從左至右依序為是否選、二選一或多選一三種），如下圖所示：

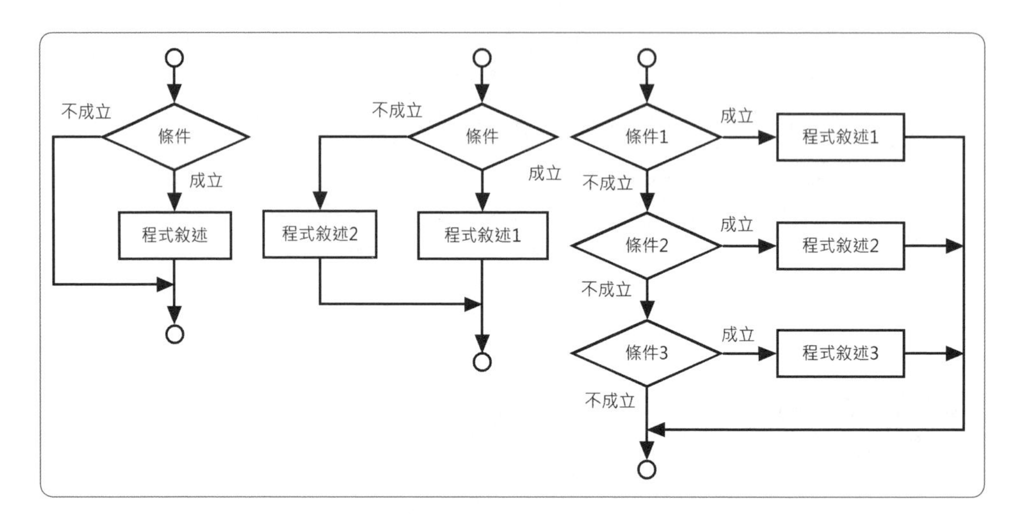

選擇結構如同從公司走路回家，因為回家的路不只一條，當走到十字路口時，可以決定向左、向右或直走，雖然最終都可以到家，但是經過的路徑並不相同，也稱為「決策判斷敘述」（Decision Making Statements）。

重複結構（Iteration）

重複結構就是迴圈，可以重複執行一個程式區塊的程式碼，提供結束條件結束迴圈的執行，依結束條件測試的位置不同分為兩種：前測式重複結構（圖左）和後測式重複結構（圖右，Python 不支援後測式重複結構），如右頁的圖所示：

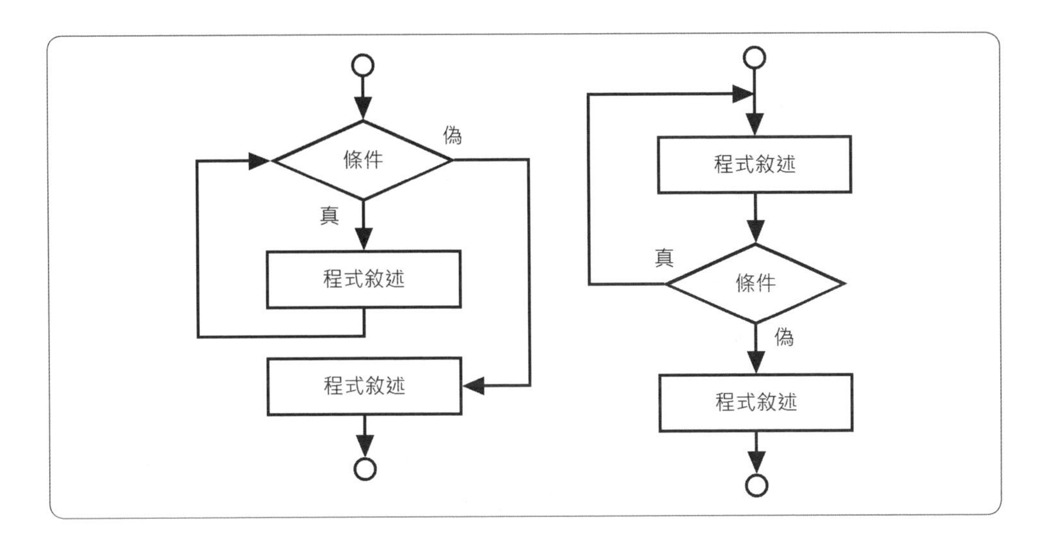

重複結構有如搭乘環狀的捷運系統回家，因為捷運系統一直環繞著軌道行走，上車後可依不同情況來決定蹺幾圈才下車，上車是進入迴圈；下車是離開迴圈回家。

3-2 關係與邏輯運算子

條件運算式（Conditional Expressions）是一種複合運算式，其運算元是使用關係運算子（Relational Operators）建立的關係運算式，多個關係運算式使用邏輯運算子（Logical Operators）來連接，如下所示：

```
a > b and a > 1
```

上述條件運算式是從左至右進行運算，先執行 a > b 運算後，才是 a > 1。條件運算式通常使用在條件和迴圈敘述的判斷條件，可以比較運算元的關係，例如：「==」是判斷前後 2 個運算元是否相等。

關係運算子（Relational Operators） | ch3-2.py

關係運算子的說明與範例，如下表所示：

運算子	說明	運算式範例	結果
==	等於	3 == 4	False
!=	不等於	3 != 4	True
<	小於	3 < 4	True
>	大於	3 > 4	False
<=	小於等於	3 <= 4	True
>=	大於等於	3 >= 4	False

Python 還可以建立數值範圍條件判斷的關係運算式，如下所示：

```
2 <= a <= 5
12 >= b >= 5
```

上述關係運算式可以判斷變數 a 的值是否位在 2～5 之間；b 是否是位在 5～12 之間。

邏輯運算子（Logical Operators） | ch3-2a.py

邏輯運算子可以連接多個關係運算式來建立複雜的條件運算式，例如：變數 a 是 3；b 是 4，如下表所示：

運算子	範例	說明
not	not op	NOT 運算，傳回運算元相反的值，True 成 False；False 成 True，例如：not (a < b) 是 False
and	op1 and op2	AND 運算，連接的 2 個運算元都為 True，運算式為 True，例如：a < b and a == b 是 False
or	op1 or op2	OR 運算，連接的 2 個運算元，任一個為 True，運算式為 True，例如：a < b or a == b 是 True

邏輯運算子的真假值表，如下表所示：

op1	op2	not op1	op1 and op2	op1 or op2
False	False	True	False	False
False	True	True	False	True
True	False	False	False	True
True	True	False	True	True

3-3 選擇結構

Python 支援三種選擇結構：單選（if）、二選一（if/else）和多選一（if/elif/else）條件敘述。

3-3-1 if 單選條件敘述

if 條件敘述是一種是否執行的單選題，只是決定是否執行程式區塊的程式碼，如果條件運算式的結果為 True，就執行程式區塊的程式碼。if 單選條件敘述的基本語法，如下所示：

```
if 條件運算式:
    程式敘述1
    程式敘述2
    ...
```

上述 if 條件運算式如果是 True，就執行程式區塊的程式碼，如果是 False，就不執行程式區塊。Python 程式區塊（Blocks）是從「:」號開始，之後相同縮排的多行程式碼，習慣用法是縮排 4 個空白字元或 1 個 Tab 鍵，如右圖所示：

```
if t < 20:
    print("加件外套!")
print("今天氣溫 = ", t)
```

程式區塊

縮排4個空白或Tab鍵

請注意！Python 條件敘述後需加上「:」冒號，當我們看到「:」冒號，就表示之後有縮排的程式區塊。例如：判斷氣溫決定是否加件外套的 fChart 流程圖（書附 fChart 流程圖直譯器可執行同名流程圖專案，副檔名是 .fpp），如右圖所示：

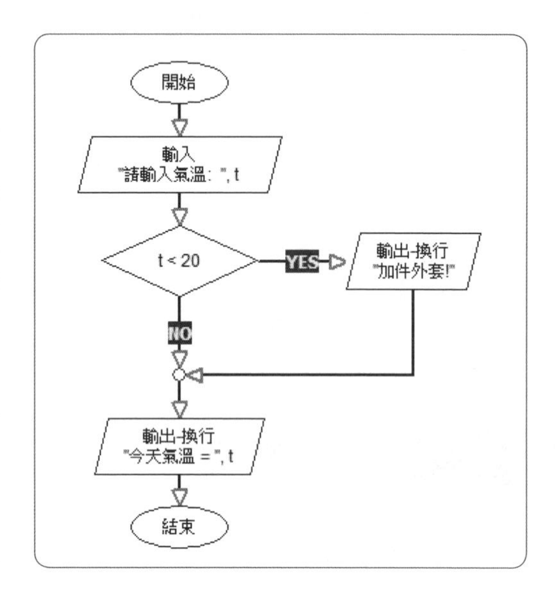

依據右述流程圖寫出的 if 條件敘述，如下所示：

```
if t < 20:
    print("加件外套!")
```

上述條件敘述 t < 20 的條件成立，才會執行縮排的程式區塊。

Python 程式 | ch3-3-1.py

在 Python 程式輸入溫度後，使用 if 條件敘述判斷是否需加件外套，請分別輸入 15 和 20，可以看到不同的執行結果，如右所示：

```
請輸入氣溫: 15
加件外套!
今天氣溫 =  15
```

```
請輸入氣溫: 20
今天氣溫 =  20
```

程式內容

```
01: t = int(input("請輸入氣溫: "))
02: if t < 20:
03:     print("加件外套!")
04: print("今天氣溫 = ", t)
```

程式說明

- 第 2~3 行：if 條件敘述判斷變數 t 的值是否小於 20，如果是，就顯示第 3 行的訊息文字。

更進一步，Python 程式可以使用邏輯運算式，當氣溫在 20～22 度之間時，顯示「加一件簿外套！」訊息文字（Python 程式：ch3-3-1a.py），如下所示：

```
if t >= 20 and t <= 22:
    print("加一件薄外套!")
```

上述 if 的條件是使用 AND 邏輯運算子連接 2 個條件，輸入氣溫需要在 20～22 度之間，條件才成立。因為溫度條件是範圍，也可以建立範圍條件（Python 程式：ch3-3-1b.py），如下所示：

```
if 20 <= t <= 22:
    print("加一件薄外套!")
```

≫ 3-3-2 if/else 二選一條件敘述

單純 if 條件只能選擇執行或不執行程式區塊的單選題，如果是排它情況的條件，只能二選一，可以加上 else 關鍵字，依條件決定執行哪一個程式區塊。if/else 二選一條件敘述的基本語法，如下所示：

```
if 條件運算式:
    程式敘述1
    …
else:
    程式敘述2
    …
```

上述 if 的條件運算式是 True，就執行程式敘述 1 和之後程式碼的程式區塊；False 就執行程式敘述 2 和之後的程式區塊（在條件運算式和 else 關鍵字之後都有「:」冒號）。例如：學生成績以 60 分標準來區分是否及格的 fChart 流程圖，如下圖所示：

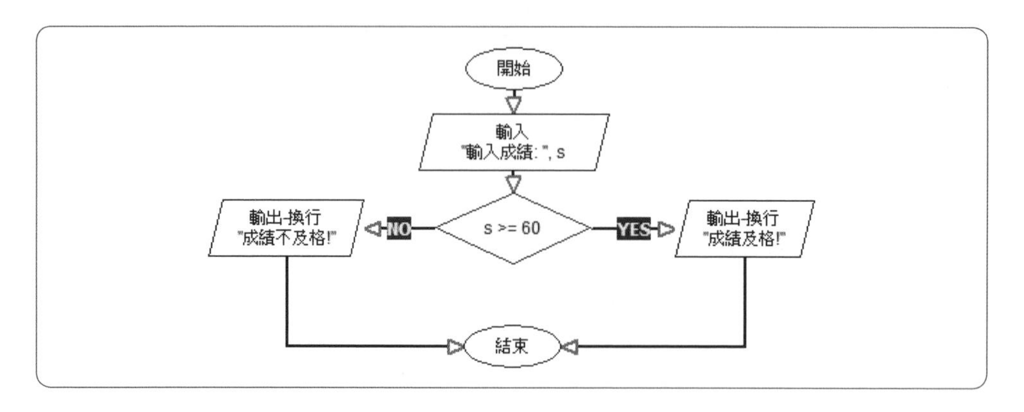

依據上述流程圖寫出的 if/else 條件敘述，如下所示：

```
if s >= 60:
    print("成績及格!")
else:
    print("成績不及格!")
```

上述程式碼因為成績有排它性，60 分以上為及格分數，60 分以下是不及格。

Python 程式 | ch3-3-2.py

在 Python 程式輸入成績判斷是否及格，大於等於 60 分是及格；反之是不及格，請分別輸入成績 50 和 80，可以看到顯示不及格和及格的執行結果，如右所示：

```
請輸入成績: 50
成績不及格!
```

```
請輸入成績: 80
成績及格!
```

》程式內容

```
01: s = int(input("請輸入成績: "))
02: if s >= 60:
03:     print("成績及格!")
04: else:
05:     print("成績不及格!")
```

》程式說明

- 第 2~5 行：if/else 條件敘述的條件成立時，執行第 3 行；不成立，執行第 5 行的程式碼。

≫3-3-3 單行 if/else 條件敘述

Python 不支援 C/C++、Java 和 C# 等語言的「條件運算式」(Conditional Expressions)，不過，Python 可以使用單行 if/else 條件敘述來代替，其基本語法如下所示：

```
變數 = 變數1 if 條件運算式 else 變數2
```

上述指定敘述的「=」號右邊是單行 if/else 條件敘述，如果條件成立，就將變數指定成變數 1 的值；否則指定成變數 2 的值。例如：12/24 制時間轉換的單行 if/else 條件敘述，如下所示：

```
h = h-12 if h >= 12 else h
```

上述條件敘述的開始 h-12 是條件成立指定的變數值或運算式，接著是 if 加上條件運算式 h >= 12，最後 else 之後是不成立指定的值 h，所以，當條件為 True，h 變數值為 h-12；False 是 h。

Python 程式 | ch3-3-3.py

在 Python 程式輸入小時後，使用單行 if/else 條件敘述將 24 小時制改為 12 小時制，其執行結果如右所示：

```
輸入24小時制的小時數: 18
目前時間為 =  6
```

上述執行結果輸入 24 小時制的 18，顯示是 6 點的 12 小時制。

》程式內容

```
01: h = int(input("輸入24小時制的小時數: "))
02: h = h-12 if h >= 12 else h
03: print("目前時間為 = " + str(h))
```

》程式說明

- 第 2 行：單行 if/else 條件敘述在判斷變數值後，將 24 小時制改為 12 小時制。

≫ 3-3-4 if/elif/else 多選一條件敘述

Python 多選一條件敘述是擴充 if/else 條件，每新增一個條件，就多一個 elif 程式區塊來建立 if/elif/else 多選一條件敘述。例如：判斷年齡小於 13 歲是兒童；小於 20 歲是青少年；大於等於 20 歲是成年人，因為條件不只一個，所以是使用多選一條件敘述，其 fChart 流程圖如下圖所示：

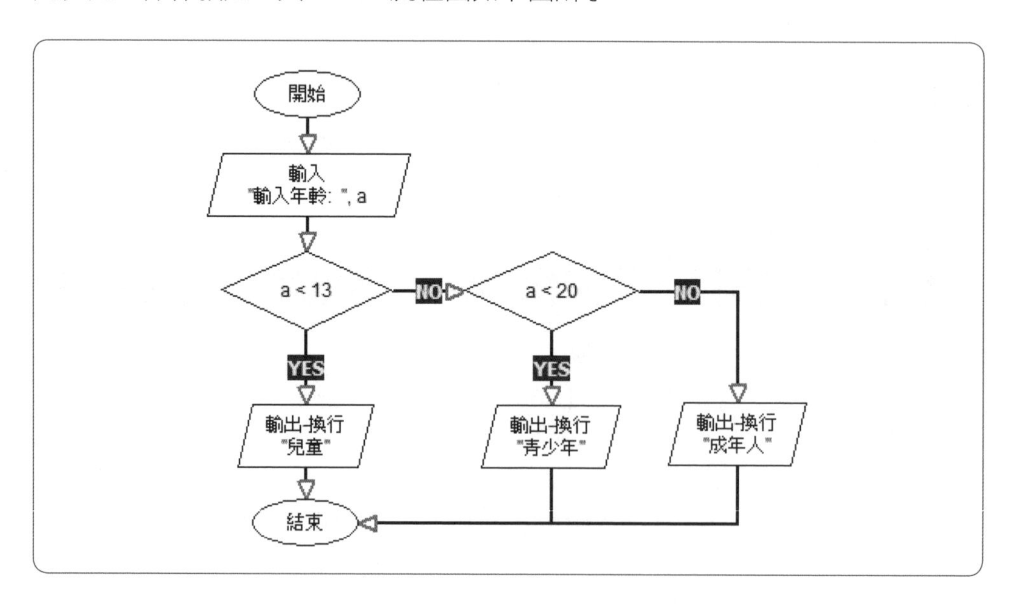

依據上述流程圖寫出的多選一條件敘述，如下所示：

```
if a < 13:
    print("兒童")
elif a < 20:
    print("青少年")
else:
    print("成年人")
```

上述 if/elif/else 多選一條件敘述從上而下如同階梯一般，一次判斷一個 if 條件，如果是 True，就執行程式區塊，和結束整個多選一條件敘述；如果是 False，就進行下一個條件判斷。

Python 程式 | ch3-3-4.py

在 Python 程式輸入變數來判斷年齡，小於 13 歲是兒童；小於 20 歲是青少年；大於等於 20 歲是成年人，其執行結果如右所示：

```
請輸入年齡: 22
成年人
```

```
請輸入年齡: 18
青少年
```

》程式內容

```
01: a = int(input("請輸入年齡: "))
02: if a < 13:
03:     print("兒童")
04: elif a < 20:
05:     print("青少年")
06: else:
07:     print("成年人")
```

》程式說明

- 第 2~7 行：if/elif/else 多選一條件敘述，共有 2 個條件和 3 種可能的執行結果。

≫ 3-3-5　巢狀條件敘述

Python 條件敘述的程式區塊中可以有其他條件敘述，稱為「巢狀條件敘述」。例如：使用巢狀條件敘述判斷 3 個變數中，哪一個變數值是最大，如下所示：

```
a, b, c = 3, 5, 2
if a > b and a > c:
    print("變數 a 最大!")
else:
    if b > c:
        print("變數 b 最大!")
    else:
        print("變數 c 最大!")
```

述 if/else 條件敘述的 else 程式區塊有另一個 if/else 條件敘述，首先判斷變數 a 是否是最大，不是，再判斷變數 b 和 c 中哪一個值最大。

Python 程式 | ch3-3-5.py

在 Python 程式使用巢狀條件敘述判斷 3 個變數值 a、b 和 c 中，哪一個變數值是最大值，其執行結果如右所示：

```
變數 b 最大!
```

》程式內容

```
01: a, b, c = 3, 5, 2
02: if a > b and a > c:
03:     print("變數 a 最大!")
04: else:
05:     if b > c:
06:         print("變數 b 最大!")
07:     else:
08:         print("變數 c 最大!")
```

》程式說明

- 第 2~8 行：使用 if/else 巢狀條件敘述判斷變數 a、b 和 c 的值，可以判斷哪一個變數值最大在第 2~8 行是外層；第 5~8 行是內層。

3-4 重複結構

Python 重複結構支援計數迴圈（for）、條件迴圈（while），和跳出與繼續迴圈的 break 和 continue 關鍵字。

≫ 3-4-1 for 計數迴圈

在 for 迴圈的程式敘述中擁有計數器變數，計數器可以每次增加或減少一個值，直到迴圈結束條件成立為止，當已經知道需重複執行幾次時，就可以使用 for 計數迴圈來重複執行程式區塊。for 計數迴圈需要使用 range() 函式來計數，其基本語法如下所示：

```
for 計數器變數 in range(超始值, 終止值 + 1):
    程式敘述
```

上述 for 迴圈的計數器變數是 for 關鍵字之後的變數，迴圈執行次數是從 range() 函式的起始值開始，執行到終止值為止，因為不含終止值，所以第 2 個參數值是【終止值 + 1】（在 range() 函式的右括號後需加上「:」冒號）。

例如：輸入最大值 m 後，計算 1 加至最大值 m 的總和，fChart 流程圖如右圖所示：

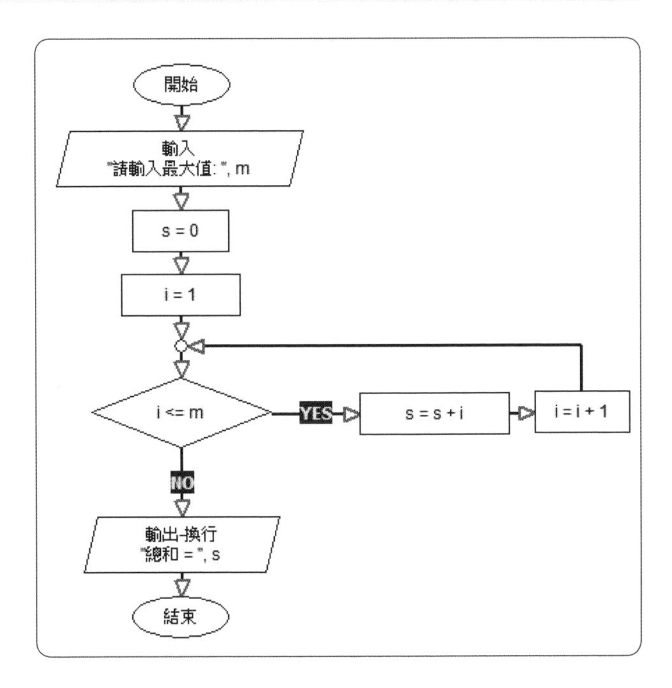

依據上述流程圖寫出的 for 迴圈程式碼，如下所示：

```
s = 0
for i in range(1, m + 1):
    s = s + i
```

上述迴圈從 1 加到 m（終止值是 m + 1），可以計算 1 加至 m 的總和。

Python 程式 | ch3-4-1.py

在 Python 程式輸入最大值後，使用 for 計數迴圈計算 1 加至最大值的總和，其執行結果如右所示：

```
請輸入最大值 : 100
總和 =  5050
```

》程式內容

```
01: m = int(input("請輸入最大值 : "))
02: s = 0
03: for i in range(1, m + 1):
04:     s = s + i
05: print("總和 = ", s)
```

》程式說明

- 第 1 行：輸入最大值 m。
- 第 3~4 行：使用 for 迴圈計算 1 加至 m 的總和，在第 4 行是加法運算式。

3-4-2　range() 範圍函式

Python 的 for 迴圈是一種迭代（Iteration）操作，也就是依序從 in 關鍵字之後的串列來取出值，每次取一個，range() 函式依序產生 for 迴圈所需的一序列整數值。

使用 1 個參數的 range() 函式 | ch3-4-2.py

Python 的 range() 函式如果只有 1 個參數，參數是【終止值 +1】，預設起始值是 0，如右表所示：

range() 函式	整數值範圍
range(5)	0~4
range(10)	0~9
range(11)	0~10

例如：建立計數迴圈顯示值 0～4，如下所示：

```
for a in range(5):
    print('a = ', a)
```

使用 2 個參數的 range() 函式 | ch3-4-2a.py

Python 的 range() 函式如果有 2 個參數，第 1 參數是起始值，第 2 個參數是【終止值 +1】，如下表所示：

range() 函式	整數值範圍
range(1, 5)	1~4
range(1. 10)	1~9
range(1, 11)	1~10

例如：建立計數迴圈顯示值 1～4，如下所示：

```
for b in range(1, 5):
    print('b = ', b)
```

使用 3 個參數的 range() 函式 | ch3-4-2b.py

Python 的 range() 函式如果有 3 個參數，第 1 參數是起始值，第 2 個參數是【終止值 +1】，第 3 個參數是間隔值，如下表所示：

range() 函式	整數值範圍
range(1, 11, 2)	1、3、5、7、9
range(1, 11, 3)	1、4、7、10
range(1, 11, 4)	1、5、9
range(0, -10, -1)	0、-1、-2、-3、-4…-7、-8、-9
range(0, -10, -2)	0、-2、-4、-6、-8

例如：建立計數迴圈從 1～10 顯示奇數值，如下所示：

```
for c in range(1, 11, 2):
    print('c = ', c)
```

≫ 3-4-3　條件迴圈

Python 的 while 迴圈是一種條件迴圈，需要在程式區塊自行處理計數器變數的增減，迴圈是在程式區塊開頭檢查條件，條件成立進入迴圈執行；不成立，就跳出迴圈。while 迴圈的基本語法，如下所示：

```
while 條件運算式:
    程式敘述1~N
    …
```

上述 while 迴圈是在程式區塊開頭檢查條件，條件為 True 就進入迴圈執行；False 結束迴圈執行，所以迴圈執行次數是直到條件 False 為止（別忘了條件運算式後的「:」冒號）。

例如：計算 n! 階層值大於 100 的 n 值是多少，因為 n 值需執行後才知道，所以使用 while 迴圈，其 fChart 流程圖如右圖所示：

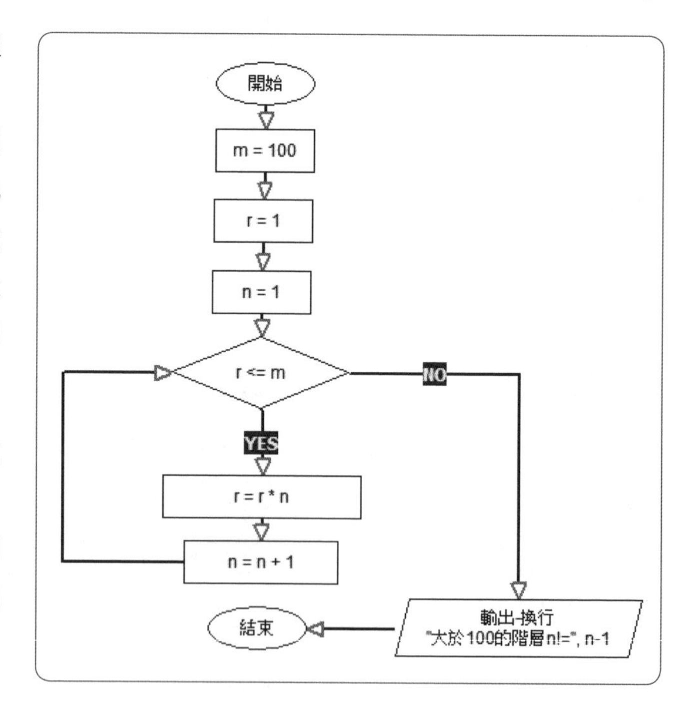

依據上述流程圖寫出的 while 迴圈程式碼，如下所示：

```
m, r, n = 100, 1, 1
while r <= m:
    r = r * n
    n = n + 1
```

上述 while 迴圈的結束條件是階層函式值 r 大於 100，迴圈執行次數需視是否條件而定，所以稱為條件迴圈，最後 print() 函式顯示的 n 值需減 1，因為 while 迴圈是前測式迴圈，程式區塊先加 1 後，才判斷是否結束迴圈的執行，所以真正的 n 值需減 1。

說明

while 迴圈需要在程式區塊自行處理計數器變數，如果沒有處理計數器變數的更新，就會成為一個無窮迴圈，在使用時請務必再三小心！

Python 程式 | ch3-4-3.py

在 Python 程式使用 while 迴圈計算 n! 階層值大於 100 的 n 值，其執行結果是 5!，如右所示：

```
大於100的階層n!= 5
```

》程式內容

```
01: m, r, n = 100, 1, 1
02: while r <= m:
03:     r = r * n
04:     n = n + 1
05: print("大於100的階層n!=", n-1)
```

》程式說明

- 第 2~4 行：while 迴圈的條件是階層值小於等於 100，可以計算出大於 100 的 n! 階層值的 n 值。

≫ 3-4-4 巢狀迴圈

巢狀迴圈是在迴圈中擁有其他迴圈，例如：在 for 迴圈擁有 for 或 while 迴圈，同樣的，while 迴圈中也可以有 for 或 while 迴圈。巢狀迴圈可以有二或二層以上，例如：在 for 迴圈中有 while 迴圈，如下所示：

```
for i in range(1, 10):
    …
    j = 1
    while j <= 9:
        …
        j = j + 1
```

上述迴圈有兩層，第一層 for 迴圈執行 9 次，第二層 while 迴圈也是執行 9 次，兩層迴圈共執行 81 次，如下表所示：

第一層迴圈的 i 值	第二層迴圈的 j 值									離開迴圈的 i 值
1	1	2	3	4	5	6	7	8	9	1
2	1	2	3	4	5	6	7	8	9	2
3	1	2	3	4	5	6	7	8	9	3
					…………					
9	1	2	3	4	5	6	7	8	9	9

上述表格的每一列代表第一層迴圈執行一次，共有 9 次。第一次迴圈的計數器變數 i 為 1，第二層迴圈的每個儲存格代表執行一次迴圈，共 9 次，j 的值為 1～9，離開第二層迴圈後的變數 i 仍然為 1，依序執行第一層迴圈，i 的值為 2～9，而每次 j 都會執行 9 次，所以共執行 81 次。fChart 流程圖如右圖所示：

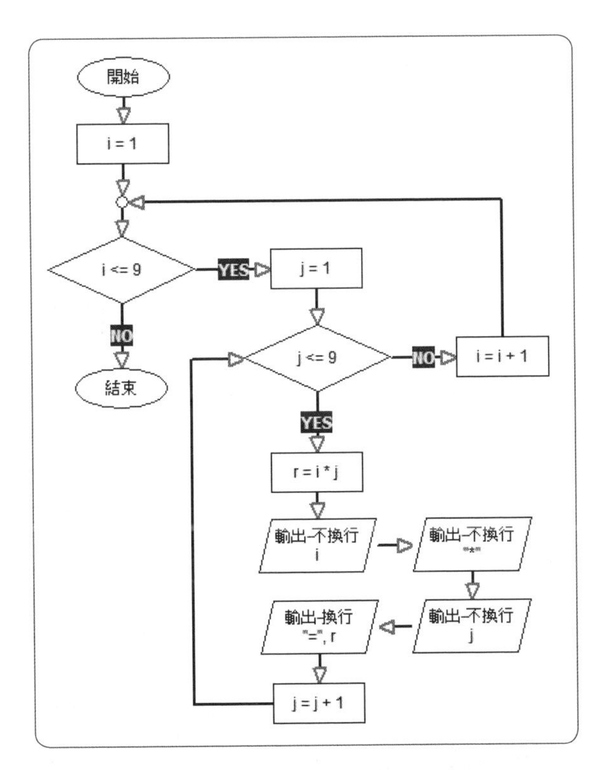

左邊流程圖 i <= 9 決策符號建立的是外層迴圈的結束條件；j <= 9 決策符號建立的是內層迴圈的結束條件。

Python 程式 | ch3-4-4.py

在 Python 程式使用 for 和 while 兩層巢狀迴圈來顯示九九乘法表，其執行結果如下所示：

```
1 * 1 = 1 1 * 2 = 2 1 * 3 = 3 1 * 4 = 4 1 * 5 = 5 1 * 6 = 6 1 * 7 = 7 1 * 8 = 8 1 * 9 = 9
2 * 1 = 2 2 * 2 = 4 2 * 3 = 6 2 * 4 = 8 2 * 5 = 10 2 * 6 = 12 2 * 7 = 14 2 * 8 = 16 2 * 9 = 18
3 * 1 = 3 3 * 2 = 6 3 * 3 = 9 3 * 4 = 12 3 * 5 = 15 3 * 6 = 18 3 * 7 = 21 3 * 8 = 24 3 * 9 = 27
4 * 1 = 4 4 * 2 = 8 4 * 3 = 12 4 * 4 = 16 4 * 5 = 20 4 * 6 = 24 4 * 7 = 28 4 * 8 = 32 4 * 9 = 36
5 * 1 = 5 5 * 2 = 10 5 * 3 = 15 5 * 4 = 20 5 * 5 = 25 5 * 6 = 30 5 * 7 = 35 5 * 8 = 40 5 * 9 = 45
6 * 1 = 6 6 * 2 = 12 6 * 3 = 18 6 * 4 = 24 6 * 5 = 30 6 * 6 = 36 6 * 7 = 42 6 * 8 = 48 6 * 9 = 54
7 * 1 = 7 7 * 2 = 14 7 * 3 = 21 7 * 4 = 28 7 * 5 = 35 7 * 6 = 42 7 * 7 = 49 7 * 8 = 56 7 * 9 = 63
8 * 1 = 8 8 * 2 = 16 8 * 3 = 24 8 * 4 = 32 8 * 5 = 40 8 * 6 = 48 8 * 7 = 56 8 * 8 = 64 8 * 9 = 72
9 * 1 = 9 9 * 2 = 18 9 * 3 = 27 9 * 4 = 36 9 * 5 = 45 9 * 6 = 54 9 * 7 = 63 9 * 8 = 72 9 * 9 = 81
```

》程式內容

```
01: for i in range(1, 10):
02:     j = 1
03:     while j <= 9:
```

```
04:         print(str(i),"*",str(j),"=",str(i*j),"",end="")
05:         j = j + 1
06:     print(")
```

》程式說明

- 第 1~6 行：兩層巢狀迴圈的外層 for 迴圈。
- 第 3~5 行：內層 while 迴圈，在第 4 行使用第一層的 i 和第二層的 j 變數值顯示和計算九九乘法表的值。

在上述外層迴圈的計數器變數 i 值為 1 時，內層迴圈的變數 j 為 1 到 9，可以顯示執行結果，如下所示：

```
1*1=1
1*2=2
…
1*9=9
```

當外層迴圈執行第二次時，i 值為 2，內層迴圈仍然為 1 到 9，此時顯示的執行結果，如下所示：

```
2*1=2
2*2=4
…
2*9=18
```

繼續外層迴圈，i 值依序為 3 到 9，就可以建立完整的九九乘法表。

≫ 3-4-5　跳出與繼續迴圈

Python 提供 break 和 continue 關鍵字的跳躍敘述，可以中斷和繼續 for 和 while 迴圈的執行。

break 關鍵字

Python 的 break 關鍵字可以強迫終止 for 和 while 迴圈的執行。雖然 Python 迴圈都是在開頭測試結束條件，如果需要在迴圈中結束迴圈，可以使用 if 條件加上 break 關鍵字來跳出迴圈，跳出迴圈就會結束迴圈執行。例如：在 while 無窮迴圈有 if 條件敘述決定是否跳出迴圈，如下所示：

```
i = 1
while True:
    print(i, end=" ")
    i = i + 1
    if i > 5:
        break
```

上述 while 迴圈是無窮迴圈（因為條件運算式永遠是 True），在迴圈中使用 if 條件判斷 i > 5 是否成立，成立就執行 break 關鍵字跳出迴圈，這就是使用 Python 實作第 2-1 節重複結構的後測式迴圈。

continue 關鍵字

在迴圈在執行過程中，可以使用 continue 關鍵字馬上繼續下一次迴圈的執行，所以不會執行程式區塊位在 continue 關鍵字之後的程式碼。例如：使用 for 迴圈顯示 1 到 10 之中的偶數，如下所示：

```
for i in range(1, 11):
    if i % 2 == 1:
        continue
    print(i, end=' ')
```

上述程式碼當計數器是奇數時，就馬上繼續下一次迴圈的執行，所以，print() 函式只會顯示 1 到 10 之間的偶數。

Python 程式 | ch3-4-5.py

在 Python 程式使用 while 無窮迴圈配合 break 關鍵字在迴圈結束判斷是否跳出迴圈，所以只顯示數字 1 到 5，接著使用 for 迴圈配合 continue 關鍵字，顯示 1 到 10 之中的偶數，其執行結果如下所示：

```
1 2 3 4 5
----------------
2 4 6 8 10
```

程式內容

```
01: i = 1
02: while True:
03:     print(i, end=" ")
04:     i = i + 1
05:     if i > 5:
06:         break
07: print("\n----------------")
08: for i in range(1, 11):
09:     if i % 2 == 1:
10:         continue
11:     print(i, end=' ')
```

程式說明

- 第 2~6 行：while 迴圈是無窮迴圈，在第 5~6 行的 if 條件判斷是否大於 5，成立就使用 break 關鍵字跳出迴圈。
- 第 8~11 行：for 迴圈是從 1 到 10，在第 9~10 行的 if 條件使用餘數運算 i % 2 檢查是否是偶數，如果是，就使用 continue 關鍵字馬上執行下一次迴圈。

3-5 在重複結構使用 else 程式區塊

Python 重複結構的迴圈可以加上 else 程式區塊，當迴圈條件不成立結束迴圈時，就執行 else 程式區塊的程式碼。請注意！如果迴圈是執行 break 關鍵字跳出迴圈，就不會執行 else 程式區塊。

在 for 迴圈使用 else 程式區塊 | ch3-5.py

在 for 迴圈使用 else 程式區塊顯示計算結果，例如：計算 1 加至 5 的總和，如下所示：

```
s = 0
for i in range(1, 6):
    s = s + i
else:
    print("for迴圈結束!")
    print("總和 = ", s)
```

上述程式碼是在 else 程式區塊顯示計算結果的總和，其執行結果如右所示：

```
for迴圈結束!
總和 =  15
```

在 while 迴圈使用 else 程式區塊 | ch3-5a.py

在 while 迴圈也可以使用 else 程式區塊顯示計算結果，例如：計算 5! 的階層值，如下所示：

```
r = n = 1
while n <= 5:
    r = r * n
    n = n + 1
else:
    print("while迴圈結束!")
    print('5!=', r)
```

上述程式碼是在 else 程式區塊顯示計算結果的階層值，其執行結果如右所示：

```
while迴圈結束!
5!= 120
```

學習評量

1. 請問程式語言提供哪些流程控制結構？什麼是 Python 程式區塊？
2. 請簡單說明 for 迴圈如何建立計數迴圈？ range() 函式的用途為何？
3. 請比較 for 迴圈和 while 迴圈的差異？
4. 請寫出 if 條件敘述當 x 值的範圍是在 18~65 之間時，將變數 x 的值指定給變數 y，否則 y 的值為 150。
5. 目前網路商店正在週年慶折扣，消費 1000 元，就有 8 折的折扣，請建立 Python 程式輸入消費額為 900、2500 和 3300 時的付款金額。
6. 請建立 Python 程式使用多選一條件敘述檢查動物園的門票，120 公分下免費，120~150 半價，150 以上為全票。
7. 請寫出 Python 程式執行從 1 到 100 的迴圈，但只顯示 40~67 之間的奇數，並且計算總和。
8. 請建立 Python 程式輸入繩索長度，例如：100 後，使用 while 迴圈計算繩索需要對折幾次才會小於 20 公分？

04 字串與容器型別

4-1 字串

Python「字串」(Strings)是一種不允許更改內容的資料型別，所有字串的變更都是建立一個全新的字串。

≫ 4-1-1 建立和輸出字串

字串是使用「'」單引號或「"」雙引號括起的一序列 Unicode 字元，可以是英文、數字、符號和中文字等字元。

建立字串

Python 可以使用指定敘述或 str() 建立參數的字串，如下所示：

```
str1 = "Python程式設計"
name1 = str("陳會安")
```

輸出字串內容

Python 一樣是使用 print() 函式輸出字串內容，如下所示：

```
print("str1 = " + str1)
print(name1)
```

上述第 1 個 print() 函式使用字串連接運算子「+」輸出字串變數 str1，第 2 個直接輸出字串變數 name1。

Python 程式 | ch4-1-1.py

在 Python 程式建立 2 個字串後，馬上輸出字串內容，其執行結果如右所示：

```
str1 = Python程式設計
陳會安
```

程式內容

```
01: str1 = "Python程式設計"
02: name1 = str("陳會安")
03: print("str1 = " + str1)
04: print(name1)
```

程式說明

- 第 1~2 行：建立 2 個字串變數。
- 第 3~4 行：使用 print() 函式輸出 2 個字串變數值。

4-1-2 取出字元和走訪字串

在建立字串後，可以使用索引位置取出字元，或 for 迴圈走訪字串的每一個字元。

走訪字串的每一個字元 | ch4-1-2.py

字串是一序列 Unicode 字元，可以使用 for 迴圈走訪顯示每一個字元，正式的說法是迭代（Iteration），如下所示：

```
str1 = "Python程式設計"
for ch in str1:
    print(ch)
```

上述 for 迴圈在 in 關鍵字後是字串 str1，每執行一次 for 迴圈，就從字串以第 1 個字元開始，取得一個字元指定給變數 ch，和移至下一個字元，直到最後 1 個字元為止，可以從第 1 個字元走訪至最後 1 個字元，其執行結果顯示空白字元間隔的字串內容，如右所示：

```
P y t h o n 程 式 設 計
```

使用索引運算子取得指定字元 | ch4-1-2a.py

字串可以使用「[]」索引運算子取出指定位置的字元，索引值是從 0 開始，也可以是負值（即倒數），如下所示：

```
name1 = str("陳會安Joe")
print(name1[0])
print(name1[1])
print(name1[-1])
print(name1[-2])
```

上述程式碼依序顯示字串 name1 的第 1 個字元、第 2 個字元，-1 是最後 1 個，-2 是倒數第 2 個字元，其執行結果如右所示：

```
陳
會
e
o
```

≫ 4-1-3　字串函式與方法

Python 內建處理字元和字串的相關函式，字串方法需要使用物件變數加上「.」句號來呼叫，如下所示：

```
str1 = "Python"
print(str1.islower())
```

上述程式碼建立字串 str1 後，呼叫 islower() 方法檢查內容是否都是小寫英文字母，請注意！字串方法不只可以使用在字串變數，也可以使用在字串字面值（因為 Python 都是物件），如下所示：

```
print("2022".isdigit())
```

字元函式 | ch4-1-3.py

Python 字元函式可以處理 ASCII 碼，其說明如下表所示：

字元函式	說明
ord()	回傳字元的 ASCII 碼
chr()	回傳參數 ASCII 碼的字元

字串函式 | ch4-1-3a.py

Python 字串函式可以取得字串長度、字串的最大和最小字元，其說明如下表所示：

字串函式	說明
len()	回傳參數字串的長度
max()	回傳參數字串的最大字元
min()	回傳參數字串的最小字元

檢查字串內容的方法 | ch4-1-3b.py

字串物件提供檢查字串內容的相關方法，其說明如下表所示：

字串方法	說明
isalnum()	如果字串內容是英文字母或數字，回傳 True；否則為 False
isalpha()	如果字串內容只有英文字母，回傳 True；否則為 False
isdigit()	如果字串內容只有數字，回傳 True；否則為 False
isidentifier()	如果字串內容是合法識別字，回傳 True；否則為 False
islower()	如果字串內容是小寫英文字母，回傳 True；否則為 False

字串方法	說明
isupper()	如果字串內容是大寫英文字母，回傳 True；否則為 False
isspace()	如果字串內容是空白字元，回傳 True；否則為 False

搜尋子字串方法 | ch4-1-3c.py

字串物件關於搜尋子字串的相關方法說明，如下表所示：

字串方法	說明
endswith(str1)	字串是以參數字串 str1 結尾，回傳 True；否則為 False
startswith(str1)	字串是以參數字串 str1 開頭，回傳 True；否則為 False
count(str1)	回傳字串出現多少次參數字串 str1 的整數值
find(str1)	回傳字串出現參數字串 str1 的最小索引位置值，沒有找到回傳 -1
rfind(str1)	回傳字串出現參數字串 str1 的最大索引位置值，沒有找到回傳 -1

轉換字串內容的方法 | ch4-1-3d.py

字串物件的轉換字串內容方法可以輸出英文大小寫轉換的字串，或是取代參數的字串內容，其說明如下表所示：

字串方法	說明
capitalize()	回傳只有第 1 個英文字母大寫；其他小寫的字串
lower()	回傳小寫英文字母的字串
upper()	回傳大寫英文字母的字串
title()	回傳字串中每 1 個英文字的第 1 個英文字母大寫的字串
swapcase()	回傳英文字母大寫變小寫；小寫變大寫的字串
replace(old, new)	將字串中參數 old 子字串取代成參數 new 子字串
split(str1)	字串使用參數 str1 來切割成串列，例如：str4.split(",")、str5.split("\n") 是分別使用 "," 和 "\n" 來分割字串
splitlines()	即 split("\n")，使用 "\n" 將字串切割成串列

4-2 串列

Python「串列」(Lists) 就是其他程式語言的陣列 (Array)，中文譯名還有清單和列表等，請注意！不同於字串，串列允許更改內容，可以新增、刪除、插入和更改串列的項目。

≫ 4-2-1 建立與輸出串列

串列是使用「[]」方括號括起的多個項目，每一個項目 (Items) 使用「,」逗號分隔。

建立串列

Python 可以使用指定敘述指定變數值是串列，串列項目可以是相同資料型別，也可以是不同資料型別，如下所示：

```
lst1 = [1, 2, 3, 4, 5]
lst2 = [1, 'Python', 5.5]
```

上述第 1 行的串列項目都是整數，第 2 行的串列項目是不同資料型別。串列也可以使用 list() 物件方式來建立，如下所示：

```
lst3 = list(["tom", "mary", "joe"])
lst4 = list('python')
```

上述第 1 行程式碼建立參數字串項目的串列，第 2 行是將參數字串的每一個字元分割建立成串列。

建立巢狀串列

因為串列元素可以是另一個串列，所以可以建立其他程式語言多維陣列的巢狀串列，如右頁所示：

```
lst5 = [1, ['tom', 'mary', 'joe'], [3, 4, 5]]
```

上述串列的第 1 個項目是整數，第 2 和第 3 個項目是另一個字串和整數型別的串列。

輸出串列項目

Python 是使用 print() 函式輸出串列項目，如下所示：

```
print(lst1)
print(lst2, lst3, lst4)
print('lst5:' + str(lst5))
```

上述 print() 函式輸出串列變數 lst1～4 的內容，也可以呼叫 str() 函式建立字串連接運算式來輸出串列內容。

Python 程式 | ch4-2-1.py

在 Python 程式建立多個串列後，使用 print() 函式顯示串列內容，其執行結果如下所示：

```
[1, 2, 3, 4, 5]
[1, 'Python', 5.5] ['tom', 'mary', 'joe'] ['p', 'y', 't', 'h', 'o', 'n']
lst5:[1, ['tom', 'mary', 'joe'], [3, 4, 5]]
```

程式內容

```
01: lst1 = [1, 2, 3, 4, 5]
02: lst2 = [1, 'Python', 5.5]
03: lst3 = list(["tom", "mary", "joe"])
04: lst4 = list("python")
05: lst5 = [1, ["tom", "mary", "joe"], [3, 4, 5]]
06: print(lst1)
07: print(lst2, lst3, lst4)
08: print('lst5:' + str(lst5))
```

》程式說明

- 第 1~5 行：建立 5 個串列變數 lst1~5。
- 第 6~8 行：使用 print() 函式輸出串列變數的內容。

≫ 4-2-2 存取與走訪串列項目

在建立串列後，可以使用索引位置取出和更改串列項目，或使用 for 迴圈走訪串列的項目。

使用索引運算子取出串列項目 | ch4-2-2.py

Python 串列可以使用「[]」索引運算子存取指定位置的項目，索引值是從 0 開始，也可以是負值（即倒數）。首先使用索引取出項目，如下所示：

```
lst1 = [1, 2, 3, 4, 5, 6]
print(lst1[0])
print(lst1[1])
print(lst1[-1])
print(lst1[-2])
```

上述程式碼依序顯示串列 lst1 的第 1 和第 2 個項目，-1 是最後 1 個，-2 是倒數第 2 個，其執行結果如右所示：

```
1
2
6
5
```

如果存取串列項目的索引值超過串列的範圍，Python 直譯器會顯示 index out of range 索引超過範圍的 IndexError 錯誤訊息。

使用索引運算子更改串列項目 | ch4-2-2a.py

當使用索引運算子取出項目後，可以使用指定敘述更改此項目，例如：更改第 2 個項目成為 10（索引值是 1），如下所示：

```
lst1 = [1, 2, 3, 4, 5, 6]
lst1[1] = 10
lst1[2] = "Python"
print(lst1)
```

不只如此，還可以更改第 3 個項目成不同資料型別（索引值是 2），例如：字串，其執行結果如右所示：

```
[1, 10, 'Python', 4, 5, 6]
```

走訪串列項目 | ch4-2-2b.py

Python 可以使用 for 迴圈走訪串列的每一個項目，如下所示：

```
lst1 = [1, 2, 3, 4, 5, 6]
for e in lst1:
    print(e, end=' ')
```

上述 for 迴圈的執行結果顯示空白分隔的串列項目：1 2 3 4 5 6。

走訪顯示串列項目的索引值 | ch4-2-2c.py

如果需要顯示串列項目的索引值，請使用 enumerate() 函式，如下所示：

```
animals = ['cat', 'dog', 'bat']
for index, animal in enumerate(animals):
    print(index, animal)
```

上述 index 是索引；animal 是項目值，其執行結果如右所示：

```
0 cat
1 dog
2 bat
```

存取巢狀串列 | ch4-2-2d.py

因為巢狀串列有很多層，在 Python 需要使用多個索引值來存取指定項目，例如：2 層巢狀串列的第 1 層有 3 個項目，每一個項目是另一個串列，如下所示：

```
lst2 = [[2, 4], ['cat', 'dog', 'bat'], [1, 3, 5]]
print(lst2[1][0])
lst2[2][1] = 7
print(lst2)
```

上述程式碼取得和顯示第 2 個項目中的第 1 個項目，然後更改第 3 個項目中的第 2 個項目是 7，其執行結果如下所示：

```
cat
[[2, 4], ['cat', 'dog', 'bat'], [1, 7, 5]]
```

使用巢狀迴圈走訪巢狀串列 | ch4-2-2e.py

因為巢狀串列有兩層，所以使用 2 層 for 迴圈走訪每一個項目，如下所示：

```
lst2 = [[2, 4], ['cat', 'dog', 'bat'], [1, 3, 5]]
for e1 in lst2:
    for e2 in e1:
        print(e2, end=' ')
```

上述 2 層 for 迴圈的執行結果顯示空白分隔的串列項目：2 4 cat dog bat 1 3 5。

≫ 4-2-3　插入、新增與刪除串列項目

因為 Python 串列就是一個容器，可以插入、新增和刪除串列的項目。

在串列新增項目 | ch4-2-3.py

Python 可以呼叫 append() 方法來新增單一項目，如下所示：

```
lst1 = [1, 5]
lst1.append(7)
print(lst1)
```

上述 append() 方法新增參數的項目 7，其執行結果是：[1, 5, 7]。如果需要同時新增多個項目，請使用 extend() 方法，如下所示：

```
lst1.extend([9, 11, 13])
print(lst1)
```

上述 extend() 方法擴充參數的串列，一次新增 3 個項目，其執行結果是：[1, 5, 7, 9, 11, 13]。

在串列插入項目 | ch4-2-3a.py

在串列新增項目是新增在串列的最後，insert() 方法可以在指定索引位置插入 1 個項目，如下所示：

```
lst1 = [1, 5]
lst1.insert(1, 3)
print(lst1)
```

上述 insert() 方法的第 1 個參數是插入的索引位置，在此位置插入第 2 個參數的項目，即插入第 2 個項目值 3，其執行結果是：[1, 3, 5]。

刪除串列項目 | ch4-2-3b.py

Python 可以使用 del 關鍵字刪除指定索引值的串列項目，如下所示：

```
lst1 = [1, 3, 5, 7, 9, 11, 13]
del lst1[2]
print(lst1)
```

上述程式碼刪除索引值 2 的第 3 個項目 5，其執行結果是：[1, 3, 7, 9, 11, 13]。Python 也可以使用 pop() 方法刪除和回傳最後 1 個項目，如下所示：

```
e1 = lst1.pop()
print(e1, lst1)
```

上述 pop() 方法刪除最後 1 個項目和回傳值，變數 e1 就是最後 1 個項目 13，其執行結果是：13 [1, 3, 7, 9, 11]。如果 pop() 方法有參數，就是刪除和回傳指定索引值的項目，如下所示：

```
e2 = lst1.pop(1)
print(e2, lst1)
```

上述 pop() 方法刪除索引值 1 的第 2 個項目和回傳值，所以變數 e2 是第 2 個項目 3，其執行結果是：3 [1, 7, 9, 11]。如果準備刪除指定項目值（不是索引），可以使用 remove() 方法刪除參數的項目值 9，其執行結果是：[1, 7, 11]，如下所示：

```
lst1.remove(9)
print(lst1)
```

≫ 4-2-4　串列函式與方法

Python 提供內建串列函式，和串列物件的相關方法來處理串列。

串列函式 | ch4-2-4.py

Python 串列函式可以取得項目數、排序串列、加總串列項目、取得串列中的最大和最小項目等。常用串列函式說明，如下表所示：

串列函式	說明
len()	回傳參數串列的長度，即項目數
max()	回傳參數串列的最大項目
min()	回傳參數串列的最小項目
list()	回傳參數字串、元組、字典和集合轉換成的串列
enumerate()	回傳 enumerate 物件，其內容是串列索引和項目的元組
sum()	回傳參數串列項目的總和
sorted()	回傳參數串列的排序結果串列

串列方法 | ch4-2-4a.py

Python 串列的 append()、extend()、insert()、pop() 和 remove() 方法已經說明過。其他常用串列方法的說明，如下表所示：

串列方法	說明
count(item)	回傳串列中等於參數 item 項目的個數
index(item)	回傳串列第 1 個找到參數 item 項目的索引，項目不存在，就會產生 ValueError 錯誤
sort()	排序串列項目
reverse()	反轉串列項目，第 1 個是最後 1 個；最後 1 個是第 1 個

4-3 元組

Python「元組」（Tuple）是唯讀版的串列，一旦指定元組的項目，就不能再更改元組的項目。

4-3-1 建立與輸出元組

Python 元組是使用「()」括號建立，每一個項目使用「,」逗號分隔。在 Python 使用元組的優點，如下所示：

- 因為元組項目不允許更改，走訪元組比起走訪串列更有效率，可以輕微增加程式的執行效能。
- 元組因為項目不允許更改，可以作為字典的鍵（Keys）來使用，但串列不可以。
- 如果程式需要使用不允許更改的唯讀串列，可以使用元組來實作，而且保證項目不會被更改。

Python 可以使用指定敘述指定變數值是一個元組，元組的項目可以是相同資料型別，也可以是不同資料型別（Python 程式：ch4-3-1.py），如下所示：

```
t1 = (1, 2, 3, 4, 5)
t2 = (1, 'Joe', 5.5)
t3 = tuple(["tom", "mary", "joe"])
t4 = tuple('python')
```

上述第 1 個元組項目都是整數，第 2 個元組項目是不同資料型別，第 3 個是使用串列建立元組，最後將字串的每一個字元分割建立成元組。然後使用 print() 函式輸出元組項目，如下所示：

```
print(t1)
print(t2, t3)
print('t4 = ' + str(t4))
```

上述 print() 函式輸出元組變數 t1～t3 的內容，也可以呼叫 str() 函式轉換成字串型別來輸出元組項目，其執行結果如右所示：

```
(1, 2, 3, 4, 5)
(1, 'Joe', 5.5) ('tom', 'mary', 'joe')
t4 = ('p', 'y', 't', 'h', 'o', 'n')
```

≫ 4-3-2　取出與走訪元組項目

在建立元組後，可以使用索引位置取出元組項目（只能取出項目，不允許更改項目），或使用 for 迴圈走訪元組的所有項目。

使用索引運算子取出元組項目　| ch4-3-2.py

Python 元組因為是唯讀串列，可以使用「[]」索引運算子取出指定位置的項目，索引值是從 0 開始，也可以是負值，如下所示：

```
t1 = (1, 2, 3, 4, 5, 6)
print(t1[0])
```

```
print(t1[1])
print(t1[-1])
print(t1[-2])
```

上述程式碼依序顯示元組 t1 的第 1 和第 2 個項目，-1 是最後 1 個，-2 是倒數第 2 個。

走訪元組的每一個項目 | ch4-3-2a.py

Python 的 for 迴圈一樣可以走訪元組的每一個項目，如下所示：

```
t1 = (1, 2, 3, 4, 5, 6)
for e in t1:
    print(e, end=' ')
```

上述 for 迴圈一一取出元組每一個項目和顯示出來：1 2 3 4 5 6。

4-3-3 元組函式與元組方法

Python 提供內建元組函式，和元組物件的相關方法來處理元組。

元組函式 | ch4-3-3.py

Python 元組函式和和串列函式幾乎相同，只有 list() 換成了 tuple()，如下表所示：

元組函式	說明
tuple()	回傳參數字串、串列和字典轉換成的元組

元組方法 | ch4-3-3a.py

Python 元組方法可以搜尋項目和計算出現次數。常用元組方法的說明，如下表所示：

元組方法	說明
count(item)	回傳元組中等於參數 item 項目的個數
index(item)	回傳元組第 1 個找到參數 item 項目的索引，項目不存在，就會產生 ValueError 錯誤

4-4 字典

Python「字典」（Dictionaries）是一種儲存鍵值資料的容器型別，可以使用鍵（Key）取出和更改值（Value），或使用鍵新增和刪除項目。

≫ 4-4-1　建立與輸出字典

Python 字典是使用大括號「{}」定義成對的鍵和值（Key-value Pairs），每一對使用「,」逗號分隔，鍵和值是使用「:」冒號分隔，如下所示：

```
{
    "key1": "value1",
    "key2": "value2",
    "key3": "value3",
    …
}
```

上述 key1～3 的值必須是唯一，其資料型別只能是字串、數值和元組型別。

建立字典

Python 可以使用指定敘述指定變數值是一個字典，字典項目的鍵和值可以是相同資料型別，也可以是不同資料型別，如下所示：

```
d1 = {1: 'apple', 2: 'ball'}
d2 = {
```

```
    "name": "joe",
    1: [2, 4, 6]
    }
d3 = dict([(1, 'tom'), (2, 'mary'), (3, 'john')])
```

上述第 1 個字典的鍵是整數；值都是字串，第 2 個字典的鍵是字串和數值；值是不同型別的字串和串列，第 3 個使用串列建立字典，每一個項目是 2 個項目的元組。

輸出字典項目

Python 可以使用 print() 函式輸出字典項目，如下所示：

```
print(d1)
print(d2)
print('d3 = ' + str(d3))
```

上述 print() 函式直接輸出字典變數 d1～d2 的內容，也可以呼叫 str() 函式轉換成字串型別來輸出字典項目。

Python 程式 | ch4-4-1.py

在 Python 程式建立多個字典後，使用 print() 函式顯示字典內容，其執行結果如右所示：

```
{1: 'apple', 2: 'ball'}
{'name': 'joe', 1: [2, 4, 6]}
d3 = {1: 'tom', 2: 'mary', 3: 'john'}
```

》程式內容

```
01: d1 = {1: 'apple', 2: 'ball'}
02: d2 = {
03:     "name": "joe",
04:     1: [2, 4, 6]
05:     }
06: d3 = dict([(1, "tom"), (2, "mary"), (3, "john")])
07: print(d1)
```

```
08: print(d2)
09: print('d3 = ' + str(d3))
```

》程式說明

- 第 1~6 行：建立 3 個字典變數 d1~d3。
- 第 7~9 行：使用 print() 函式輸出字典變數的內容。

≫ 4-4-2　取出、更改、新增與走訪字典項目

在建立字典後，可以使用鍵（Key）取出、更改和新增字典項目，或使用 for 迴圈走訪字典項目。

取出項目值 | ch4-4-2.py

Python 字典也是使用「[]」索引運算子存取指定鍵的項目，如下所示：

```
d1 = {"chicken": 2, "dog": 4, "cat":3}
print(d1["cat"])
print(d1["dog"])
print(d1['chicken'])
```

上述程式碼依序顯示字典 d1 的鍵是 "cat"、"dog" 和 "chicken" 的項目值 3、4 和 2。

更改項目值 | ch4-4-2a.py

更改字典項目的值是使用指定敘述「＝」等號，例如：更改鍵 "cat" 的值成為 4，如下所示：

```
d1 = {"chicken": 2, "dog": 4, "cat":3}
d1["cat"] = 4
print(d1)
```

上述程式的執行結果是：{'chicken': 2, 'dog': 4, 'cat': 4}。

新增項目 | ch4-4-2b.py

如果指定敘述更改的鍵不存在，就是新增字典的項目，如下所示：

```
d1 = {"chicken": 2, "dog": 4, "cat":3}
d1["spider"] = 8
print(d1)
```

上述程式碼新增鍵是 "spider"；值是 8 的項目，其執行結果是：{'chicken': 2, 'dog': 4, 'cat': 3, 'spider': 8}。

走訪字典取出項目值 | ch4-4-2c.py

Python 可以使用 for 迴圈以鍵來走訪字典，如下所示：

```
d1 = {"chicken": 2, "dog": 4, "cat":3}
for animal in d1:
    legs = d1[animal]
    print(animal, legs, end=' ')
```

上述程式碼建立字典變數 d1 後，使用 for 迴圈走訪字典的所有鍵，可以顯示各種動物有幾隻腳，其執行結果是：chicken 2 dog 4 cat 3。如果需要同時走訪字典的鍵和值，請使用 items() 方法，如下所示：

```
for animal, legs in d1.items():
    print("動物: {} 有 {} 隻腳".format(animal, legs))
```

```
動物: chicken 有 2 隻腳
動物: dog 有 4 隻腳
動物: cat 有 3 隻腳
```

≫ 4-4-3 刪除字典項目

Python 字典一樣可以使用 del 關鍵字和相關方法來刪除字典項目。

使用 del 關鍵字刪除字典項目 | ch4-4-3.py

Python 可以使用 del 關鍵字刪除指定鍵的項目，如下所示：

```
d1 = {1:1, 2:4, "name":"joe", "age":20, 5:22}
del d1[2]
print(d1)
del d1["age"]
print(d1)
```

上述程式碼依序刪除鍵 2 和 "age" 的字典項目，其執行結果如下所示：

```
{1: 1, 'name': 'joe', 'age': 20, 5: 22}
{1: 1, 'name': 'joe', 5: 22}
```

刪除和回傳字典項目值 | ch4-4-3a.py

Python 可以使用 pop() 方法刪除參數的鍵和回傳值，如下所示：

```
d1 = {1:1, 2:4, "name":"joe", "age":20, 5:22}
e1 = d1.pop(5)
print(e1, d1)
```

上述 pop() 方法刪除鍵 5 項目和回傳值，變數 e1 就是項目值 22，其執行結果是：22 {1: 1, 2: 4, 'name': 'joe', 'age': 20}。

隨機刪除和回傳任一個項目值 | ch4-4-3b.py

字典的 popitem() 方法可以隨機刪除和回傳任一項目值，如下所示：

```
d1 = {1:1, 2:4, "name":"joe", "age":20, 5:22}
e2 = d1.popitem()
print(e2, d1)
```

刪除字典的所有項目 | ch4-4-3c.py

Python 可以使用 clear() 方法刪除字典的所有項目，即清空成空字典：{}，如下所示：

```
d1 = {1:1, 2:4, "name":"joe", "age":20, 5:22}
d1.clear()
print(d1)
```

≫ 4-4-4　字典函式與字典方法

Python 提供內建字典函式，和字典物件的相關方法來處理字典。

字典函式 | ch4-4-4.py

Python 字典函式可以取得字典長度的項目數、建立字典和排序字典的鍵等。常用字典函式說明，如下表所示：

字典函式	說明
len()	回傳參數字典的長度，即項目數
dict()	回傳參數轉換成的字典
sorted()	回傳字典中鍵排序結果的串列

字典方法 | ch4-4-4a.py

Python 字典物件的 pop()、popitem() 和 clear() 方法已經說明過，其他常用字典方法的說明，如下表所示：

字典方法	說明
get(key, default)	回傳字典中參數 key 鍵的項目值，如果 key 鍵不存在，回傳 None，也可以指定第 2 個參數 default 是當沒有 key 鍵時，回傳的預設值
keys()	回傳字典中所有鍵的 dict_keys 物件
values()	回傳字典中所有值的 dict_values 物件

上表 keys() 和 values() 方法可以回傳 dict_keys 和 dict_values 物件，在建立串列後，使用 for 迴圈來顯示鍵或值，如下所示：

```
d1 = {"tom":2, "bob":3, "mike":4}
t1 = d1.keys()
lst1 = list(t1)
for i in lst1:
    print(i, end=' ')
```

4-5 字串與容器型別的運算子

字串與容器型別提供多種運算子來連接、重複內容、判斷是否有此成員，和關係運算子，也可以使用切割運算子來分割字串和容器型別。

≫ 4-5-1　連接運算子

算術運算子的「+」加法使用在字串、串列、元組（字典不支援）就是連接運算子，可以連接 2 個字串、串列和元組（Python 程式：ch4-5-1.py），如下所示：

- 連接 2 個字串成：Hello World!，如下所示：

```
str1, str2 = "Hello ", "World!"
str3 = str1 + str2
print(str3)
```

■ 連接 2 個串列，即合併串列成：[2, 4, 6, 8, 10]，如下所示：

```
lst1, lst2 = [2, 4], [6, 8, 10]
lst3 = lst1 + lst2
print(lst3)
```

■ 連接 2 個元組，即合併元組成：(2, 4, 6, 8, 10)，如下所示：

```
t1, t2 = (2, 4), (6, 8, 10)
t3 = t1 + t2
print(t3)
```

4-5-2 重複運算子

算術運算子的「*」乘法使用在字串、串列和元組（字典不支援）是重複運算子，可以重複第 2 個運算元次數的內容（Python 程式：ch4-5-2.py），如下所示：

■ 重複 3 次 str1 字串內容是：HelloHelloHello，如下所示：

```
str1 = "Hello"
str2 = str1 * 3
print(str2)
```

■ 重複 3 次 lst1 串列的項目是：[1, 2, 1, 2, 1, 2]，如下所示：

```
lst1 = [1, 2]
lst2 = lst1 * 3
print(lst2)
```

■ 重複 3 次 t1 元組的項目是：(1, 2, 1, 2, 1, 2)，如下所示：

```
t1 = (1, 2)
t2 = t1 * 3
print(t2)
```

≫ 4-5-3　成員運算子

Python 字串、串列、元組和字典可以使用成員運算子 in 和 not in 來檢查是否屬於，或不屬於成員（Python 程式：ch4-5-3.py），如下所示：

■ 檢查字串 "come" 是否存在 str 字串中，如下所示：

```
str = "Welcome!"
print("come" in str)        # True
print('come' not in str)    # False
```

■ 檢查項目 8 是否存在 lst1 串列，項目 2 是否不存在 lst1 串列，如下所示：

```
lst1 = [2, 4, 6, 8]
print(8 in lst1)            # True
print(2 not in lst1)        # False
```

■ 檢查項目 8 是否存在 t1 元組，項目 2 是否不存在 t1 元組，如下所示：

```
t1 = (2, 4, 6, 8)
print(8 in t1)              # True
print(2 not in t1)          # False
```

■ 檢查鍵 "tom" 是否存在字典 d1，是否不存在字典 d1，如下所示：

```
d1 = {"tom": 2, "joe": 3}
print("tom" in d1)          # True
print('tom' not in d1)      # False
```

≫ 4-5-4　關係運算子

整數和浮點數的關係運算子（==、!=、<、<=、>和 >=）也可以使用在字串、串列和元組來進行比較（Python 程式：ch4-5-4.py），如右頁所示：

■ 字串是一個字元和一個字元進行比較，直到分出大小，如下所示：

```
print("green" == "glow")     # False
print("green" != "glow")     # True
print("green" > "glow")      # True
print("green" >= "glow")     # True
print("green" < "glow")      # False
print('green' <= 'glow')     # False
```

■ 串列和元組的關係運算子是一個項目和一個項目依序的比較，如果是相同型別，就比較其值，不同型別，就使用型別名稱來比較。

■ 字典只支援關係運算子「==」和「!=」，可以判斷 2 個字典是否相等，或不相等（字典不支援其他關係運算子），如下所示：

```
d1 = {"tom":30, "bobe":3}
d2 = {"bobe":3, "tom":30}
print(d1 == d2)              # True
print(d1 != d2)              # False
```

≫ 4-5-5　切割運算子

Python 的「[]」索引運算子也是「切割運算子」(Slicing Operator)，可以從原始字串、串列和元組切割出所需的部分內容，其基本語法如下所示：

```
字串、串列或元組[start:end]
```

上述 [] 語法中使用「:」冒號分隔成 2 個索引位置，可以取回字串、串列和元組從索引位置 start 開始到 end-1 之間的部分內容，如果沒有 start，就是從 0 開始；沒有 end 就是到最後 1 個字元或項目。

例如：本節範例 str1 字串和 lst1 串列和 t1 元組都是相同內容（Python 程式分別是：ch4-5-5.py、ch4-5-5a 和 ch4-5-5b.py），如下所示：

```
str1 = 'Hello World!'
lst1 = list('Hello World!')
t1 = tuple('Hello World!')
```

上述程式碼建立串列和元組項目都是：['H', 'e', 'l', 'l', 'o', ' ', 'W', 'o', 'r', 'l', 'd', '!']。以字串為例的索引位置值可以是正，也可以是負值，如下圖所示：

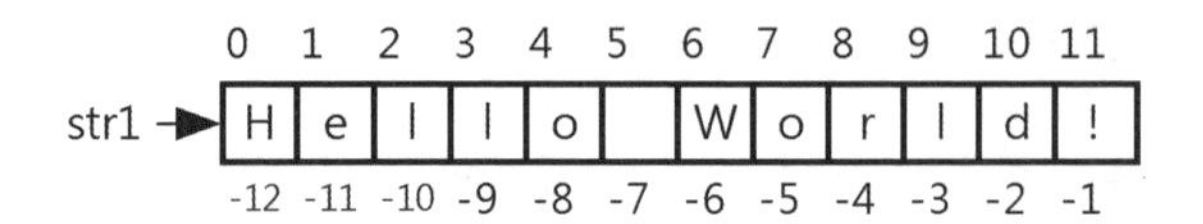

Python 切割運算子的範例，T 代表 str1、lst1 或 t1，如下表所示：

切割內容	索引值範圍	取出的子字串、子串列和子元組
T[1:3]	1~2	"el" ['e', 'l'] ('e', 'l')
T[1:5]	1~4	"ello" ['e', 'l', 'l', 'o'] ('e', 'l', 'l', 'o')
T[:7]	0~6	"Hello W" ['H', 'e', 'l', 'l', 'o', ' ', 'W'] ('H', 'e', 'l', 'l', 'o', ' ', 'W')
T[4:]	4~11	"o World!" ['o', ' ', 'W', 'o', 'r', 'l', 'd', '!'] ('o', ' ', 'W', 'o', 'r', 'l', 'd', '!')
T[1:-1]	1~(-2)	"ello World" ['e', 'l', 'l', 'o', ' ', 'W', 'o', 'r', 'l', 'd'] ('e', 'l', 'l', 'o', ' ', 'W', 'o', 'r', 'l', 'd')
T[6:-2]	6~(-3)	"Worl" ['W', 'o', 'r', 'l'] ('W', 'o', 'r', 'l')

學習評量

1. 請說明什麼是 Python 字串？簡單說明串列和巢狀串列？如何建立字串與串列變數？
2. 請說明什麼是元組？元組和串列的差異為何？什麼是字典？
3. 請問如何在字串、串列和元組使用切割運算子？
4. 請建立 Python 程式輸入 2 個字串，然後連接 2 個字串成為一個字串後，顯示連接後的字串內容。
5. 請在 Python 程式建立 10 個項目的串列，串列項目值是索引值 +1，然後計算項目值的總和與平均。
6. 請在 Python 程式建立一個空串列，在輸入 4 筆學生成績資料：95、85、76、56 和新增至串列後，計算成績的總分和平均。
7. 請建立 Python 程式使用串列：["tom", "mary", "joe"] 建立成元組，然後建立對應的成績元組，項目是 85、76 和 58，在顯示學生數、成績總分和平均後，讓使用者輸入學號來查詢學生姓名和成績。
8. 請改用字典建立學習評量 7. 的 Python 程式，姓名是鍵；成績是值。

05 函式、模組、檔案與例外處理

5-1 Python 函式

「程序」（Subroutines 或 Procedures）是特定功能的獨立程式單元，如果有回傳值，稱為函式（Functions），Python 都稱為函式。

≫ 5-1-1 建立函式

Python 函式是一個獨立程式單元，可以將大型工作分割成一個一個小型工作的函式，然後直接重複使用這些函式，而不用每次都重複撰寫相同的程式碼。

定義函式

Python 函式是使用 def 關鍵字定義函式標頭（Function Header），在函式標頭最後是「:」冒號結束，在之後就是函式程式區塊（Function Block）的實作，如下所示：

```
def print_msg():
    print('歡迎學習Python程式設計!')
```

上述函式名稱是 print_msg，在名稱後的括號中定義傳入函式的參數列，如果沒有參數，就是空括號（在空括號後需輸入「:」冒號）。

函式的程式區塊和條件與迴圈的程式區塊相同，都是縮排 4 個空白字元的多個程式敘述。如果函式是空函式，即沒有執行的程式碼，可以使用 pass 關鍵字作為程式區塊，如下所示：

```
def myfunc():
    pass
```

上述函式是空函式，呼叫函式不會有執行結果，如果是尚未實作的函式，也可以使用 pass 關鍵字代替實作程式碼。

函式呼叫

在 Python 呼叫函式是使用函式名稱加上括號中的引數列，其基本語法如下所示：

```
函式名稱( 引數列 )
```

上述語法的函式如果有參數，在呼叫時需要加上傳入的參數值，稱為「引數」（Arguments）。因為 print_msg() 函式沒有回傳值和參數列，呼叫函式只需使用函式名稱加上空括號，如下所示：

```
print_msg()
```

Python 程式 | ch5-1-1.py

在 Python 程式建立 print_msg() 和 sum_to_ten() 兩個函式，第 2 個函式是修改自 for 迴圈的程式區塊，如右所示：

```
歡迎學習Python程式設計!
從1加到10 = 55
```

上述執行結果顯示文字內容和 1 加到 10 的總和 55。

程式內容

```
01: def print_msg():
02:     print("歡迎學習Python程式設計!")
03:
04: def sum_to_ten():
05:     s = 0
06:     for i in range(1, 11):
07:         s += i
08:     print("從1加到10 = " + str(s))
09:
10: print_msg()
11: sum_to_ten()
```

程式說明

- 第 1~2 行：print_msg() 函式顯示一段文字內容。
- 第 4~8 行：sum_to_ten() 函式使用 for 迴圈計算 1 加到 10，此函式就是 for 迴圈程式區塊轉換成的函式。
- 第 10~11 行：分別呼叫 print_msg() 和 sum_to_ten() 函式。

函式的執行過程

現在，讓我們來看一看函式呼叫的實際執行過程，Python 程式的進入點就是沒有縮排的程式敘述，即在第 10 行呼叫 print_msg() 函式，所以更改程式碼的執行順序，跳到執行第 1～2 行的程式區塊，在執行完後返回主程式繼續執行下一行程式碼，如下一頁所示：

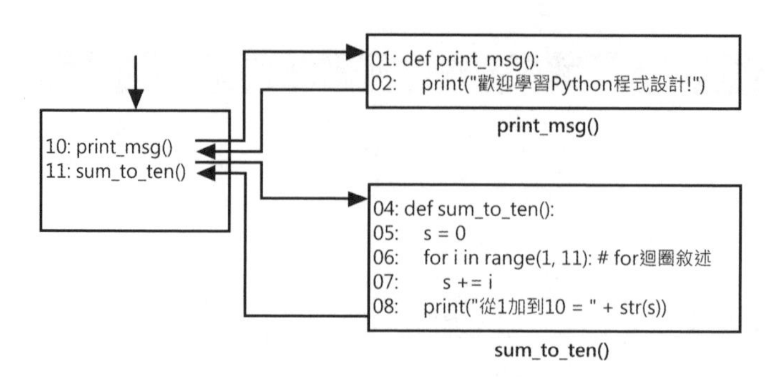

接著在第 11 行呼叫另一個 sum_to_ten() 函式，所以跳至執行第 4～8 行的程式區塊來計算 1 加到 10，在執行完函式的程式碼後，再度返回執行下一行程式碼，因為已經沒有下一行，所以結束程式執行。

≫ 5-1-2　函式的參數列

函式的參數列是函式的資訊傳遞機制，可以從外面將資訊送入函式的程式區塊，這是呼叫函式和函式之間的溝通管道。

建立擁有參數列的函式

函式如果有參數列，在呼叫函式時可以傳入不同參數值來產生不同的執行結果。Python 函式是在括號內宣告參數列，例如：計算範圍總和的 sum_to_n() 函式，如下所示：

```
def sum_to_n(start, stop):
    s = 0
    for i in range(start, stop+1):
        s += i
    print("從n加到n = " + str(s))
```

上述 sum_to_n() 函式在括號中定義 2 個參數，這些參數稱為「正式參數」（Formal Parameters），正式參數是識別字，如同變數可以在函式的程式區塊中使用，如果參數不只一個，請使用「,」逗號分隔。

呼叫擁有參數列的函式

因為函式有參數列，在呼叫函式時需要加上引數列，如下所示：

```
sum_to_n(1, 5)
sum_to_n(2, m + 2)
```

上述呼叫函式的引數稱為「實際參數」（Actual Parameters），引數可以是常數值，例如：1、5 和 2，變數或運算式，例如：m + 2，其運算結果的值需要和正式參數值的資料型別相同，而且函式的正式參數值需要對應相同資料型別的實際參數值。

Python 程式 | ch5-1-2.py

在 Python 程式建立擁有參數列的函式，可以計算 2 個參數範圍的總和，如右所示：

```
從n加到n = 15
從n加到n = 27
```

程式內容

```
01: def sum_to_n(start, stop):
02:     s = 0
03:     for i in range(start, stop+1):
04:         s += i
05:     print("從n加到n = " + str(s))
06:
07: m = 5
08: sum_to_n(1, 5)
09: sum_to_n(2, m + 2)
```

程式說明

- 第 1~5 行：sum_to_n() 函式擁有 2 個參數來指定計算的範圍，函式是依據參數值的範圍來使用 for 迴圈計算總和。
- 第 8~9 行：使用不同參數值呼叫 2 次 sum_to_n() 函式，所以可以得到不同範圍的總和。

≫ 5-1-3　函式的回傳值

Python 函式除了可以傳入引數至函式的程式區塊，也可以從函式使用 return 關鍵字來回傳值。

在函式使用 return 關鍵字回傳值

return 關鍵字的用途有兩種：第一種是馬上終止函式執行，第二種是從函式回傳值，其基本語法如下所示：

```
return 回傳值1 [,回傳值2, …]
```

上述程式碼是位在函式的程式區塊中，回傳值可以只有 1 個，或使用「,」號分隔的多個，而且在函式的程式區塊，可以重複多個 return 關鍵字來回傳不同值。請注意！如果 Python 函式沒有 return 關鍵字，函式預設回傳 None。例如：執行攝氏轉華氏溫度的 convert_to_f() 函式，如下所示：

```
def convert_to_f(c):
    f = (9.0 * c) / 5.0 + 32.0
    return f
```

上述函式使用 return 關鍵字回傳函式的執行結果，變數 f 就是溫度轉換運算式的運算結果。

呼叫擁有回值傳的函式

函式如果有回傳值，在呼叫時可以使用指定敘述來取得回傳值，如下所示：

```
f = convert_to_f(c)
```

上述程式碼的變數 f 取得 convert_to_f() 函式的回傳值。

Python 程式 | ch5-1-3.py

在 Python 程式建立 convert_to_f() 函式，可以執行攝氏轉華氏溫度的溫度轉換，如右所示：

```
攝氏: 100.0  = 華氏: 212.0
```

》程式內容

```
01: def convert_to_f(c):
02:     f = (9.0 * c) / 5.0 + 32.0
03:     return f
04:
05: c = 100.00
06: f = convert_to_f(c)
07: print("攝氏:", c, " = 華氏:", f)
```

》程式說明

- 第 1~3 行：convert_to_f() 函式將參數的攝氏溫度轉換成華氏溫度，在第 3 行的 return 關鍵字回傳函式的運算結果。
- 第 6 行：呼叫 convert_to_f() 函式取得回傳值來指定給變數 f。

5-1-4 函式的預設參數值和回傳多個值

Python 函式的參數可以有預設參數值，而且呼叫函式的引數可以使用位置或關鍵字來指定函式呼叫的引數值，因為 Python 函式可以回傳元組，所以函式可以回傳多個值。

函式參數的預設值 | ch5-1-4.py

Python 函式的參數可以有預設值，當函式呼叫時沒有指定參數值，就是使用預設參數值（其位置是在沒有預設值的參數之後）。例如：計算盒子體積的 volume() 函式，如下所示：

```
def volume(length, width = 2, height = 3):
    return length * width * height
```

上述 volume() 函式如果呼叫時沒有指定 width 寬和 height 高的參數，其預設值分別是 2 和 3，只有 length 長是需要指定的參數（因為沒有預設值），函式呼叫如下所示：

```
l, w, h = 10, 5, 15
print("盒子體積: ", volume(l, w, h))
print("盒子體積: ", volume(l, w))
print("盒子體積: ", volume(l))
```

上述函式呼叫分別指定長、寬和高，只有長和寬、最後只有長的參數，其他沒有指定的參數就使用預設參數值。

關鍵字引數 | ch5-1-4a.py

Python 函式呼叫主要是使用「位置引數」（Positional Arguments），即對應函式定義的參數位置，不過，Python 函式也可以使用「關鍵字引數」（Keywords Arguments），直接使用參數名稱來指定引數值，例如：將 3 個參數加總的 sum() 函式，如下所示：

```
def sum(a, b, c):
    return a + b + c
```

上述函式有 3 個參數，如果使用關鍵字引數來呼叫，可以先傳 b，再傳 c，最後傳入 a，如下所示：

```
r1 = sum(1, 2, 3)        # 函式呼叫(位置引數)
r2 = sum(b=2, c=3, a=1) # 函式呼叫(關鍵字引數)
```

上述第 1 個函式呼叫是使用位置引數，第 2 個是關鍵字引數。

混合使用位置和關鍵字引數 | ch5-1-4b.py

Python 也可以混合使用位置和關鍵字引數來呼叫函式，不過，位置引數一定要出現在關鍵字引數之前，如下所示：

```
r3 = sum(1, c=3, b=2)    # 混合使用位置和關鍵字引數
r4 = sum(1, 2, c=3)      # 混合使用位置和關鍵字引數
```

回傳多個值的函式 | ch5-1-4c.py

Python 函式可以使用 return 關鍵字同時回傳多個值，使用的是元組（Tuple），例如：bigger() 函式可以同時回傳 2 個參數值建立的元組，其中的第 1 個項目就是最大值，如下所示：

```
def bigger(a, b):
    if a > b:
        return a, b
    else:
        return b, a
```

上述 return 關鍵字回傳「,」逗號分隔的多個值，如果參數 a 比較小，就回傳 a, b；反之是 b, a。

5-1-5 Python 內建函式

在本節前已經說明過 id()、type()、int()、str()、float()、range()、input() 和 print() 等 Python「內建函式」(Built-in Functions)。關於數學運算的內建函式說明（Python 程式：ch5-1-5.py），如下表所示：

函式	說明
abs(x)	回傳參數 x 的絕對值
max(x1, x2, ···, xn)	回傳函式參數之中的最大值
min(x1, x2, ···, xn)	回傳函式參數之中的最小值

接下頁

函式	說明
pow(a, b)	回傳第 1 個參數 a 為底，第 2 個參數 b 的次方值
round(number [, ndigits])	如果沒有指定第 2 個參數，回傳參數 number 最接近的整數值（即四捨五入值），如果有第 2 個參數的精確度，回傳指定位數的四捨五入值

≫ 5-1-6　變數的有效範圍

變數的有效範圍可以決定在程式碼中，有哪些程式碼可以存取此變數值，稱為此變數的有效範圍（Scope）。Python 變數依有效範圍分為兩種：全域變數和區域變數。

全域變數（Global Variables）　｜ ch5-1-6.py

在函式之外宣告的變數是全域變數，變數沒有屬於哪一個函式，可以在函式之中和之外存取此變數值。如果需要，在函式可以使用 global 關鍵字來指明變數是使用全域變數，如下所示：

```
t = 1
def increment():
    global t  # 全域變數t
    t += 1
    print("increment()中 : t = ", str(t))

print("全域變數初值: t = ", t)
increment()
print("呼叫increment()後 : t = ", t)
```

上述 increment() 函式使用 global 關鍵字宣告變數 t 是全域變數 t，t += 1 是更改全域變數 t 的值。請注意！ global 關鍵字只能宣告全域變數，不能指定變數值，否則就會產生語法錯誤，如下所示：

```
global t = 1     # 錯誤語法
```

事實上，Python 函式可以直接使用全域變數 x（並不需要 global 關鍵字來宣告），如下所示：

```
x = 50
def print_x():
    print("print_x()中 : x = ", x)

print("全域變數初值: x = ", x)
print_x()
print("呼叫print_x()後 : x = ", x)
```

上述 print_x() 函式顯示的變數是全域變數 x，其執行結果如右所示：

```
全域變數初值: t =  1
increment()中 : t =  2
呼叫increment()後 : t =  2
全域變數初值: x =  50
print_x()中 : x =  50
呼叫print_x()後 : x =  50
```

區域變數（Local Variables） | ch5-1-6a.py

在函式程式區塊中宣告的變數是一種區域變數，區域變數只能在宣告的函式中使用，在函式外的程式碼並無法存取此變數，如下所示：

```
x = 50
def print_x():
    x = 100
    print("print_x()中 : x = ", x)

print("全域變數初值: x = ", x)
print_x()
print("呼叫print_x()後 : x = ", x)
```

上述 print_x() 函式外有全域變數 x，print_x() 函式中也有同名變數 x，這是區域變數，print() 函式顯示的是區域變數 x，不是全域變數 x，其執行結果如右所示：

```
全域變數初值: x =  50
print_x()中 : x =  100
呼叫print_x()後 : x =  50
```

5-2 在 Python 程式使用模組

Python 模組就是單一 Python 程式檔案，即副檔名 .py 的檔案，套件是一個目錄內含多個模組的集合，而且根目錄有一個名為 __init__.py 的 Python 檔案。

匯入模組或套件 | ch5-2.py

Python 程式是使用 import 關鍵字匯入模組或套件，例如：匯入名為 random 的模組後，呼叫此模組的函式來產生亂數值，如下所示：

```
import random
```

上述程式碼匯入名為 random 的模組後，呼叫模組的 randint() 函式，產生 1～100 範圍之間的整數亂數值，如下所示：

```
target = random.randint(1, 100)
```

模組或套件的別名 | ch5-2a.py

在 Python 程式檔匯入模組或套件，除了使用模組或套件名稱來呼叫函式，也可以使用 as 關鍵字替模組取一個別名，然後使用別名呼叫函式，如下所示：

```
import random as R

target = R.randint(1, 100)
```

上述程式碼匯入 random 模組時，使用 as 關鍵字取了別名 R，所以使用別名 R 來呼叫 randint() 函式。

匯入模組或套件的部分名稱 | ch5-2b.py

當 Python 程式使用 import 關鍵字匯入模組後，匯入模組預設是全部內容，實務上，程式可能只使用到模組的 1 或 2 個函式或物件，此時可以改用 form/import

程式敘述匯入模組的部分名稱，例如：在 Python 程式匯入 BeautifulSoup 模組，如下所示：

```
from bs4 import BeautifulSoup
```

上述程式碼匯入 BeautifulSoup 模組後，可以建立 BeautifulSoup 物件，如下所示：

```
html_str = "<p>Hello World!</p>"
soup = BeautifulSoup(html_str, "html.parser")
print(soup)
```

請注意！ form/import 程式敘述匯入的變數、函式或物件是匯入到目前的程式檔案，成為目前程式檔案的範圍，所以使用時不需使用模組名稱來指明所屬的模組，直接使用 BeautifulSoup 即可。

5-3 檔案操作和路徑處理

Python 的 os 模組可以刪除檔案、建立目錄、更名和刪除目錄，os.path 模組是用來處理路徑字串，和取得檔案的實際路徑。

≫ 5-3-1 os 模組

Python 的 os 模組提供目錄處理相關方法，其說明如下表所示：

方法	說明
getcwd()	回傳目前的工作目錄
listdir(path)	回傳參數 path 路徑下的檔案和目錄清單
chdir(path)	切換至參數路徑的目錄
mkdir(path)	建立參數路徑的目錄
rmdir(path)	刪除參數路徑的目錄

接下頁

方法	說明
remove(path)	刪除參數路徑的檔案，刪除目錄不存在會產生 OSError 錯誤
rename(old, new)	更名參數 old 的檔案或目錄成為新名稱 new

Python 程式 | ch5-3-1.py

在 Python 程式匯入 os 模組後，測試上表模組的相關方法，其執行結果如右所示：

```
D:\mpy\ch05/temp
['ball0.jpg']
mkdir():  ['ball0.jpg', 'newDir']
rename():  ['ball0.jpg', 'newDir2']
rmdir():  ['aa.txt', 'ball0.jpg']
remove():  ['ball0.jpg']
```

上述執行結果的第 1 行顯示目前的工作路徑，第 2 行顯示目錄下的檔案清單，第 3 行建立 newDir 目錄，第 4 行更名為 newDir2 目錄，第 5 行刪除 newDir2 目錄且新增 aa.txt 檔案，最後 1 行刪除 aa.txt 檔案。

》程式內容

```
01: import os
02:
03: path = os.getcwd() + "/temp"
04: os.chdir(path)
05: print(path)
06: print(os.listdir(path))
07: os.mkdir('newDir')
08: print("mkdir(): ", os.listdir(path))
09: os.rename('newDir','newDir2')
10: print("rename(): ", os.listdir(path))
11: os.rmdir('newDir2')
12: fp = open("aa.txt", "w")
13: fp.close()
14: print("rmdir(): ", os.listdir(path))
15: os.remove("aa.txt")
16: print("remove(): ", os.listdir(path))
```

程式說明

- 第 1 行：匯入 os 模組。
- 第 3~15 行：依序測試 getcwd()、chdir()、listdir()、mkdir()、rename()、rmdir() 和 remove() 方法。

5-3-2 os.path 模組處理路徑字串

os.path 模組提供方法取得指定檔案的完整路徑，和路徑字串處理的相關方法，可以取得路徑字串中的檔名和路徑，或合併建立存取檔案的路徑字串。相關方法說明，如下表所示：

方法	說明
realpath(fname)	回傳參數檔名的完整路徑字串
split(fname)	回傳參數 fname 分割成的路徑和檔案字串的元組
splittext(fname)	回傳參數 fname 分割成的路徑（含檔名）和副檔名字串的元組
dirname(fname)	回傳參數 fname 的路徑字串
basename(fname)	回傳參數 fname 的檔名字串
join(path, fname)	回傳參數 path 路徑合併 fname 檔名的完整檔案路徑字串

Python 程式 | ch5-3-2.py

在 Python 程式匯入 os.path 模組後，測試上表模組的相關方法來處理路徑字串，其執行結果如下所示：

```
D:\mpy\ch05\ch5-3-2.py
os.path.split() = ('D:\\mpy\\ch05', 'ch5-3-2.py')
os.path.splitext() = ('D:\\mpy\\ch05\\ch5-3-2', '.py')
p = os.path.dirname() = D:\mpy\ch05
f = os.path.basename() = ch5-3-2.py
os.path.join(p,f) = D:\mpy\ch05\ch5-3-2.py
```

上述執行結果的第 1 行是檔案 ch5-3-2.py 的完整路徑，第 2 行分割成路徑和檔名，第 3 行分割成路徑含檔名和副檔名，第 4 行是路徑，第 5 行是檔名，最後 1 行合併成完整的路徑字串。

》程式內容

```
01: import os.path as path
02:
03: fname = path.realpath("ch5-3-2.py")
04: print(fname)
05: r = path.split(fname)
06: print("os.path.split() =", r)
07: r = path.splitext(fname)
08: print("os.path.splitext() =", r)
09: p = path.dirname(fname)
10: print("p = os.path.dirname() =", p)
11: f = path.basename(fname)
12: print("f = os.path.basename() =", f)
13: r = path.join(p, f)
14: print('os.path.join(p,f) =', r)
```

》程式說明

- 第 1 行：匯入 os.path 模組。
- 第 3~13 行：依序測試 realpath()、split()、splittext()、dirname()、basename() 和 join() 方法。

≫ 5-3-3　os.path 模組檢查檔案是否存在

os.path 模組提供檢查檔案是否存在，路徑字串是檔案，或目錄的方法。相關方法的說明，如下表所示：

方法	說明
exists(fname)	檢查參數 fname 的檔案是否存在，存在回傳 True；否則為 False
isdir(fname)	檢查參數 fname 是否是目錄，是回傳 True；否則為 False
isfile(fname)	檢查參數 fname 是否是檔案，是回傳 True；否則為 False

Python 程式 | ch5-3-3.py

在 Python 程式匯入 os 模組後，使用元組的 2 個項目來檢查檔案或目錄是否存在；這是檔案或是目錄，其執行結果如右所示：

```
項目 = D:\mpy\ch05
存在!
是目錄!
項目 = ch5-3-3.py
存在!
是檔案!
```

右述執行結果檢查 2 個項目，第 1 個項目是目錄，第 2 個項目是檔案。

程式內容

```
01: import os
02:
03: files = (os.getcwd(), "ch5-3-3.py")
04: for f in files:
05:     print("項目 = " + str(f))
06:     if os.path.exists(f):
07:         print("存在!")
08:     if os.path.isdir(f):
09:         print("是目錄!")
10:     if os.path.isfile(f):
11:         print("是檔案!")
```

程式說明

- 第 3 行：建立元組 files，2 個項目的第 1 個是目錄，第 2 個是檔案。
- 第 4~11 行：for 迴圈走訪元組來檢查每一個項目，依序使用 if 條件檢查檔案是否存在、是目錄或是檔案。

5-4 文字檔案讀寫

Python 提供檔案處理（File Handling）的內建函式，可以將資料寫入文字檔案，和讀取文字檔案的資料。

≫ 5-4-1 開啟文字檔案寫入資料

Python 是使用 open() 內建函式來開啟檔案，close() 方法來關閉檔案，因為同一 Python 程式可以開啟多個檔案，所以使用回傳的檔案物件（File Object），或稱為檔案指標（File Pointer）識別是不同檔案。

開啟檔案

在 Python 程式可以使用 open() 函式開啟檔案，如下所示：

```
fp = open('note.txt', 'w')
```

上述函式的第 1 個參數是檔案名稱或檔案完整路徑，請注意！路徑「\」符號在 Windows 作業系統需要使用逸出字元「\\」，或使用「/」符號，例如：「temp\\note.txt」或「temp/note.txt」路徑，第 2 個參數是檔案開啟的模式字串，支援的開啟模式字串說明，如下表所示：

模式字串	當開啟檔案已經存在	當開啟檔案不存在
r	開啟唯讀的檔案	產生錯誤
w	清除檔案內容後寫入	建立寫入檔案
a	開啟檔案從檔尾後開始寫入	建立寫入檔案
r+	開啟讀寫的檔案	產生錯誤
w+	清除檔案內容後讀寫內容	建立讀寫檔案
a+	開啟檔案從檔尾後開始讀寫	建立讀寫檔案

上表模式字串只需加上「+」符號，就表示增加檔案更新功能，「r+」成為可讀寫檔案。當 open() 函式成功開啟檔案會回傳檔案指標，可以使用 if 條件檢查檔案是否開啟成功，如下所示：

```
if fp != None:
    print("檔案開啟成功!")
```

上述 if 條件檢查檔案指標 fp，不是 None，就表示檔案開啟成功。

寫入資料到檔案

在成功開啟檔案後，可以呼叫 write() 方法將參數字串寫入檔案，如下所示：

```
fp.write("陳會安\n")
fp.write("江小魚\n")
```

上述程式碼呼叫 2 次檔案物件的 write() 方法來寫入資料，請注意！不同於 print() 函式預設加上「\n」新行字元，write() 方法如需換行，請自行在字串後加上新行字元，如下所示：

```
"陳會安\n"
```

關閉檔案

在執行完檔案操作後，執行 close() 方法來關閉檔案，如下所示：

```
fp.close()
```

Python 程式 | ch5-4-1.py

在 Python 程式開啟寫入檔案 note.txt 後，寫入 2 行的姓名資料，其執行結果如右所示：

```
檔案開啟成功!
已經寫入2個姓名到檔案note.txt!
```

請使用【記事本】開啟「mpy\ch05」目錄下的 note.txt，可以看到檔案內容有 2 行姓名，如右圖所示：

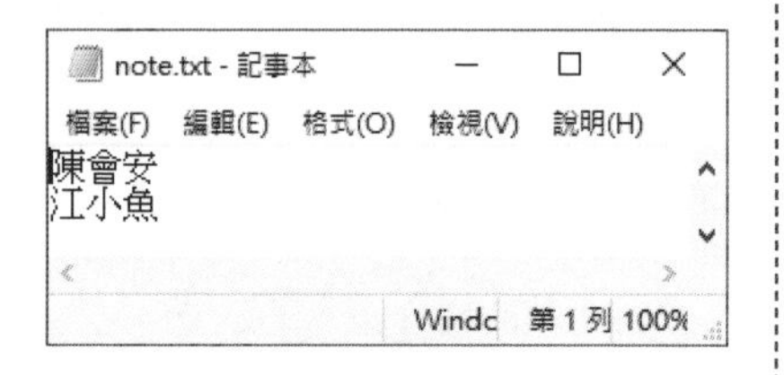

》程式內容

```
01: fp = open("note.txt", "w")
02: if fp != None:
03:     print("檔案開啟成功!")
04:     fp.write("陳會安\n")
05:     fp.write("江小魚\n")
06:     print("已經寫入2個姓名到檔案note.txt!")
07: fp.close()
```

》程式說明

- 第 1 行：呼叫 open() 函式開啟寫入的文字檔案。
- 第 2~6 行：if 條件判斷檔案是否成功開啟，成功，就在第 4~5 行呼叫 write() 方法寫入 2 行文字內容至檔案。
- 第 7 行：呼叫 close() 方法關閉檔案。

≫ 5-4-2　在文字檔案新增資料

在第 5-4-2 節寫入資料到文字檔案前，預設會清除檔案內容，如果想在檔案現有資料的最後新增資料，例如：在 note.txt 檔案最後再新增一行姓名資料，請使用 "a" 模式字串開啟檔案，如下所示：

```
fp = open("note.txt", "a")
fp.write("陳允傑\n")
fp.close()
```

上述 open() 函式使用 "a" 模式字串，write() 方法寫入的字串是在現有檔案的最後，也就是新增資料至檔尾。

Python 程式 | ch5-4-2.py

在 Python 程式開啟新增檔案 note.txt 後，再新增 1 行姓名資料至檔尾，如右所示：

```
已經新增1個姓名到檔案note.txt!
```

請使用【記事本】開啟「mpy\ch05」目錄下的 note.txt，可以看到檔案內容有 3 行姓名，如右圖所示：

note.txt - 記事本
檔案(F) 編輯(E) 格式(O) 檢視(V) 說明(H)
陳會安
江小魚
陳允傑
Wind 第 1 歹 100%

》程式內容

```
01: fp = open("note.txt", "a")
02: fp.write("陳允傑\n")
03: print("已經新增1個姓名到檔案note.txt!")
04: fp.close()
```

》程式說明

- 第 1 行：呼叫 open() 函式開啟新增檔案。
- 第 2 行：呼叫 write() 方法寫入 1 行文字內容至檔案，因為是開啟新增檔案，所以是新增至檔尾。

≫ 5-4-3 讀取文字檔案的內容

檔案物件提供多種方法來讀取檔案內容，因為是讀取檔案，open() 函式是使用 "r" 模式字串，如下所示：

```
fp = open('note.txt', 'r')
```

使用 read() 方法 | ch5-4-3.py

檔案物件的 read() 方法如果沒有參數，就是讀取檔案全部內容，如下一頁所示：

```
str1 = fp.read()
print(str1)
```

上述程式碼讀取整個檔案成為一個字串，然後顯示字串內容，其執行結果會換行是因為寫入時加上新行字元，如右所示：

```
陳會安
江小魚
陳允傑
```

使用 readlines() 方法 | ch5-4-3a.py

Python 也可以使用檔案物件的 readlines() 方法，讀取檔案內容成為串列，每一行是一個串列的項目，如下所示：

```
lst1 = fp.readlines()
print(lst1)
for line in lst1:
    print(line, end='')
```

上述程式碼讀取檔案內容的串列後，使用 for 迴圈顯示每一行的檔案內容，因為檔案中的每一行都有換行，所以 print() 函式不需要換行，其執行結果如右所示：

```
['陳會安\n', '江小魚\n', '陳允傑\n']
陳會安
江小魚
陳允傑
```

使用 with/as 程式區塊 | ch5-4-3b.py

Python 檔案處理需要在處理完後自行呼叫 close() 方法來關閉檔案，如果擔心忘了執行善後操作，可以改用 with/as 程式區塊讀取檔案內容，如下所示：

```
with open("note.txt", "r") as fp:
    str1 = fp.read()
    print(str1)
```

上述程式碼建立讀取檔案內容的程式區塊（不要忘了 fp 後的「:」冒號），當執行完程式區塊，就會自動關閉檔案。

讀取檔案的部分內容 | ch5-4-3c.py

檔案物件的 read() 方法可以加上參數值來讀取指定字數的檔案內容，如下所示：

```
str1 = fp.read(1)
str4 = fp.read(2)
```

上述程式碼從目前的檔案指標讀取 1 個字和 2 個字，如果是中文字佔 2 個字元，英文字母是 1 個。readline() 方法是讀取 1 行，如下所示：

```
str2 = fp.readline()
str3 = fp.readline()
```

上述程式碼讀取目前檔案指標至此行最後 1 個字元（含新行字元「\n」）的一行內容，每呼叫 1 次可以讀取 1 行。

5-5 例外處理程式敘述

當程式執行時偵測出的錯誤稱為「例外」（Exception），Python 例外處理（Exception Handling）是建立 try/except 程式區塊，以便當 Python 程式執行時產生例外時，能夠撰寫程式碼來進行處理。

Python 例外處理程式敘述分為 try 和 except 二個程式區塊，其基本語法，如下所示：

```
try:
    # 產生例外的程式碼
except <Exception Type>:
    # 例外處理
```

上述語法的程式區塊說明，如下所示：

- try 程式區塊：在 try 程式區塊的程式碼是用來檢查是否產生例外，當例外產生時，就丟出指定例外類型（Exception Type）的物件。

■ except 程式區塊：當 try 程式區塊的程式碼丟出例外，需要準備一到多個 except 程式區塊來處理不同類型的例外。

例如：如果開啟的檔案不存在，就會產生 FileNotFoundError 例外，Python 程式可以使用 try/except 處理檔案不存在的例外，如下所示：

```
try:
    fp = open("myfile.txt", "r")
    print(fp.read())
    fp.close()
except FileNotFoundError:
    print("錯誤: myfile.txt檔案不存在!")
```

上述 try 程式區塊開啟和關閉檔案，如果檔案不存在，open() 函式就會丟出 FileNotFoundError 例外，然後在 except 程式區塊進行例外處理（即錯誤處理），以此例是顯示錯誤訊息。

Python 程式 | ch5-5.py

在 Python 程式使用例外處理程式敘述來處理 FileNotFoundError 例外，其執行結果如下所示：

```
錯誤: myfile.txt檔案不存在!
```

上述執行結果因為 myfile.txt 檔案不存在，所以產生例外，顯示位在 except 程式區塊的錯誤訊息。Python 程式：ch5-5a.py 沒有例外處理，在執行時，就會顯示錯誤訊息，如下圖所示：

```
Traceback (most recent call last):
  File "D:\mpy\ch05\ch5-5a.py", line 1, in <module>
    fp = open("myfile.txt", "r")
FileNotFoundError: [Errno 2] No such file or directory: 'myfile.txt'

>>>
```

》程式內容

```
01: try:
02:     fp = open("myfile.txt", "r")
03:     print(fp.read())
04:     fp.close()
05: except FileNotFoundError:
06:     print("錯誤: myfile.txt檔案不存在!")
```

》程式說明

- 第 1~6 行：try/except 例外處理程式敘述，在 try 程式區塊的第 2 行開啟檔案 myfile.txt。
- 第 5~6 行：在 except 程式區塊處理 FileNotFoundError 例外，可以顯示錯誤訊息文字。

學習評量

1. 請說明什麼是函式？在 Python 程式如何建立函式？
2. 請舉例說明 Python 變數有效範圍的區域變數和全域變數？
3. 請問什麼是模組別名？如何匯入模組的部分名稱？和將模組的所有名稱匯入至目前的範圍？
4. 請問 Python 檔案處理是呼叫 _______ 函式來開啟檔案？請說明 2 種方法來讀取檔案全部內容？ Python 例外處理程式敘述主要有哪 2 個程式區塊？
5. 當建立名為 test.py 的 Python 程式檔案，內含 mytest 變數和 avg_test() 函式，請寫出匯入此模組的程式碼 ________，存取變數 mytest 的程式碼 ____________，呼叫 avg_test() 函式的程式碼 ______________。
6. 請在 Python 程式建立 get_max() 函式傳入 3 個參數，可以回傳參數中的最大值；get_sum() 和 get_average() 函式共有 4 個參數，可以計算參數成績資料的總分與平均值。
7. 計算體脂肪 BMI 值的公式是 W/(H*H)，H 是身高（公尺）和 W 是體重（公斤），請建立 bmi() 函式計算 BMI 值，參數是身高和體重。
8. 請建立 Python 程式輸入檔案名稱後，讀取檔案內容來計算共有幾行，程式在讀完後可以顯示檔案的總行數。

CHAPTER

06 物聯網與開發板：ESP8266 開發板 +WiFi 無線基地台

6-1 認識物聯網

物聯網的英文全名是：Internet of Things，縮寫是 IoT，簡單的說，就是萬物連網，所有東西（物體）都可以上網，因為所有東西都連上了網路，所以，我們可以透過任何連網裝置來遠端控制這些連網的東西、就算遠在天涯海角也一樣可以進行監控，如下圖所示：

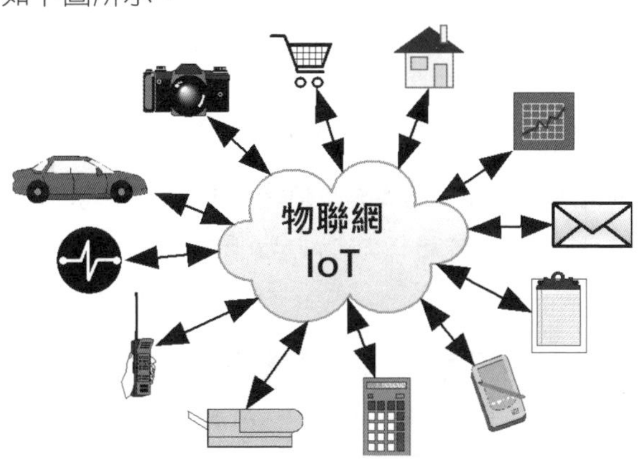

對於物聯網來說，每一個人都可以將真實東西連接上網，我們可以輕易的在物聯網查詢這個東西的位置，並且對這些東西進行集中管理與控制，例如：遙控家電用品、汽車遙控、行車路線追蹤和防盜監控等自動化操控，或是建立更聰明的智慧家電、更安全的自動駕駛和住家環境等。

不只如此，透過從物聯網上大量裝置和感測器取得的資料，我們可以建立大數據（Big Data）來進行分析，並且從取得的數據分析結果來重新設計流程，改善我們的生活，例如：減少車禍、災害預測、犯罪防治與流行病控制等。一般來說，物聯網在生活中常見的應用領域，如下所示：

- 家庭自動化、大樓自動化或工廠自動化。
- 遠距醫療與健康照護。
- 環境監測與能源管理。
- 交通運輸和提供老年人更佳的生活品質等。

6-2 物聯網平台的基礎

「物聯網平台」（IoT Platform）是一個讓你的裝置成為物聯網應用夢想成真的地方。基本上，物聯網平台屬於一種支援軟體，可以將所有裝置都連接上物聯網來打造出「物聯網生態系統」（IoT Ecosystem）。

物聯網的生命周期（IoT Lifecycle）

因為物聯網平台的主要目的就是為了打造出物聯網生態系統，所以，為了讓處於真實世界的物聯網生態系統可以成功，我們需要了解物聯網的生命周期，如下圖所示：

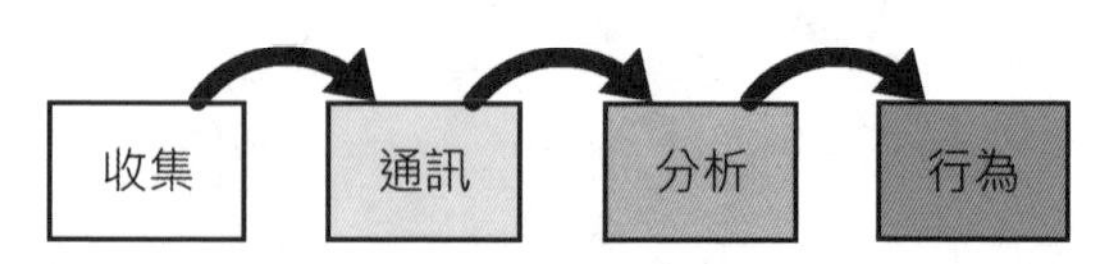

上述物聯網的生命周期共分成四個階段：收集、通訊、分析和行為，其說明如下所示：

- 收集（Collection）：第一階段是收集，即收集物聯網的任何感測器和 IoT 裝置的資料，例如：收集溫度 / 溼度感測器、空氣品質感測器、光線感測器和動作感測器等資料。
- 通訊（Communication）：第二階段是通訊，我們需要將感測器取得的資料使用保密和可靠的通訊方式，上傳至雲端平台儲存起來，例如：使用 HTTP 或 MQTT 通訊協定來上傳資料至雲端試算表或資料庫。
- 分析（Analyzing）：第三階段是分析，雲端收集的資料需要進行分析來產生有意義的資訊，我們可以使用視覺化和大數據分析來分析收集的資料，例如：建立儀表板來監控和顯示視覺化的統計圖表。
- 行為（Acting）：最後階段是行為，也就是說，我們需要依據資料分析結果來執行所需的行為，例如：使用儀表板介面來遠端遙控其他裝置，或當溫度過高時，送出 Email 和 LINE Notify 等通知訊息。

認識物聯網平台

從物聯網四個階段的生命周期之中，我們可以了解到物聯網平台（IoT Platform）就是整個物聯網的核心，可以結合所有硬體、軟體和通訊協定，提供安全、保密和有效的裝置管理和資料收集，並且提供其他廠商的應用程式進行分析和資料視覺化，最後支援遠端控制和各種訊息通知，如下圖所示：

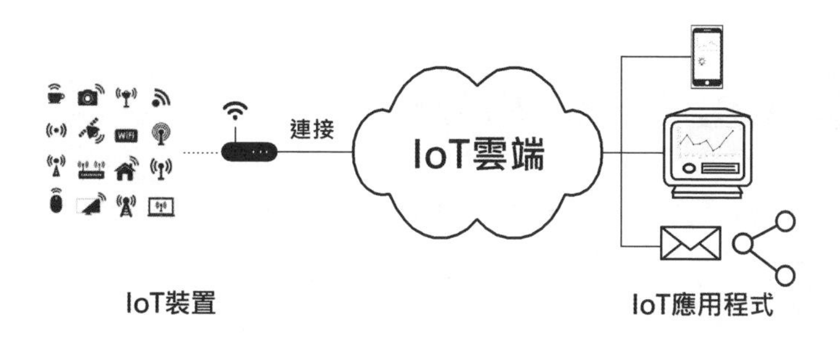

上述圖例的 IoT 裝置（包含 WiFi 無線基地台）是使用無線通訊技術連接 IoT 雲端平台，可以讓我們將 IoT 裝置的資料上傳儲存至雲端平台，然後使用其他廠商的 IoT 應用程式進行資料分析、視覺化和遠端監控。

基本上，IoT 平台可以幫助我們連接硬體裝置，處理各種通訊協定，提供加密和認證的安全機制，進行資料收集、視覺化和資料分析，並且整合其他廠商提供的 Web 服務（Web Services）。

本書使用的雲端物聯網平台

因為本書使用的物聯網平台都是使用雲端平台，只需連上網路和註冊帳號，就可以使用物聯網平台來收集和視覺化上傳的感測器資料，如下所示：

- ThingSpeak：ThingSpeak 雲端物聯網平台是一個資料分析服務的平台，可以幫助我們收集、視覺化和分析儲存在雲端的資料。ThingSpeak 支援 HTTP 和 MQTT 通訊協定來上傳資料至雲端，和提供 MathWorks 公司開發的數值分析軟體 MATLAB，能夠幫助我們分析和視覺化上傳的資料。
- Adafruit.IO：Adafruit.IO 是 Adafruit Industries 公司的物聯網平台，公司本身同時也開發銷售多種創客產品和自家開發板，Adafruit.IO 平台不只可以連接自家產品，更支援 Arduino、Raspberry Pi、ESP8266/ESP32 等開發板建立的物聯網應用。提供客製化儀表板、多種程式語言的 REST 和 MQTT 客戶端函式庫來上傳資料，和自家的 Adafruit.IO MQTT 代理人。

6-3 ESP8266 開發板

目前市面上可以使用在 IoT 物聯網應用的開發板有很多種，在本書是使用 ESP8266 開發板來說明 MicroPython 語言的物聯網應用。

≫ 6-3-1 認識微控制器和開發板

微控制器（Microcontroller）是將 CPU、記憶體和 I/O 都整合成一顆通用用途（General-purpose）的晶片，其尺寸小；執行效能不佳，並無法和桌上型電腦、筆電、智慧型手機和平板電腦的運算效能比較，所以微控制器主要是使用在只需少量運算的硬體控制方面。

事實上，目前市面上的微控制器已經無所不在，無論智慧家電和各種居家防護系統，都內建微控制器，這些微控制器能夠日復一日，可靠的執行設定的運算和硬體控制工作。微控制器並無法安裝完整的作業系統，其執行的程式稱為「韌體」(Firmware)，我們需要先將韌體燒錄至快閃記憶體後，才能在微控制器上執行程式。

因為微控制器只是一顆單晶片，在實作物聯網或嵌入式系統時，一般都是使用「開發板」(Development Boards)，這是一片印刷電路板（Printed Circuit Board、PCB)，在印刷電路板上整合微控制器、快閃記憶體和序列埠介面晶片等，並且將微控制器 I/O 拉出成接腳或腳位，方便開發者連接外部電子元件或感測器模組。

≫ 6-3-2 ESP 家族的模組與開發板

ESP 晶片是上海樂鑫信息科技（Espressif Systems）的產品，在創客界一戰成名的就是 ESP8266 晶片，ESP32 是 ESP8266 的後繼產品。

ESP8266 模組與開發板

ESP8266 是一款成本極低和支援 WiFi 的微控制器單晶片（System on a chip，SOC)，使用 Tensilica Xtensa L106 32-bit 微處理機，時脈 80～160MHz，整合 IEEE 802.11 b/g/n 的 Wi-Fi 晶片，不支援藍牙，提供 16 個 GPIO 腳位，支援數位輸出 / 輸入、PWM，ADC、UART、I2C、SPI 等介面，類比輸入只支援 1 個 10-bit 腳位。

ESP8266 的應用十分廣泛，舉凡家電控制、遠端遙控、點對點通訊和雲端資料庫等應用都有 ESP8266 的身影。ESP8266 在不同領域提供多種不同封裝的模組，例如：ESP-12 模組，如右圖所示：

上述 ESP-12 模組完整支援 ESP8266 晶片的功能，支援 11 個 GPIO 腳位、ADC、4MB 快閃記憶體，和 1 個 ADC 腳位。

因為 ESP-12 模組本身像一張郵票，並不容易使用 GPIO 連接外部元件，對於物聯網應用來說，我們大都使用板卡廠商開發的 ESP8266 開發板，這是一塊整合 ESP-12 模組和序列埠介面晶片的印刷電路板，並且將微控制器 I/O 拉出成接腳或腳位，方便連接外部電子元件和感測器模組。例如：ESP8266 NodeMCU 開發板，如右圖所示：

另外是一種尺寸較小的 Wemos D1 Mini 開發板，也是使用 ESP-12 模組，如右圖所示：

ESP32 模組與開發板

ESP32 晶片是 ESP8266 的後繼產品，ESP32 微控制器單晶片整合 Wi-Fi 和雙模藍牙，使用雙核心 Tensilica Xtensa LX6 微處理器，內建天線、功率放大器、RF 變換器、低雜訊放大器、濾波器和電源管理模組。ESP32 模組如右圖所示：

ESP32 開發板目前已經有多家板卡廠商推出眾多產品，例如：ESP-WROOM-32、ESP32 DEVKIT V1 DOIT 和 ESP32S-NodeMCU 等，提供 30～36 個 GPIO 腳位，支援 WiFi 和藍牙。例如：NodeMCU ESP32 開發板，如右圖所示：

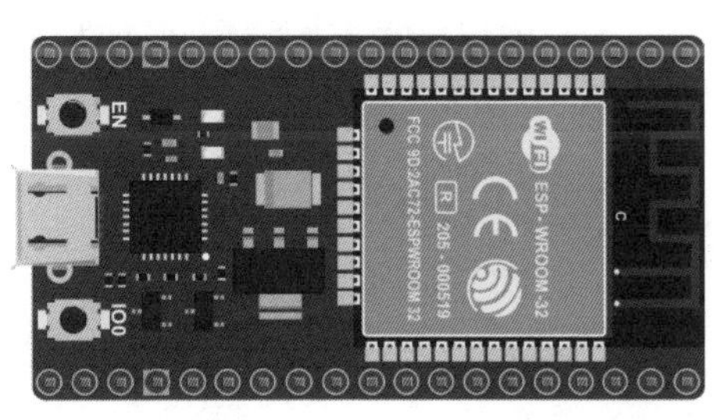

⪢ 6-3-3　本書使用的 ESP8266 開發板

本書使用的 ESP8266 開發板是 Witty Cloud 機智雲開發板，此開發板已經內建三種電子元件，可以讓我們馬上上手學習 MicroPython 語言的物聯網應用。事實上，ESP8266 開發板 + 感測器就是一個 IoT 裝置。

Witty Cloud 機智雲開發板

Witty Cloud 機智雲開發板是一塊使用 ESP-12F 模組的 ESP8266 開發板，也是一塊簡單且性價比很高的物聯網開發板，如下圖所示：

上述開發板已經內建 RGB 三色全彩貼片 LED、按鍵開關和光敏電阻，不需麵包板；不用硬體接線來連接電子元件，就可以讓你學習軟硬體整合的 MicroPython 程式設計，簡單輕鬆入門物聯網和 STEAM 世界（Science、Technology、Engineering、Arts 和 Math）。

Wemos D1 Mini 開發板 + 麵包板 + 感測器模組

Wemos D1 Mini 開發板和 Witty Cloud 機智雲開發板的尺寸相似，這也是基於 ESP-12F 模組的開發板，一般來說，在購買時都是散件包裝，使用者需要自行焊接開發板的腳位或接腳。

如果使用 Wemos D1 Mini 開發板或其他 ESP8266 NodeMCU 開發板作為 IoT 裝置，請額外購買三種模組，並且自行佈線出和 Witty Cloud 機智雲開發板相同功能的 IoT 裝置，如下圖所示：

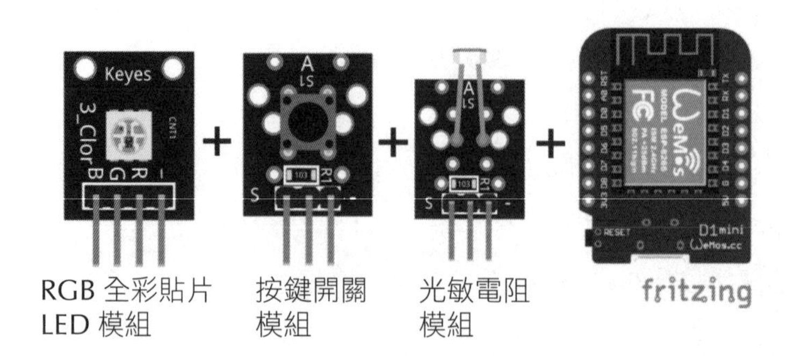

上述 ESP8266 開發板所需的三個感測器模組，如下所示：

- RGB 全彩貼片 LED 模組（RGB Full Color LED SMD Module）。
- 按鍵開關模組（Key Switch Module）。
- 光敏電阻模組（Photoresistor Module）。

接著，我們可以使用麵包板（Breadboard）和杜邦線或麵包板跳線來連接上述三個模組至 ESP8266 開發板，麵包板的正式名稱是「免焊接萬用電路板」（Solderless Breadboard），可以重複使用來方便我們佈線實驗所需的電子電路設計。杜邦線和麵包板跳線的圖例，如下圖所示：

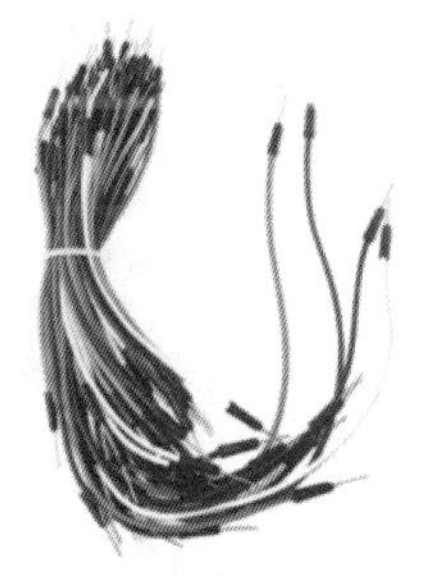

基本上，麵包板是一塊擁有多個垂直（每 5 個插孔為一組）和水平（共 25 個插孔）排列插孔的板子，在這些插孔的下方是相連的，如下圖所示：

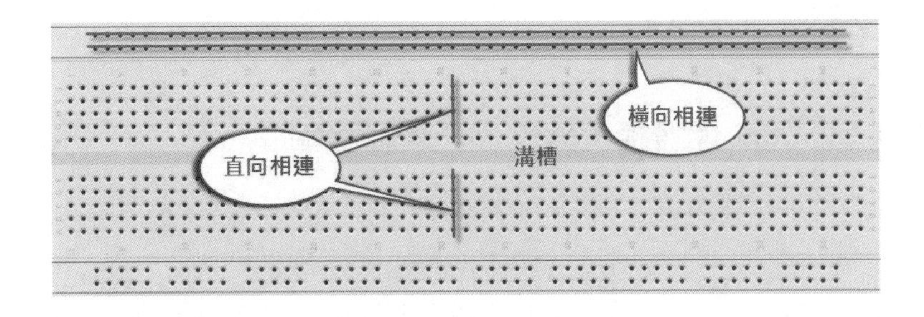

上述圖例上方和下方各有 2 列橫排相連的插孔，提供電子元件所需的 5V/3.3V 電源和接地（GND），在中間多排直向插孔是以橫向溝槽分成上下兩部分，這些插孔都是直向相連。

現在，我們可以建立本書 ESP8266 開發板連接三個模組的 IoT 裝置，其電子電路設計的佈線圖，如下圖所示：

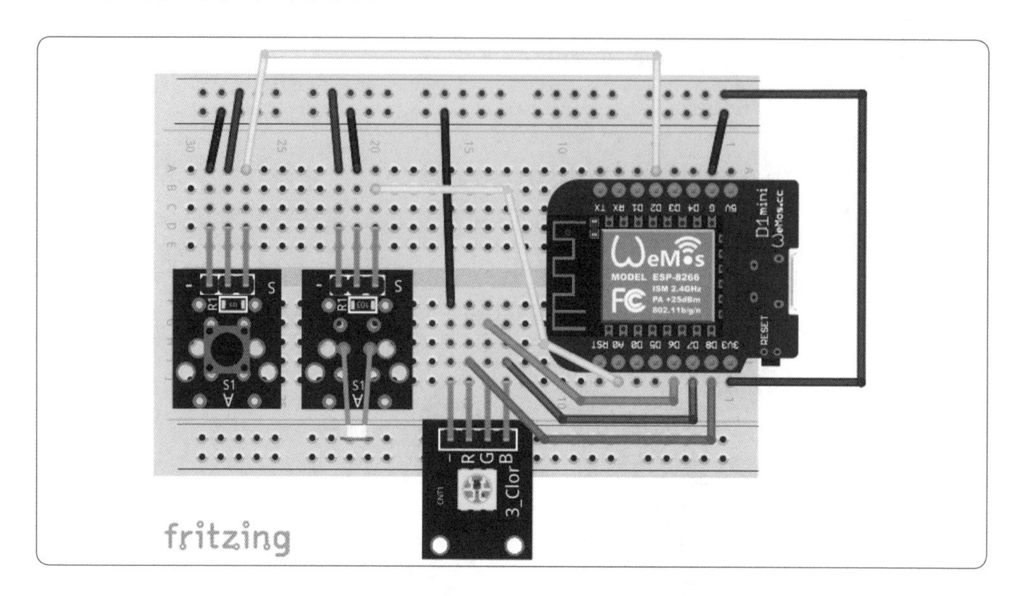

上述 Wemos D1 Mini 開發板連接三個感測器模組的腳位，如下所示：

- RGB 全彩貼片 LED 模組：Red（R）是 D8；Blue（B）是 D7；Green（G）是 D6。
- 按鍵開關模組：S 是 D2。
- 光敏電阻模組：S 是 A0，請注意：【+】和【-】接腳需反接。

NodeMCU v2 開發板 + 麵包板 + 感測器模組

NodeMCU v2 開發板分成 v2 和 v3 兩種版本，v2 版的寬度適中可以直接插在麵包板上，NodeMCU 是一塊基於 ESP-12E 模組的開發板，其使用的 USB 介面晶片有 CP2102 和 CH340 二種，支援 GPIO、PWM、I2C、1-Wire 和 ADC 等功能。

如同 Wemos D1 Mini 開發板，Node-MCU 只需連接三個感測器模組，就可以建立和 Witty Cloud 機智雲開發板相同的 IoT 裝置，如右頁所示：

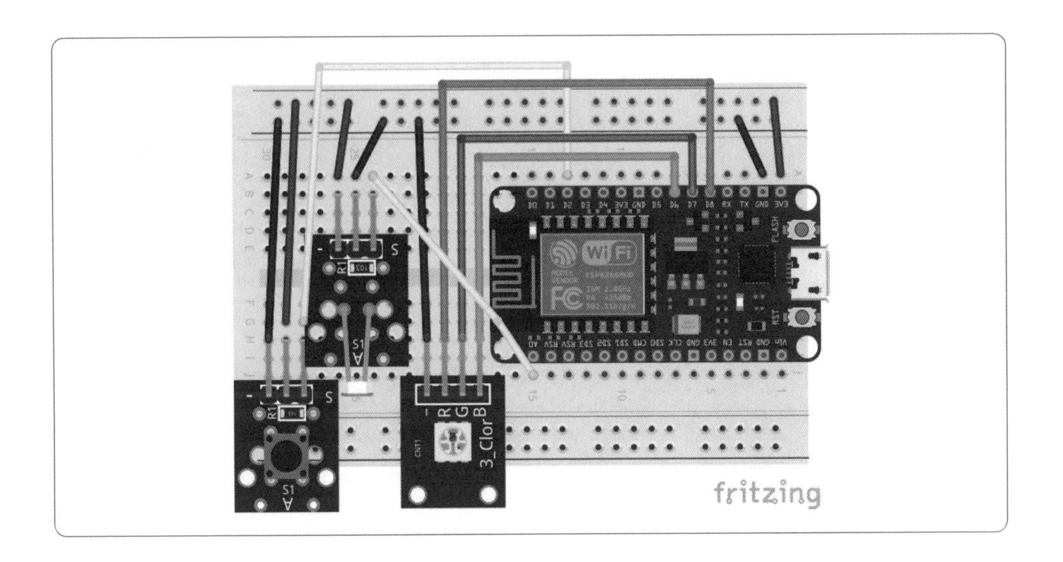

6-4 WiFi 無線基地台與無線網路卡

物聯網的 IoT 裝置（開發板 + 感測器）需要連接 IoT 雲端平台，在本書是使用 WiFi 來連接 IoT 裝置至 IoT 雲端平台。Wi-Fi 是一種無線通訊技術，可以讓筆記型 / 桌上型電腦、行動裝置的智慧型手機、平板和穿戴式裝置，和其他設備（印表機和攝影機），都能夠連線到 Internet 網際網路。

基本上，Internet 網際網路連線是使用 WiFi 無線基地台（或稱為無線路由器）為中心，所有連網裝置都是使用 Wi-Fi 連線至 WiFi 無線基地台，因為 WiFi 無線基地台已經連接 Internet，所以可以讓與 Wi-Fi 相容的裝置都能夠連線 Internet 網際網路，如下圖所示：

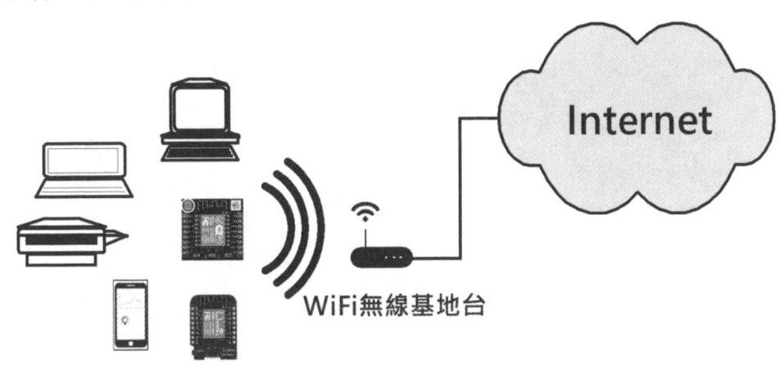

從上述圖例可以看出，所有連網裝置都連線 WiFi 無線基地台，然後連接 Internet，如果是使用筆記型電腦，因為大多已經內建 WiFi，不過，桌上型電腦大多沒有 WiFi，我們需要額外購買無線網路卡來讓桌上型電腦也可以連線 WiFi。例如：迷你 USB 介面的無線網路卡，如右圖所示：

說明

如果在家中沒有現成的 WiFi 無線基地台，最簡單方式是使用智慧型手機的熱點分享，也就是開啟個人熱點，將智慧型手機當成無線基地台來使用，一樣可以讓 Wi-Fi 相容的裝置都連線 Internet 網際網路。

學習評量

1. 請簡單說明什麼是物聯網？何謂物聯網的生命周期？
2. 請使用圖例說明物聯網平台。本書是使用哪兩種雲端物聯網平台？
3. 請簡單說明微控制器和開發板。什麼是 ESP8266 和 ESP32 開發板？
4. 請參閱第 6-3-3 節和附錄 A 的說明購買和取得本書使用的 IoT 裝置。
5. 請問為什麼物聯網應用需要使用 WiFi 無線基地台？

CHAPTER 07

韌體與開發環境：建立 MicroPython 開發環境

7-1 認識 MicroPython

MicroPython 是在微控制器上執行的精簡版 Python 語言，可以讓我們直接使用 Python 程式碼來控制開發板連接的硬體裝置。

≫ 7-1-1 MicroPython 程式語言

MicroPython 程式語言是澳洲程式設計師和物理學家 Damien George 開發，在 2013 年的 Kickstarter 平台成功募資和釋出第一版 MicroPython 程式語言。目前 MicroPython 已經支援 ESP8266/ESP32 等多種開發板，和各種 ARM 架構微控制器的開發板，例如：Micro:bit。

基本上，MicroPython 就是精簡版的 Python 3 語言，受限於微控制器的硬體容量和效能，只實作小部分 Python 標準模組，和新增微控制器專屬模組來存取低階的硬體裝置。其官方網站如下所示：

```
https://micropython.org/
```

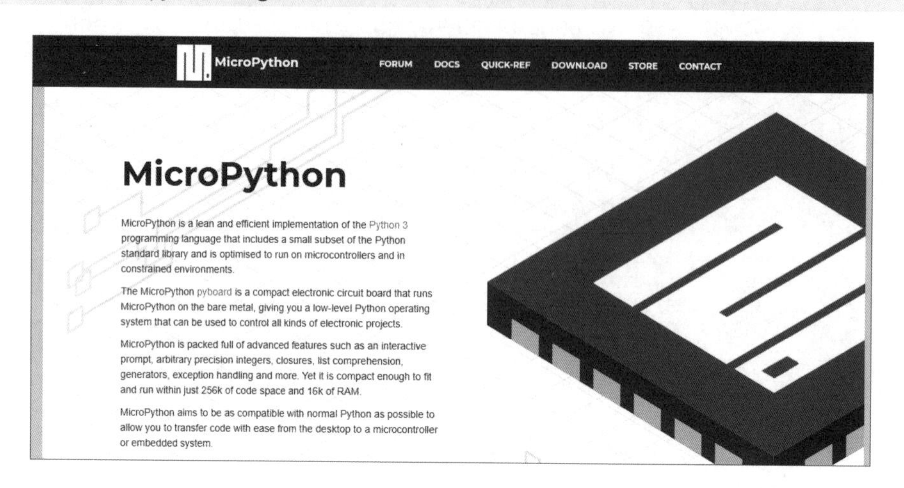

請注意！MicroPython 是在開發板的硬體執行（並不是在 Windows 開發電腦），因為微控制器的效能並不足以執行完整作業系統（Operator System），例如：PC 的 Windows、macOS 或 Linux 等作業系統，所以，作業系統的操作和服務都是透過 MicroPython 直譯器來處理，換句話說，MicroPython 就是在開發板上執行的類作業系統，支援作業系統的基本服務，和儲存 MicroPython 程式的檔案系統。

≫ 7-1-2　MicroPython 程式設計是一種實物運算

MicroPython 程式設計事實上是一種實物運算（Physical Computing），至於什麼是實務運算？我們需要先回過頭來看看傳統程式設計是什麼？程式基本上就是三種基本元素，如下所示：

- 取得輸入資料。
- 處理資料。
- 產生輸出結果。

上述程式的輸入是鍵盤輸入的資料；輸出是螢幕顯示的執行結果，程式的處理元素是使用運算式、條件和迴圈來處理資料，以便產生所需的輸出結果。

轉換到 MicroPython 程式，因為是實際控制硬體裝置輸入和輸出的實務運算，程式輸入是實體的按鍵開關或各種感測器的讀取值（例如：光敏電阻），在微控制器執行 MicroPython 程式進行處理後，輸出至 LED（點亮或熄滅）、轉動伺服馬達或在蜂鳴器發出聲音等，如下圖所示：

上述輸入是第 8 章的數位輸入和類比輸入，輸出是數位輸出和類比輸出，我們可以在實物上看到 MicroPython 程式的輸入和執行結果。

7-2 連接 ESP8266 開發板

現在，我們可以開始建立 Windows 10 電腦的 MicroPython 開發環境，第一步請使用 Micro-USB 傳輸線（不要使用行動電源提供的 Micro-USB 充電線）來連接 ESP8266 開發板。請注意！ Micro-USB 傳輸線的兩端接頭都有方向性，不要接反了，如下圖所示：

Witty Cloud 機智雲開發板

Witty Cloud 機智雲開發板共有上 / 下二層板，在上 / 下層都有 Micro-USB 插槽，請將 Micro-USB 傳輸線的 Micro-USB 端連接至「下層」板，另一端是連接至 Windows 電腦的 USB 插槽，如下圖所示：

Wemos D1 mini 開發板

Wemos D1 mini 開發板只有一個 Micro-USB 插槽，請將 Micro-USB 傳輸線的 Micro-USB 端連接至開發板，另一端連接至 Windows 電腦的 USB 插槽，如下圖所示：

7-3 下載和安裝 CH340 驅動程式

當成功將 ESP8266 開發板連接至 Windows 電腦後，我們需要先檢查 Windows 電腦是否已經安裝驅動程式，如果沒有，就需要自行下載和安裝驅動程式，以便 Windows 電腦可以認得 ESP8266 開發板。

ESP8266 開發板是使用序列埠和 Windows 電腦進行通訊，在開發板上有一個 USB 介面晶片，能夠轉換 USB 訊號成為序列埠（TTL）訊號，在本書使用的開發板是 CH340 晶片；另一種常見晶片是 CP2102，所謂驅動程式就是指此介面晶片的 Windows 驅動程式。

檢查 Windows 電腦是否已經安裝驅動程式

我們可以使用裝置管理員查詢 USB 埠號，即可確認 Windows 電腦是否已經安裝驅動程式。請將 Windows 電腦連接 ESP8266 開發板後，使用下列步驟來檢查是否有對應的 USB 埠號，如下所示：

Step 1 請在【開始】圖示上執行【右】鍵快顯功能表的【裝置管理員】命令。

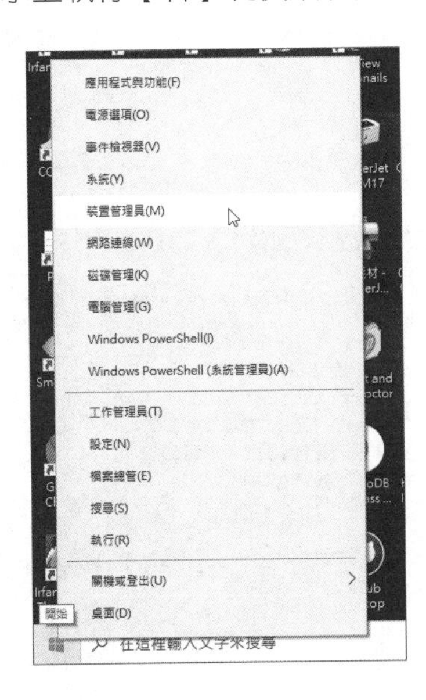

Step 2 展開【連接埠 (COM 和 LPT)】項目，可以看到【USB-SERIAL CH340 (COM?)】項目（「?」是數字編號），就表示已經安裝 CH340 驅動程式；如果沒有看到，我們就需要安裝驅動程式。

請記下 COM? 的埠號，筆者的電腦是 COM5，我們需要使用此埠號來連線 ESP8266 開發板，以便燒錄 MicroPython 韌體至開發板，和上傳執行 MicroPython 程式。

說明

如果 ESP8266/ESP32 開發板是使用 CP2102 晶片，可以看到顯示的埠號名稱是【Silicon Labs CP210x USB to UART Bridge (COM?)】，如下圖所示：

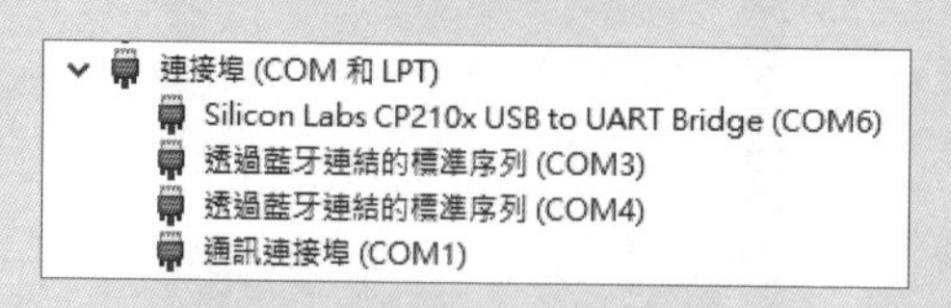

因為 Windows 10 電腦預設安裝 CP2102 驅動程式，我們並不需要額外自行安裝驅動程式。

下載 CH340 驅動程式

CH340 晶片是沁恒微電子公司生產的晶片，其驅動程式的下載網址（在本書 ESP8266Toolkit 工具箱已經包含此驅動程式），如下所示：

```
http://www.wch.cn/download/ch341ser_exe.html
```

請按【下載】鈕下載驅動程式，檔案名稱是【CH341SER.EXE】。

安裝 CH340 驅動程式

在成功下載 CH341SER.EXE 驅動程式檔案後，就可以在 Windows 電腦安裝驅動程式，其步驟如下所示：

Step 1 請連接 ESP8266 開發板後，雙擊執行【CH341SER.EXE】下載檔案，如果看到「使用者帳戶控制」視窗，請按【是】鈕，然後按【INSTALL】鈕安裝驅動程式。

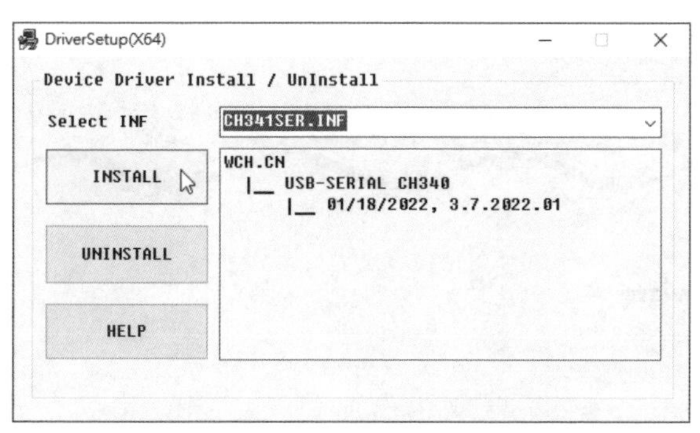

Step 2 如果沒有問題，可以看到成功安裝的訊息視窗，請按【確定】鈕繼續。

現在，在「裝置管理員」視窗展開【連接埠 (COM 和 LPT)】項目，應該就可以看到【USB-SERIAL CH340 (COM?)】項目。

7-4 下載和燒錄 MicroPython 韌體

現在，我們可以下載和燒錄 MicroPython 韌體至 ES8266 開發板，而此操作就是在 ESP8266 開發板安裝 MicroPython 直譯器。

下載 MicroPython 韌體

MicroPython 韌體可以在官方網站免費下載，其 URL 網址如下所示：

```
https://micropython.org/download/esp8266/
```

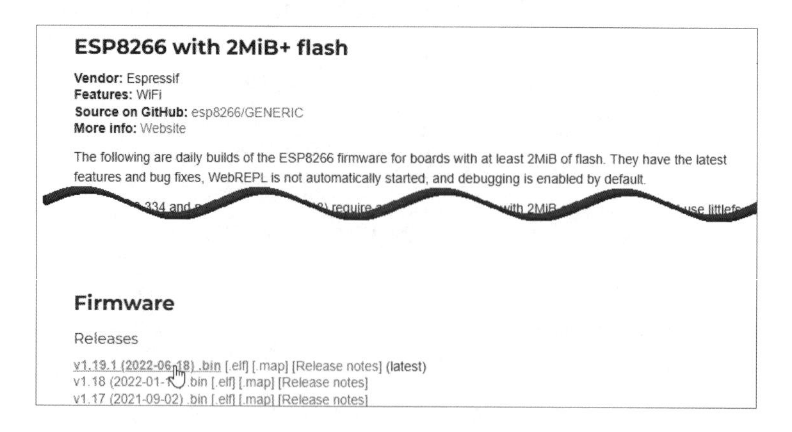

本書使用的 ESP8266 開發板是 4MB 版本，請下載「Firmware」區段下的第 1 個超連結，即最新版本，本書使用的是 1.19.1 版，其下載檔名【esp8266-20210202-v1.19.1.bin】。

下載燒錄 MicroPython 韌體的工具程式

MicroPython 韌體的燒錄程式有很多種，Thonny 也內建燒錄程式，不過，為了方便處理韌體燒錄，在本書是使用 NodeMCU PyFlasher 燒錄程式（本書 ESP8266Toolkit 工具箱已經包含此工具），其 Github 下載網址如下所示：

```
https://github.com/marcelstoer/nodemcu-pyflasher/releases
```

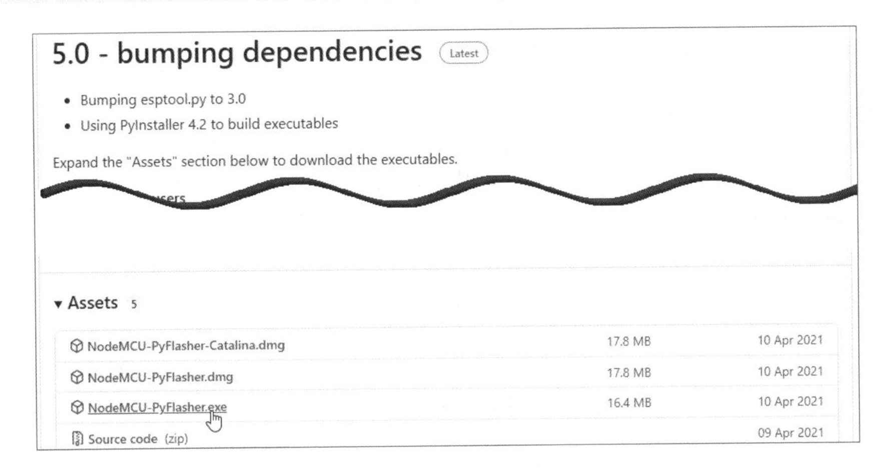

請點選 Windows 10 版本的下載超連結【NodeMCU-PyFlasher.exe】下載同名的執行檔。

燒錄 MicroPython 韌體

當成功下載 MicroPython 韌體和燒錄工具後，就可以開始燒錄 MicroPython 韌體，其步驟如下所示：

Step 1 請連接 ESP8266 開發板後，雙擊執行【NodeMCU-PyFlasher.exe】下載檔案後，在【Serial port】欄位選埠號，筆者電腦是【COM5】。

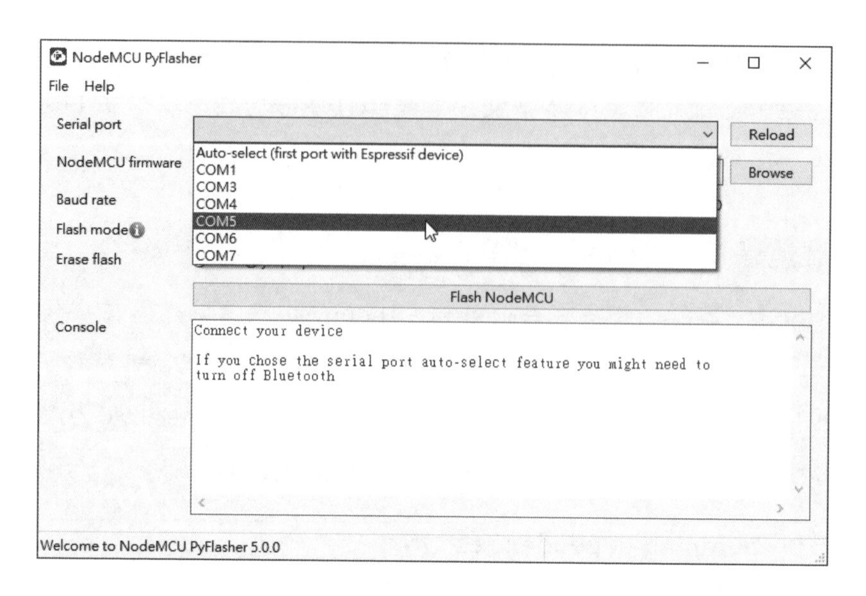

Step 2 按【Browse】鈕選擇下載的 MicroPython 韌體檔案【esp8266-20220618-v1.19.1.bin】後，選【yes, wipes all data】刪除所有資料（因為是第 1 次燒錄所以刪除所有資料，如果是更新 MicroPython 韌體，請選【no】）。

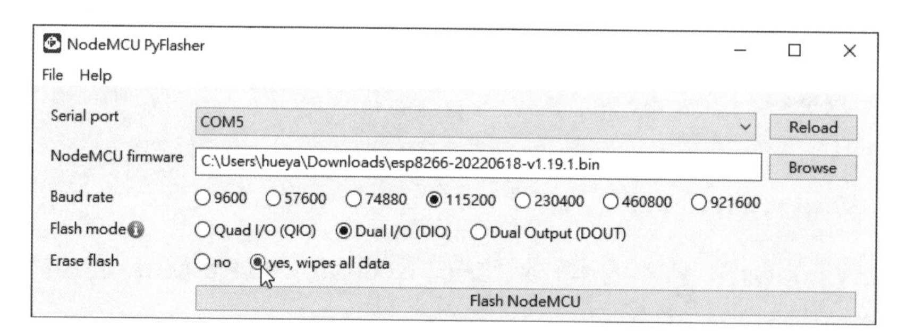

說明

雖然 MicroPython 網站可以下載最新版本的韌體檔案，不過，經筆者測試，最新版本有可能對某些 ESP8266 開發板並非十分穩定，如果發現韌體版本不穩定，常常出現亂碼，請下載和燒錄舊版 MicroPython 韌體檔案，看看是否可解決此問題。

本書 ESP8266 開發板使用的 MicroPython 版本是 v1.19.1 版，在本書 ESP8266Toolkit 工具箱的「ESP8266_Firmware」子目錄提供多種版本的 MicroPython 韌體檔案可供選擇。

Step 3 按【Flash NodeMCU】鈕，可以看到開始燒錄 MicroPython 韌體至開發板，首先是清除內容，然後可以看到燒錄進度，在完成後可以在最後看到成功燒錄的訊息文字。

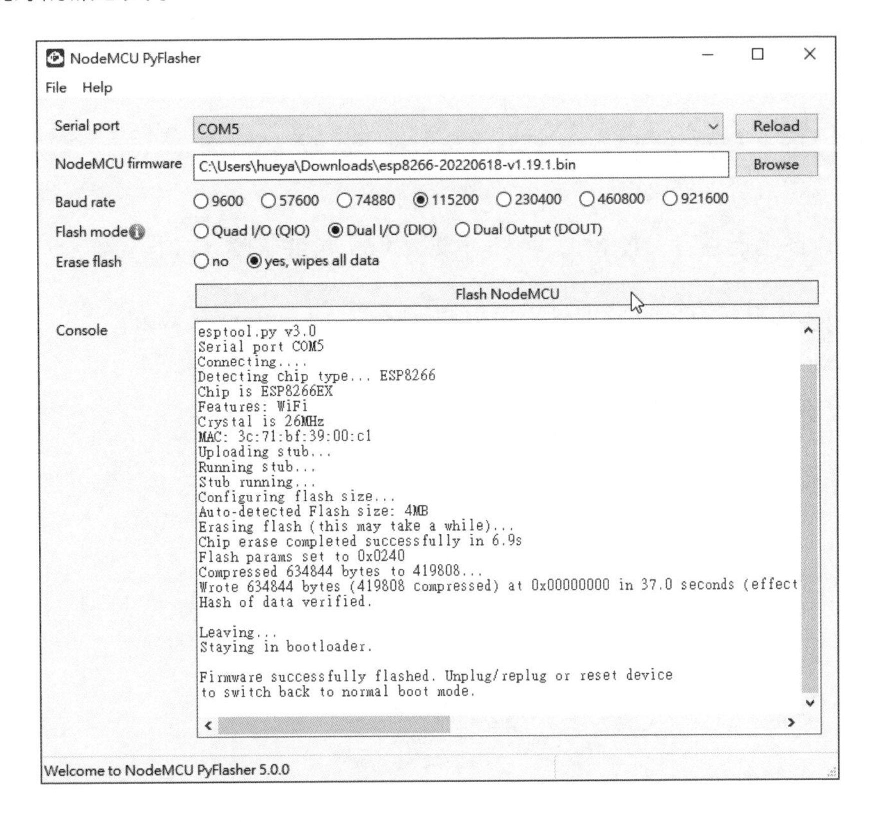

上述訊息文字【Firmware successfully flashed.Unplug/replug or reset device to switch back to normal boot mode.】指出已經完成燒錄，請重設 ESP8266 開發板來切換回正常的啟動模式。

重設 ESP8266 開發板

在成功燒錄 MicroPython 韌體至開發板後，我們需要重設 ESP8266 開發板。重設方法有兩種（建議使用方法二），如下所示：

- 方法一：按下開發板上的【rst】鍵（即 RESET 鍵）來重設 ESP8266 開發板。
- 方法二：將 Micro-USB 傳輸線從 Windows 電腦的 USB 槽拔掉後，再重新連接，即可重設 ESP8266 開發板。

7-5 建立 MicroPython 開發環境

目前在市面上已經有多種 MicroPython 開發環境可供選擇，如下所示：

- PyCharm 和 VS Code 請安裝外掛程式支援 MicroPython 程式設計。
- Anaconda 可以在 Jupyter Notebook 安裝 MicroPython Kernel。
- 自行安裝 Thonny 和 uPyCraft 等 MicroPython 開發工具。

本書是使用 Thonny 建立 MicroPython 開發環境，因為在第 1 章已經安裝 Thonny，所以只需設定使用 MicroPython 直譯器，其步驟如下所示：

Step 1 請在 Windows 作業系統啟動 Thonny 後，執行「工具 > 選項」命令。

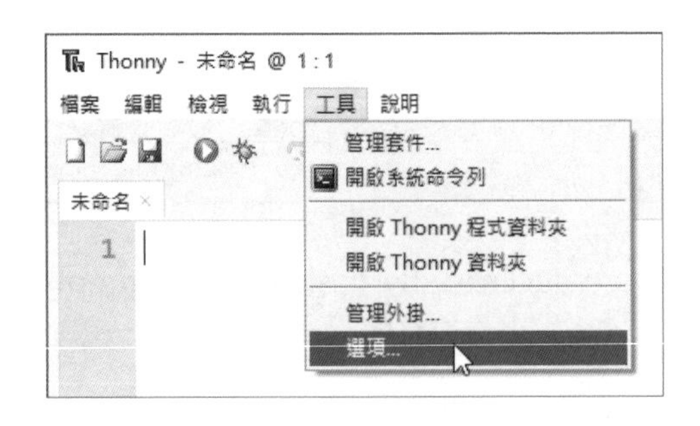

Step 2 在「Thonny 選項」選【直譯器】標籤後，開啟上方的下拉式選單，選【MicroPython (ESP8266)】。

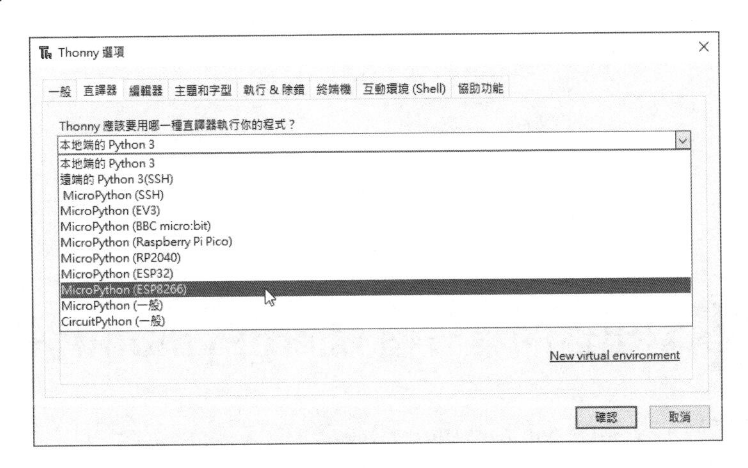

Step 3 請將 ESP8266 開發板連接至 Windows 電腦後，在下方開啟下拉式選單選擇連接埠，筆者電腦是【COM5】，然後按【確認】鈕。

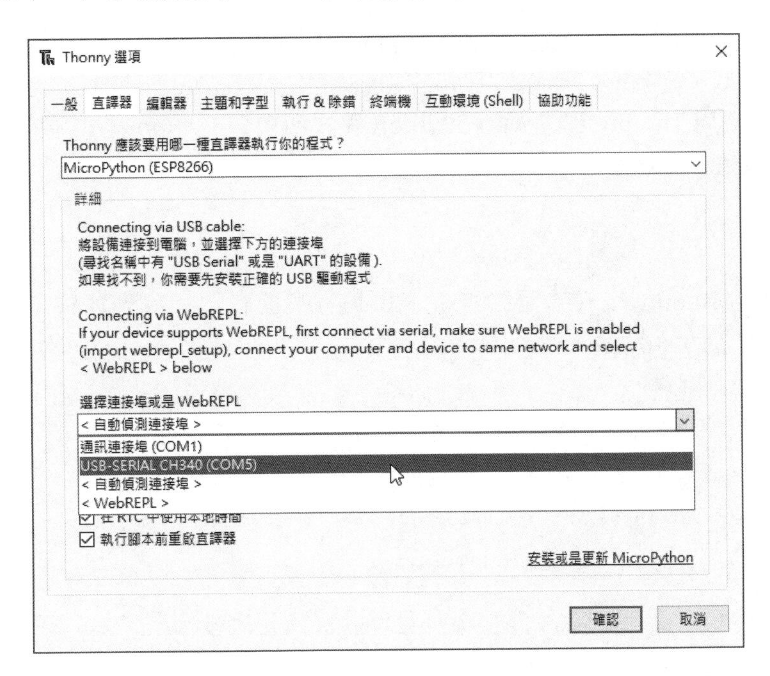

Step 4 可以在下方「互動環境 (Shell)」視窗顯示 MicroPython 版本和「>>>」提示符號，表示已經成功連線 ESP8266 開發板的 REPL。

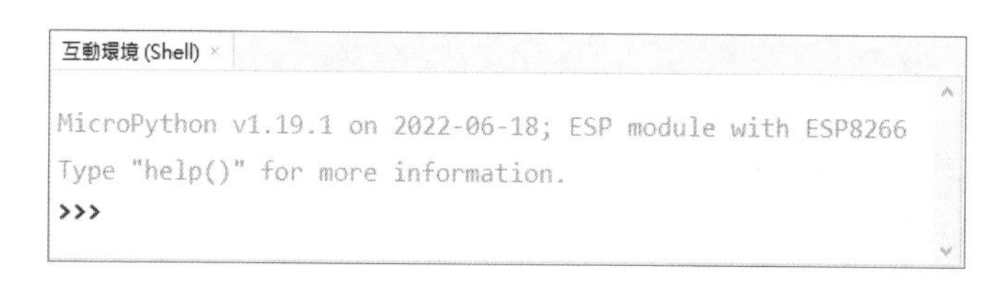

7-6 寫出你的第一個 MicroPython 程式

目前我們已經成功建立 MicroPython 開發環境，在這一節就可以使用 Thonny 和 Blockly 積木程式來寫出 / 拼出你的 MicroPython 程式。

≫ 7-6-1 使用 Thonny 寫出你的 MicroPython 程式

基本上，使用 Thonny 建立 MicroPython 程式和撰寫 Python 程式並沒有什麼不同，其步驟如下所示：

說明

如果啟動 Thonny，在「互動環境 (Shell)」視窗看到找不到埠號（port not found），如下圖所示：

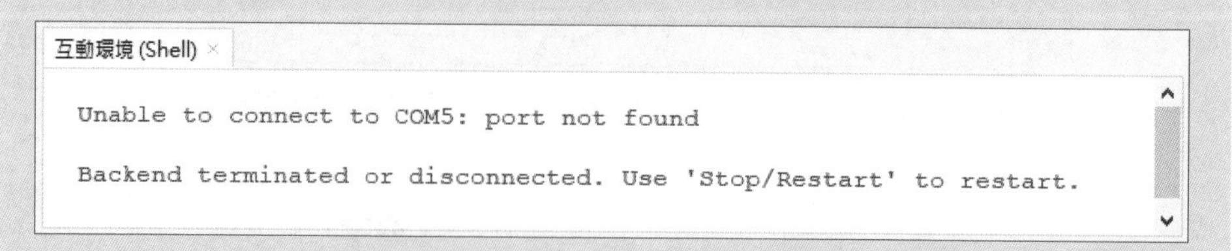

請確認電腦連接 ESP8266 開發板，且埠號設定正確後，按工具列紅色 STOP 圖示的【停止 / 重新啟動後端程式】來重新啟動開發板。

Step 1 請啟動 Thonny 後，在編輯視窗的標籤頁輸入閃爍內建 LED 燈的 MicroPython 程式（詳細的程式碼說明請參閱第 8 章），如下所示：

```
from machine import Pin
import utime

led = Pin(2, Pin.OUT)
while True:
    led.value(0)
    utime.sleep(1)
    led.value(1)
    utime.sleep(1)
```

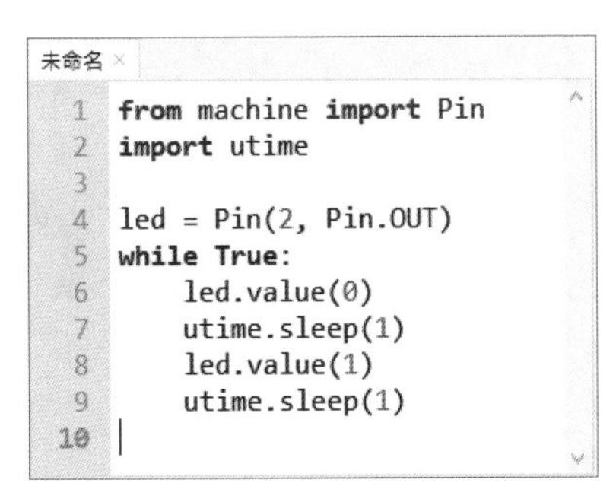

Step 2 執行「檔案 > 儲存檔案」命令或按工具列的【儲存檔案】鈕，可以看到「Where to save to?」對話方塊選擇儲存位置，請按【本機】鈕儲存在 Windows 電腦；【MicroPython 設備】是儲存在 ESP8266 開發板的檔案系統（詳見第 10-1 節的說明）。

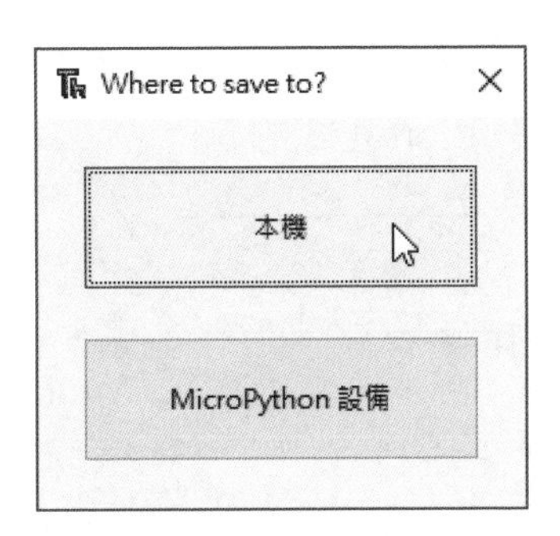

Step 3 在「另存新檔」對話方塊，切換至「\mpy\ch07」目錄，輸入【ch7-6-1】，按【存檔】鈕儲存成 ch7-6-1.py 程式。

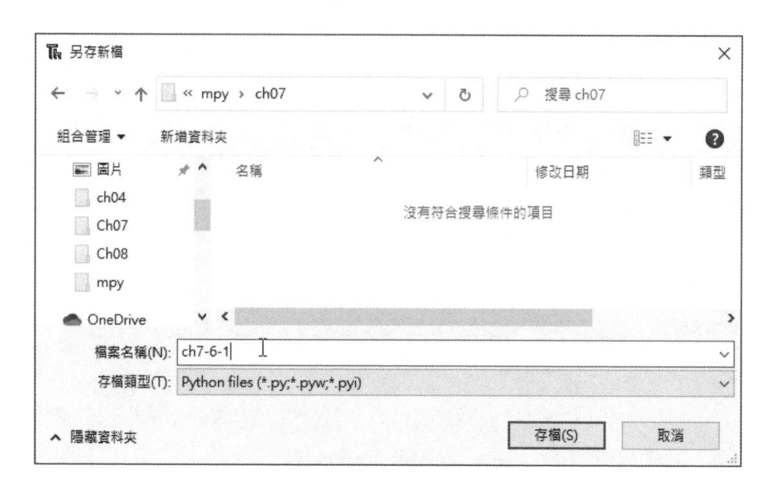

Step 4 請執行「執行 > 執行目前程式」命令、按工具列綠色箭頭圖示的【執行目前程式】鈕，或按 F5 鍵，可以在「互動環境 (Shell)」視窗看到 %Run 指令將編輯內容的 MicroPython 程式碼送至開發板來執行。

在 ESP8266 開發板可以看到藍色內建 LED 燈在閃爍不停。

Step 5 請注意！因為程式碼使用 while 無窮迴圈，結束程式請執行「執行 > 停止 / 重新啟動後端程式」命令，或按工具列紅色 STOP 圖示的【停止 / 重新啟動後端程式】來停止 MicroPython 程式的執行。

互動環境 (Shell)

```
 Traceback (most recent call last):
   File "<stdin>", line 10, in <module>
 KeyboardInterrupt:
MicroPython v1.19.1 on 2022-06-18; ESP module with ESP8266
Type "help()" for more information.
>>>
```

說明

如果在「互動環境 (Shell)」視窗看到目前裝置正在忙碌中，或沒有回應（Device is busy or does not respond），如下圖所示：

```
互動環境 (Shell) ×

Device is busy or does not respond. Your options:

  - wait until it completes current work;
  - use Ctrl+C to interrupt current work;
  - use Stop/Restart to interrupt more and enter REPL.
```

上述訊息大多是因為開發板的 MicroPython 程式在執行中，請按工具列紅色 STOP 圖示的【停止 / 重新啟動後端程式】來停止 MicroPython 程式的執行，就可以進入 MicroPython 的 REPL。

對於現存或本書所附的 MicroPython 程式範例，請執行「檔案 > 開啟舊檔」命令，同樣的，我們需要選擇從本機或 ESP8266 開發板的檔案系統來開啟檔案後，就可以測試執行 MicroPython 程式。

≫ 7-6-2 使用 Blockly 積木程式拼出你的 MicroPython 程式

ESP8266 Blockly for MicroPython 是一套基於 Google Blockly 積木程式的視覺化 MicroPython 開發工具，可以讓我們直接拖拉積木來拼出 MicroPython 程式，和自動轉換出 MicroPython 程式碼。

啟動 ESP8266 Blockly for MicroPython

請下載本書 ESP8266Toolkit 工具箱，在解壓縮後，點選目錄下的 index.html，使用 Google Chrome 瀏覽器來執行 ESP8266 Blockly for MicroPython，如下圖所示：

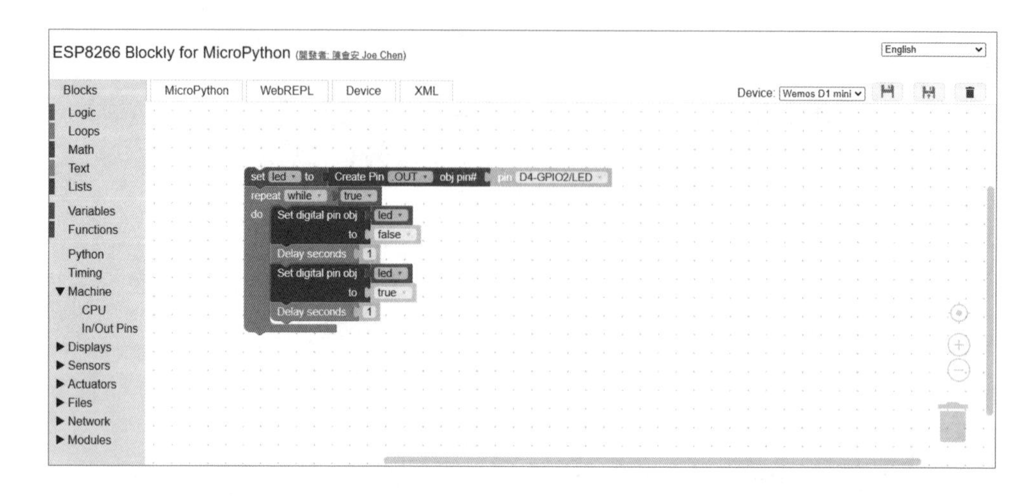

上述網頁開發介面的上方是功能標籤頁，在後方有 3 個按鈕，依序是儲存、開啟和清除工作區的積木程式。在左邊的垂直工具列是分類積木，右邊是編輯工作區，選【MicroPython】標籤，可以看到自動轉換的 MicroPython 程式碼。

使用 Blockly 建立 MicroPython 程式

我們準備從頭開始使用積木程式來拼出第 7-6-1 節的 MicroPython 程式，其步驟如下所示：

Step 1 請啟動 ESP8266 Blockly for MicroPython，如果已經啟動，請按右上方最後的按鈕來清除工作區的積木。

Step 2 首先新增變數 led，請選【Variables＞create variable…】，輸入變數名稱【led】，按【確定】鈕新增變數 led。

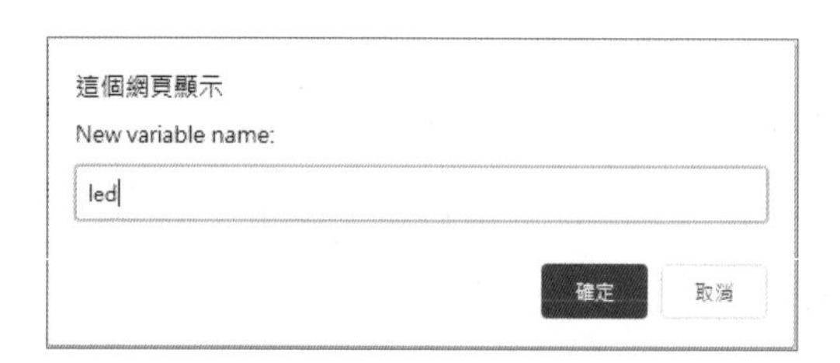

Step 3 然後拖拉【Variables＞set led to】積木至工作區。

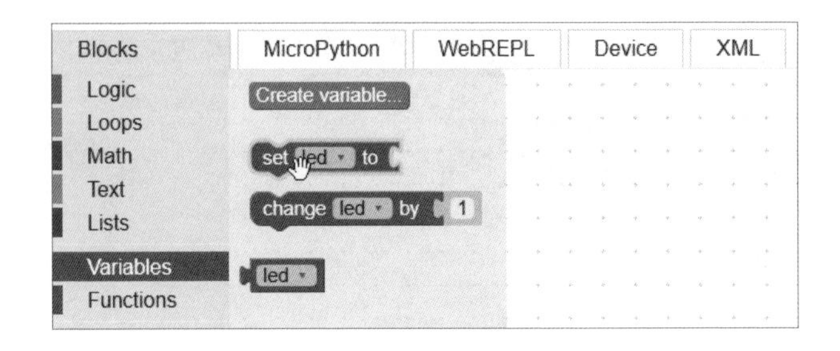

Step 4 接著拖拉【Machine＞In/Out Pins＞Create Pin.OUT obj pin#】積木至 set led to 積木後的插槽，然後選【D4-GPIO2/LED】。

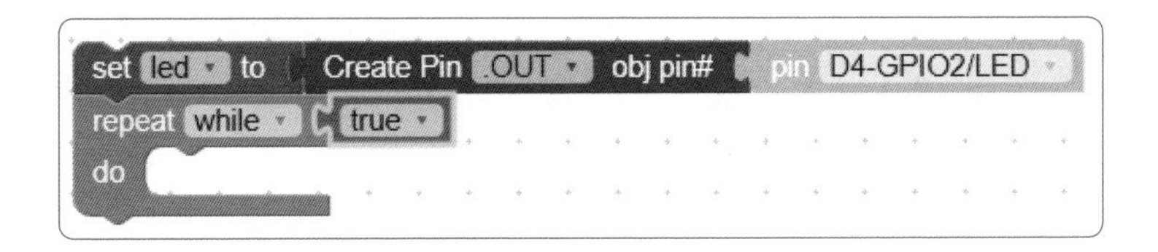

Step 5 請拖拉【Loops＞repeat while-do】積木至 set led to 積木的下方後，再拖拉【Logic＞true】積木至 while 迴圈後的插槽，建立 while 無窮迴圈。

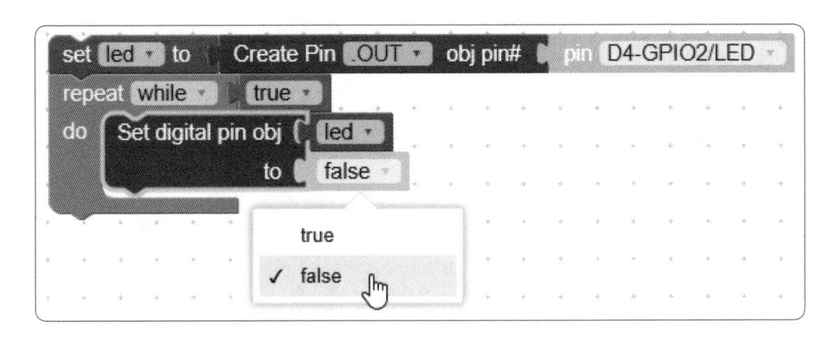

Step 6 接著拖拉【Machine＞In/Out Pins＞Set digital pin obj-to】積木至迴圈程序的大嘴巴之中，再拖拉【Variables＞led】積木至 obj 插槽，然後在下方將 true 改為 false。

Step 7 請再拖拉【Timing > Delay seconds 1】積木至迴圈程序的大嘴巴之中。

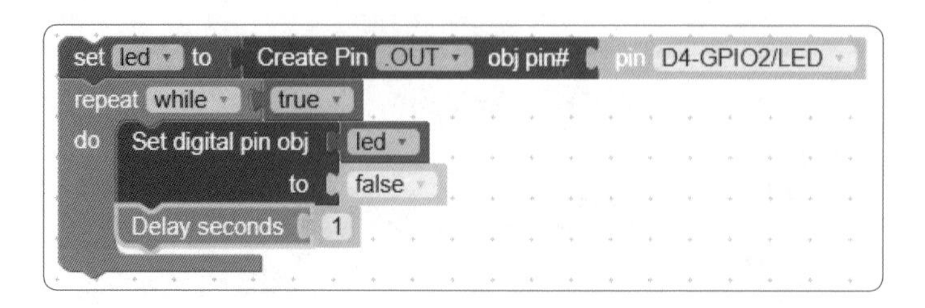

Step 8 請重複拖拉相同的 2 個積木（或在積木上，執行【右】鍵快顯功能表的【Duplicate】命令），即可建立第 7-6-1 節的 MicroPython 程式。

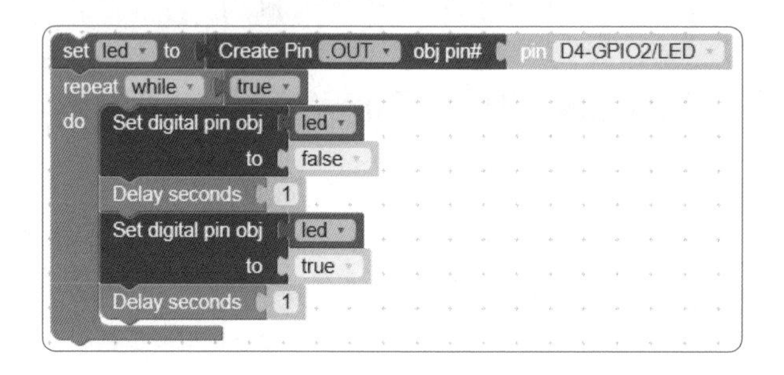

Step 9 選【MicroPython】標籤，可以看到轉換的 MicroPython 程式碼，如下圖所示：

Step 10 請啟動 Thonny 執行「檔案 > 開新檔案」命令，再從【MicroPython】標籤選取和複製程式碼來貼至 Thonny 編輯區。

```
ch7-6-1.py × 未命名 ×
1  from machine import Pin
2  import utime
3
4  led = None
5
6
7  led = Pin(2, Pin.OUT)
8  while True:
9    led.value(0)
10   utime.sleep(1)
11   led.value(1)
12   utime.sleep(1)
```

Step 11 在儲存成本機 ch7-6-2.py 後，就可以執行 MicroPython 程式。

Step 12 儲存 Blockly 積木程式，請按右上方第 1 個按鈕，輸入【ch7-6-2】，按【確定】鈕下載名為 ch7-6-2.xml 的積木程式。

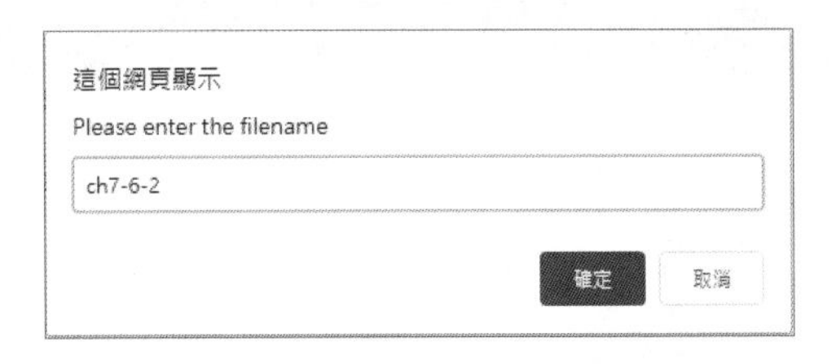

按右上方第 2 個按鈕，可以開啟現存的積木程式，副檔名是 .xml。

≫ 7-6-3　MicroPython 程式是在哪裡執行

MicroPython 程式是送至 ESP8266 開發板上執行，也就是在微控制器的 CPU 執行 MicroPython 直譯器來直譯執行 MicroPython 程式，並不是使用 Windows 電腦的 Python 直譯器，如下圖所示：

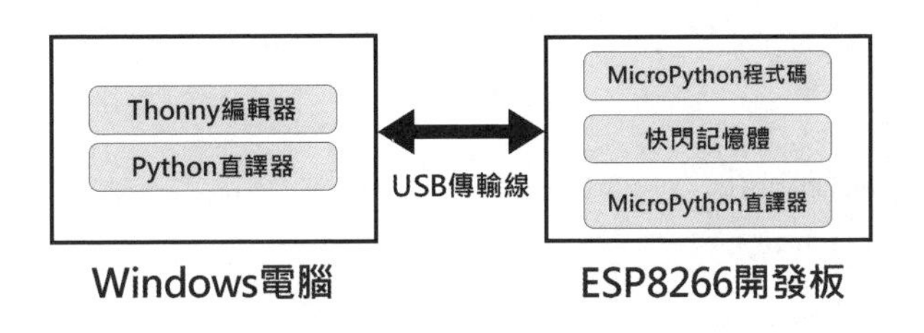

上述 MicroPython 程式碼是在 ESP8266 開發板上執行，在 Windows 電腦的 Thonny 單純只是編輯程式碼和執行 MicroPython 程式，執行方式是透過 REPL 上傳程式碼至開發板的快閃記憶體（沒有建立檔案），然後使用 MicroPython 直譯器來載入和直譯執行程式碼。

在 Thonny 開啟和編輯的 MicroPython 程式檔案可以儲存在 2 個地方，其說明如下所示：

- 本機：MicroPython 程式檔案是儲存在 Windows 開發電腦的檔案系統。
- MicroPython 設備：MicroPython 程式檔案是儲存在 ESP8266 開發板，即儲存在開發板內建快閃記憶體的檔案系統，其進一步說明請參閱第 10-1 節。

學習評量

1. 請簡單說明什麼是 MicroPython 語言？
2. 請問什麼是實務運算？使用圖例來說明 MicroPython 實務運算？
3. 請問 Thonny 編輯的 MicroPython 程式檔案可以儲存在哪 2 個地方？
4. 請參閱第 7-2~7-5 節內容，在 Windows 電腦建立 MicroPython 開發環境。
5. 請分別使用 Thonny 和 Blockly 積木程式建立第 2 個 MicroPython 程式，改用邏輯運算子 not 切換 0 和 1 來閃爍內建 LED，如下所示：

```
from machine import Pin
import utime

led = Pin(2, Pin.OUT)
led.value(1)
while True:
    led.value(not led.value())
    utime.sleep(1)
```

CHAPTER 08

GPIO 控制：按鍵開關 + 三色 LED+ 光敏電阻

8-1 ESP8266 開發板的 GPIO

當實作物聯網或嵌入式系統時，除了安裝軟硬體外，接著需要了解開發板上接腳（Pins，腳位）的定義與功能，哪些腳位可以作為數位輸出 / 輸入？哪些可作為類比輸出 / 輸入？哪些可用 PWM 輸出等？

基本上，在開發板上的腳位（或稱接腳）稱為 GPIO（General Purpose Input/Output），這是開發板從微控制器接出的腳位，用來連接外部電子元件和感測器模組等，例如：連接光敏電阻和 LED 等。

Witty Cloud 機智雲開發板

ESP8266 開發板有很多種，其 GPIO 標示方式有二種：直接標示 GPIO 編號，或使用 Arduino 開發板的 D0～D8 和 A0（D 是數位；A 是類比）。Witty Cloud 機智雲開發板是標示 GPIO 編號，因為內建三種元件，大多數腳位都已經使用，如下一頁所示：

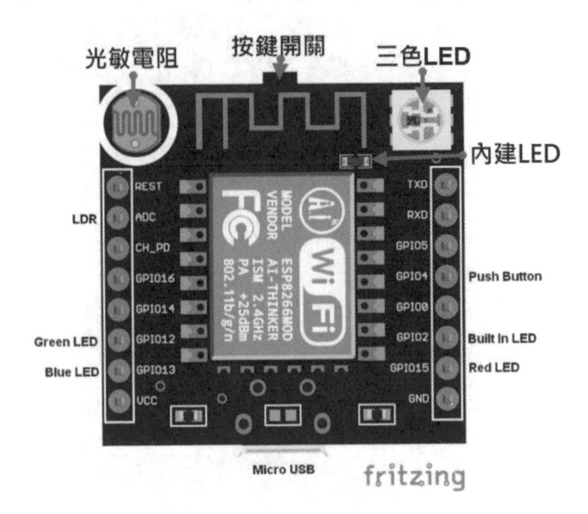

上述圖例的 GPIO 編號説明，如下所示：

- 數位 I/O 腳位：內建 LED（Built in LED）是連在 GPIO2，按鍵開關（Push Button）是連在 GPIO4，在右上方三色 LED 連接的 GPIO，紅色 LED（Red LED）是 GPIO15；綠色 LED（Green LED）是 GPIO12；藍色 LED（Blue LED）是 GPIO13。
- 類比 I/O 腳位：ESP8266 只有 1 個類比輸入腳位 ADC，已經連接左上方的光敏電阻（Light Dependent Resistor，LDR）。

Wemos D1 Mini 開發板

在 Wemos D1 Mini 開發板是標示 D0～D8 和 A0（即 ADC），如下圖所示：

請注意！ MicroPython 控制 GPIO 需要使用 ESP8266 模組的 GPIO 編號，並不是上述圖例標示的 D0～D8，其對應的 GPIO 編號，如下表所示：

開發板上的編號	對應的 GPIO 編號
D0	GPIO16
D1	GPIO5
D2	GPIO4
D3	GPIO0
D4	GPIO2
D5	GPIO14
D6	GPIO12
D7	GPIO13
D8	GPIO15

8-2 數位輸出：內建 LED

數位輸出（Digital Output、DO）是開發板輸出數位訊號至連接開發板 GPIO 的感測器或電子元件，當接收到數位訊號後，就可以產生對應的訊號輸出，例如：點亮 LED。

≫ 8-2-1　輸出 0 和 1 二個狀態

GPIO 數位輸出所送出的數位訊號只有 2 個值：1（HIGH）和 0（LOW）兩種，對比 ESP8266 開發板的電壓值是 3.3V 和 0V，其操作如同打開 / 關閉房門，和開 / 關房間的燈等，只有 2 個狀態的操作。

LED（Light-emitting Diode）是發光二極體，這是能夠發光的半導體電子元件，有多種不同色彩（內建 LED 是藍色），我們可以將 LED 視為是燈泡來使用，通過電流就點亮；反之熄滅。

電流如同打開水龍頭流出的水流，水流是往低處流，電流則是從 VCC 電源的高電位流向 GND 接地的低電位。在開發板的 GPIO 因為電流方向，可以使用 2 種方式連接 LED，如下所示：

- 汲取電流（Sink Current）：在 GPIO 連接一個電阻，再連接至 LED，最後連至 VCC（電源），電流方向是從 VCC 流經 LED、電阻，再流至 GPIO。內建 LED 使用汲取電流，數位訊號的 1 和 0 是相反的，當 GPIO2 值 0 如同 GND（接地），所以點亮 LED；值 1 反而是熄滅，如下圖所示：

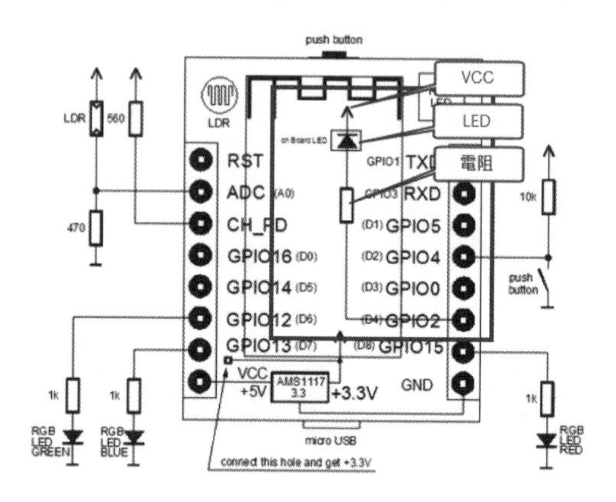

- 電源電流（Source Current）：GPIO 是連接一個電阻，再連接至 LED，最後連至 GND（接地），電流方向是從 GPIO 流經電阻、LED，再至 GND。三色 LED 是使用電源電流，1 是點亮；0 是熄滅，以 GPIO15 的紅色 LED 為例，如下圖所示：

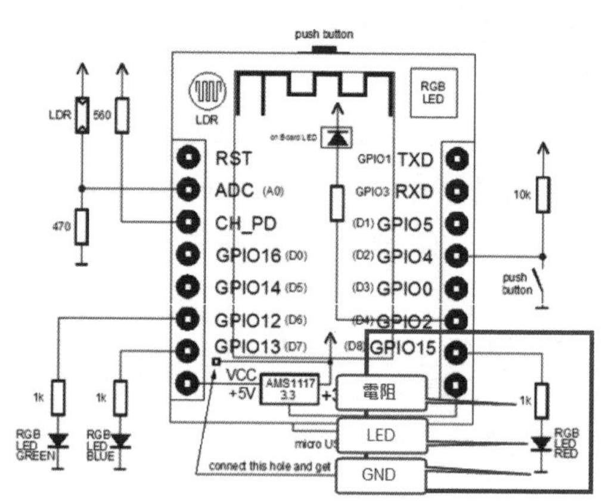

在 MicroPython 程式控制數位腳位是使用 Pin 物件，我們需要匯入 machine 模組的 Pin 類別，如下所示：

```
from machine import Pin
```

然後建立 Pin 物件來控制 GPIO 數位輸出和輸入。

數位輸出 0 | ch8-2-1.py

MicroPython 程式建立數位輸出腳位的 Pin 物件有 2 個參數，第 1 個參數是 GPIO 編號（內建 LED 是 GPIO2，即 2），第 2 個參數 Pin.OUT 常數是數位輸出，如下所示：

```
from machine import Pin

led = Pin(2, Pin.OUT)
led.value(0)
```

上述程式碼建立 Pin 物件 led 後，呼叫 value() 方法輸出數位訊號，參數 0 是 LOW；1 是 HIGH（也可以使用 False 和 True）。請注意！因為內建 LED 是使用汲取電流（Sink Current），所以 0 是點亮藍色的內建 LED。

數位輸出 1 | ch8-2-1a.py

MicroPython 程式和 ch8-2-1.py 相似，只是 value() 方法輸出 1，如下所示：

```
from machine import Pin

led = Pin(2, Pin.OUT)
led.value(1)
```

上述程式碼的執行結果可以看到熄滅藍色的內建 LED。

≫ 8-2-2　時間控制

在第 8-2-1 節的 MicroPython 程式是使用 value() 方法來點亮和熄滅 LED，問題是我們準備點亮 LED 持續多久時間，或熄滅 LED 多久時間。我們需使用 utime 模組來延遲時間，三種 sleep() 方法的說明，如下表所示：

方法	說明
utime.sleep(1)	延遲參數的秒數，1 就是 1 秒
utime.sleep_ms(1000)	延遲參數的毫秒數，1000 就是 1 秒
utime.sleep_us(1000000)	延遲參數的微秒數，1000000 就是 1 秒

MicroPython 程式在匯入 utime 模組後，就可以呼叫上表方法來延遲時間，如下所示：

```
import utime
```

延遲顯示 3 個訊息文字　|　ch8-2-2.py

MicroPython 程式匯入 utime 模組後，分別呼叫 3 種 sleep() 方法延遲 1 秒鐘來顯示 3 行文字內容，如下所示：

```
import utime

utime.sleep(1)
print("等1秒")
utime.sleep_ms(1000)
print("再等1秒")
utime.sleep_us(1000000)
print("再等1秒")
```

上述程式碼的執行結果可以看到等 1 秒顯示 1 行，共顯示 3 行訊息文字，如右圖所示：

```
等1秒
再等1秒
再等1秒
```

點亮 LED 持續 5 秒後熄滅 | ch8-2-2a.py

現在，我們就可以使用 sleep() 方法點亮 LED 共 5 秒後，再熄滅 LED，如下所示：

```
import utime
from machine import Pin

led = Pin(2, Pin.OUT)
led.value(0)
utime.sleep(5)
led.value(1)
```

上述程式碼的執行結果先呼叫 value(0) 方法點亮 LED，在呼叫 sleep() 方法等待 5 秒鐘後，再呼叫 value(1) 方式熄滅 LED，如同開燈 5 秒鐘後，就關燈。

使用 time 模組點亮 LED 持續 5 秒後熄滅 | ch8-2-2b.py

MicroPython 的模組是使用「u」開頭，utime 是對應 Python 的 time 模組，當匯入 time 模組時，MicroPython 就會自動匯入 utime 模組，一樣可以呼叫 sleep() 方法來延遲時間，如下所示：

```
import time
from machine import Pin

led = Pin(2, Pin.OUT)
led.value(0)
time.sleep(5)
led.value(1)
```

≫ 8-2-3 閃爍 LED

在了解如何控制 LED 點亮的時間後，我們就可以使用迴圈來閃爍 LED，即點亮 1 秒；熄滅 1 秒，然後重複多次或無限次操作，即可建立閃爍 LED 的效果。

使用 for 迴圈閃爍 10 次 LED | ch8-2-3.py

我們可以使用 for 迴圈執行 10 次，重複點亮 LED；等待 1 秒鐘；熄滅 LED；等待 1 秒鐘，即可閃爍 10 次 LED，如下所示：

```
import utime
from machine import Pin

led = Pin(2, Pin.OUT)
for i in range(10):
    led.value(0)
    utime.sleep(1)
    led.value(1)
    utime.sleep(1)
```

上述執行結果可以看到內建 LED 閃爍 10 次後，熄滅 LED。

使用 while 無窮迴圈閃爍 LED | ch8-2-3a.py

MicroPython 程式：ch8-2-3.py 只閃爍 10 次，如果改用 while 無窮迴圈，就可以不停的閃爍 LED，如下所示：

```
import utime
from machine import Pin

led = Pin(2, Pin.OUT)
while True:
    led.value(0)
    utime.sleep(1)
    led.value(1)
    utime.sleep(1)
```

上述執行結果可以不停的閃爍內建 LED，因為是無窮迴圈，結束程式需要執行「執行 > 停止 / 重新啟動後端程式」命令，或按工具列紅色 STOP 圖示的【停止 / 重新啟動後端程式】來停止 MicroPython 執行。

請注意！最後 1 個 utime.sleep(1) 方法不能刪除，如果刪除，while 迴圈在熄滅後馬上點亮（因為沒有延遲熄滅的時間），其效果如同長時間點亮內建 LED（MicroPython 程式：ch8-2-3b.py）。

使用 on() 和 off() 方法閃爍 LED | ch8-2-3c.py

MicroPython 程式除了使用 value() 方法外，也可以呼叫 on() 方法開啟；off() 方法關閉來建立閃爍 LED，如下所示：

```
import utime
from machine import Pin

led = Pin(2, Pin.OUT)
while True:
    led.off()
    utime.sleep(1)
    led.on()
    utime.sleep(1)
```

≫ 8-2-4 讀取腳位狀態值來閃爍 LED

MicroPython 的 value() 方法除了可以指定數位輸出腳位外，如果方法沒有參數，就是讀取數位腳位的狀態值。

讀取 LED 腳位的狀態值 | ch8-2-4.py

在 MicroPython 程式呼叫 value() 方法讀取數位腳位的狀態值，如下所示：

```
from machine import Pin

led = Pin(2, Pin.OUT)
led.value(0)
v = led.value()
```

```
print("狀態值", v)
led.value(1)
v = led.value()
print("狀態值", v)
```

上述程式碼首先是指定成 0，可以看到讀取值是 0；接著指定成 1，可以看到讀取值是 1，如右所示：

```
狀態值 0
狀態值 1
```

讀取腳位狀態值來閃爍 LED | ch8-2-4a.py

因為 value() 方法可以讀取目前腳位的狀態值，我們只需活用 not 邏輯運算子，使用 1 個 utime.sleep() 方法即可建立閃爍 LED，如下所示：

```
import utime
from machine import Pin

led = Pin(2, Pin.OUT)
led.value(1)
while True:
    v = not led.value()
    print("狀態值", v)
    led.value(v)
    utime.sleep(1)
```

上述程式碼首先熄滅 LED，然後在 while 迴圈使用 not 運算子來切換目前的狀態，如下所示：

```
v = not led.value()
```

上述程式碼如果 led.value() 方法值是 1，就成為 0；反之，0 就成為 1，可以顯示 True 和 False 的狀態值，看到了嗎！ value() 方法的參數值除了 0 和 1 外，也可以使用 False 和 True，前幾個狀態值如右所示：

```
狀態值 False
狀態值 True
狀態值 False
狀態值 True
```

8-3 數位輸入：按鍵開關

數位輸入（Digital Input、DI）是指從連接的感測器或電子元件偵測到外界電壓訊號的改變後，可以轉變成對應的數位訊號輸入，例如：按鍵開關，按下是 1；放開是 0 等。

≫ 8-3-1　認識上拉電阻

數位輸入就是在讀取 GPIO 的數位值，例如：按鍵開關如同電燈開關，可以讀取數位輸入的狀態值 1 或 0。為了避免 GPIO 產生浮動狀態（Floating State）即不知目前是 1 或 0，我們可以使用「上拉電阻」（Pull-Up Resistors），讓 GPIO 擁有初始值 1，如下圖所示：

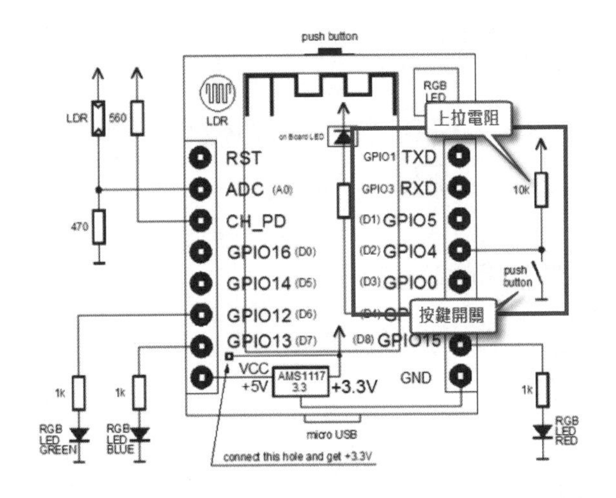

上述 Witty Cloud 機智雲內建的按鍵開關是連至 GPIO4，10k 電阻就是上拉電阻，其數位輸入值如下所示：

- 按下（Pressed）：GPIO4 接地 GND，所以讀取 GND 值 0。
- 放開（Released）：GPIO4 沒有接地 GND，所以讀取 VCC 值 1。

≫ 8-3-2　取得按鍵開關的數位輸入值

按鍵開關的數位輸入值只有 0（LOW）和 1（HIGH）兩種，我們可以呼叫 value() 方法來讀取值，Pin 物件的第 2 個參數是 Pin.IN 常數的數位輸入，如下所示：

```
button = Pin(4, Pin.IN)
```

上述方法的第 1 個參數 4，就是連接按鍵開關的 GPIO4。

讀取按鍵開關的數位輸入值 | ch8-3-2.py

MicroPython 程式一樣是呼叫 value() 方法來讀取目前的數位輸入值，如下所示：

```
from machine import Pin

button = Pin(4, Pin.IN)
print(button.value())
```

上述程式碼的執行結果，如果沒有按下按鍵開關，顯示的值是 1，當按住按鍵開關，再執行 1 次，可以看到顯示的值是 0。

持續讀取按鍵開關的數位輸入值 | ch8-3-2a.py

在 MicroPython 程式只需加上 while 無窮迴圈，就可以持續讀取和顯示按鍵開關的數位輸入值，如下所示：

```
import utime
from machine import Pin

button = Pin(4, Pin.IN)
while True:
    print(button.value())
    utime.sleep(0.5)
```

≫ 8-3-3　使用按鍵開關控制 LED

現在，我們已經學會 LED 和按鍵開關的使用，如果將 LED 視為燈泡，按鍵開關視為家用的電源開關，我們就可以使用按鍵開關來控制 LED 的開燈或關燈。

使用按鍵開關切換內建 LED 燈 | ch8-3-3.py

在 MicroPython 程式建立 2 個 Pin 物件，一是數位輸出 Pin.OUT；一是數位輸入 Pin.IN，如下所示：

```
from machine import Pin

led = Pin(2, Pin.OUT)
button = Pin(4, Pin.IN)
led.value(1)
while True:
    value = button.value()
    if value:
        print(value)
        led.value(1)      # 熄
    else:
        print(value)
        led.value(0)      # 亮
```

上述程式碼首先熄滅內建 LED 後，while 無窮迴圈使用 if/else 條件判決是否按下按鍵開關，因為按下是 0，所以按鍵開關值 1 是熄滅；0 是點亮。其執行結果當按下按鍵開關時，可以看到點亮 LED；放開就熄滅 LED。

使用按鍵開關摸擬切換按鈕 | ch8-3-3a.py

因為 Witty Cloud 機智雲開發板的按鍵開關有內建上拉電阻，所以 Pin 物件不需要第 3 個參數，如下所示：

```
button = Pin(4, Pin.IN)
```

如果讀者自行使用 ESP8266 開發板連接按鍵開關，而且沒有使用上拉電阻，因為 ESP8266 的 GPIO 內建上拉電阻，在 Pin 物件可以使用第 3 個參數 Pin.PULL_UP 啟用 GPIO 內建的上拉電阻，如下所示：

```
button = Pin(4, Pin.IN, Pin.PULL_UP)
```

MicroPython 程式可以將按鍵開關建立成切換按鈕，按一下開；再按一下關，如下所示：

```
from machine import Pin

led = Pin(2, Pin.OUT)
button = Pin(4, Pin.IN, Pin.PULL_UP)
led.value(1)

while True:
    if not button.value():
        led.value(not led.value()) # 執行動作
        while not button.value():  # 過濾多餘的按下按鍵
            pass
```

上述外層的 while 無窮迴圈使用 if 條件判斷是否按下按鍵開關，然後使用 not 邏輯運算子來切換 LED，最後的內層 while 迴圈的目的是過濾掉過多的按下操作；直到放開按鍵開關為止。

≫ 8-3-4　按鍵開關的彈跳問題

在實務上，當我們用手按下按鍵開關時，數位訊號有可能發生彈跳（Bounce）問題，此問題會影響按鍵開關的靈敏度。

認識按鍵開關的彈跳問題

按鍵開關的彈跳問題就是在數位輸入訊號的前後邊緣，發生快速切換 0 和 1 的情況，如右圖所示：

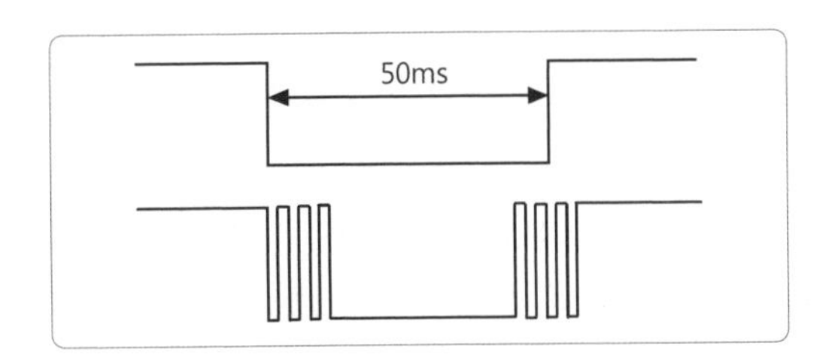

上述圖例上方的數位方波型是按下和放開的理想狀態，在下方的方波型發生彈跳，在上下邊緣快速的切換 0 和 1，這會造成讀取按鍵開關的數位輸入訊號時，可能讀取到錯誤的輸入訊號。

使用延遲時間來解決彈跳問題 | ch8-3-4.py

按鍵開關的彈跳問題可以透過延遲時間來避開快速切換 0 和 1 的這個短暫區間，如下所示：

```
from machine import Pin
import utime

led = Pin(2, Pin.OUT)
button = Pin(4, Pin.IN, Pin.PULL_UP)
led.value(1)
state = 1
while True:
    if button.value() == 0:
        utime.sleep_ms(10)  # 延遲時間是避免彈跳
        if button.value() == 0:
            state = not state
            led.value(state)
            while not button.value():
                pass
```

上述程式碼修改 ch8-3-3a.py，改用 2 個 if 條件讀取數位輸入值，並且在之間延遲 10 毫秒來避開彈跳區間，if 條件 button.value() == 0 就是 not button.value()，並且程式碼改用變數 state 來切換 0 和 1。

8-4 類比輸出：三色 LED

數位輸出只能點亮和熄滅 LED，如果需要調整 LED 的亮度，我們需要使用類比輸出（Analog Output、AO），類比輸出的訊號不是 2 個狀態；而是多種狀態，例如：天氣的氣溫值是多種狀態的範圍。

≫ 8-4-1 認識 PWM 類比輸出

ESP8266 並沒有類比輸出的 GPIO，而是使用「PWM」（Pulse Width Modulation）技術將數位模擬成類比，中文稱為脈衝寬度調變。PWM 的原理是因為人類眼睛只能看到特定速度下的東西，類似動畫的視覺殘留，LED 只需不停快速切換點亮和熄滅，就可以透過調整點亮時的持續時間來讓人類覺得亮度有所改變，開啟時間較久會覺得比較亮；熄滅時間較長，就會覺得比較暗。

PWM 的作法是在數位腳位非常快速的切換數位方波型的開和關（每秒 1000 次，即 1000Hz），然後控制開和關之間位在 3.3V（開）的持續時間，此時間稱為「脈沖寬度」（Pulse Width），位在 3.3V（開）持續時間佔所有時間的比率，稱為「勤務循環」（Duty Cycle），比率高是開時間的比較長，LED 燈就會看起來比較亮；反之，比率低，看起來就會比較暗，如下圖所示：

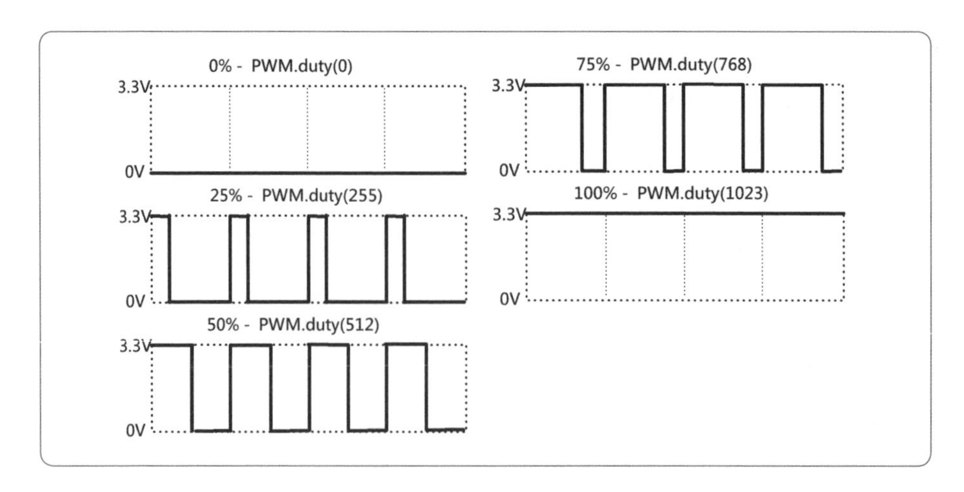

上述類比輸出值的範圍是 0～1023 之間，可以輸出值 0 至 GPIO12，勤務循環位在 3.3V 的持續時間是 0%；100% 是 0V，所以不亮，如果輸出值是 255（即最大值 1023 的 25%），25% 的時間位在 3.3V；75% 是 0V，所以有些暗，值 768 是 75% 位在 3.3V，所以比較亮，值 1023 是 100%，即全亮。

≫ 8-4-2　三色 LED 的類比輸出

三色 LED 是紅、綠和藍三原色的 LED 所組成，除了可以發出這三種顏色的光外，因為三色 LED 內含三顆 LED，可以分別控制每一種顏色的亮度來進行混色，讓我們建立出全彩顏色，詳見第 8-7 節的說明。

Witty Cloud 機智雲的內建 LED 和三色 LED 都可以使用 PWM 類比輸出來產生不同的亮度。

建立 PWM 物件 | ch8-4-2.py

MicroPython 需要匯入 machine 模組的 PWM 物件，然後使用 Pin 物件來建立 PWM 物件，如下所示：

```
from machine import Pin, PWM
import utime

pin = Pin(15, Pin.OUT)
led_pwm = PWM(pin, freq=1000, duty=512)
```

上述 PWM() 的第 1 個參數是 Pin 物件，freq 是切換頻率，duty 是勤務循環（Duty Cycle），512 就是一半亮度。在下方延遲 1 秒鐘，如下所示：

```
utime.sleep(1)
led_pwm.deinit()
```

上述程式碼使用一半亮度亮起紅色 LED 一秒鐘後，呼叫 deinit() 方法取消 GPIO 的 PWM 模式。

PWM.duty() 方法控制 LED 的亮度 | ch8-4-2a.py

在建立 PWM 物件後，我們可以呼叫 duty() 方法來更改勤務循環，參數值的範圍是 0～1023，如下所示：

```
from machine import Pin, PWM
import utime

pin = Pin(12, Pin.OUT)
led_pwm = PWM(pin, freq=1000, duty=0)
utime.sleep(1)
led_pwm.duty(255)  # 25%
utime.sleep(1)
led_pwm.duty(512)  # 50%
utime.sleep(1)
led_pwm.duty(768)  # 75%
utime.sleep(1)
led_pwm.duty(1023) # 100%
utime.sleep(1)
led_pwm.duty(0)    # 0%
```

上述程式碼建立 GPIO12 腳位的 PWM 模式，依序更改勤務循環 25%、50%、75% 和 100%，可以看到綠色 LED 愈來愈亮。

紅色 PWM 呼吸燈 | ch8-4-2b.py

因為勤務循環值的範圍是 0～1023，我們可以使用 for 迴圈從不亮逐漸變成最亮，然後反過來從最亮逐漸變成不亮，建立出如同呼叫效果的 PWM 呼吸燈，如下所示：

```
from machine import Pin, PWM
import utime

led_pwm = PWM(Pin(15))

```

```
while True:
    for i in range(0, 1024, 10):   #  從0至1023
        led_pwm.duty(i)
        utime.sleep(0.01)
    for i in range(1023, -1, -10): #  從1023至0
        led_pwm.duty(i)
        utime.sleep(0.01)
```

上述 2 個 for 迴圈第 1 個是從 0 至 1023，間隔 10；第 2 個反過來從 1023 至 0。

≫ 8-4-3　三色 LED 的數位輸出

三色 LED 就是紅、綠和藍三原色的三個 LED，所以一樣可以使用數位輸出來點亮和熄滅 LED，在這一節我們準備使用按鍵開關來切換三色 LED，按一下是紅色 LED；再按一下是綠色 LED；再按一下是藍色 LED。

使用按鍵開關切換三色 LED 燈 | ch8-4-3.py

在 MicroPython 程式是使用 leds 串列來儲存三個 LED 的 Pin 物件，如下所示：

```
from machine import Pin

leds = [Pin(15,Pin.OUT),Pin(12,Pin.OUT),Pin(13,Pin.OUT)]
button = Pin(4, Pin.IN, Pin.PULL_UP)

def leds_off():
    for led in leds:
        led.value(0)
```

上述 leds_off() 函式使用 for 迴圈來熄滅三色 LED，然後在下方呼叫 leds_off() 函式熄滅三色 LED，變數 idx 是記錄串列的索引來切換點亮三色 LED 的三個 LED，初值是 0 的紅色 LED，如下所示：

```
leds_off()
idx = 0
while True:
    if not button():
        leds_off()
        leds[idx].value(1)   # 點亮Pin物件的LED
        idx = idx + 1
        if idx > 2:
            idx = 0
        while not button():  # 過濾多餘的按下按鍵
            pass
```

上述 if 條件判斷是否按下按鍵開關，leds[idx] 取出 Pin 物件來點亮 LED，然後將 idx 加 1，如果大於 2，索引值指定成 0，所以，idx 值是在 0～2 之間循環。

8-5 類比輸入：光敏電阻

類比輸入（Analog Input、AI）不同於數位輸入值只有 0 和 1，而是一個整數值範圍（ESP8266 是 0～1024）。

≫ 8-5-1 讀取光敏電阻的類比輸入值

ESP8266 只有一個類比輸入腳位（標示 A0 或 ADC），在 Witty Cloud 機智雲開發板已經連接光敏電阻，我們可以建立 MicroPython 程式來讀取光敏電阻的類比輸入值。

認識光敏電阻和 ADC

光敏電阻（Photoresistor）是一種特殊電阻，電阻值會因光線強弱而改變，光線強度增加，電阻值減小；光線強度減小，電阻值增大，所以，我們可以活用光敏電阻來偵測環境光線的明暗度，如下圖所示：

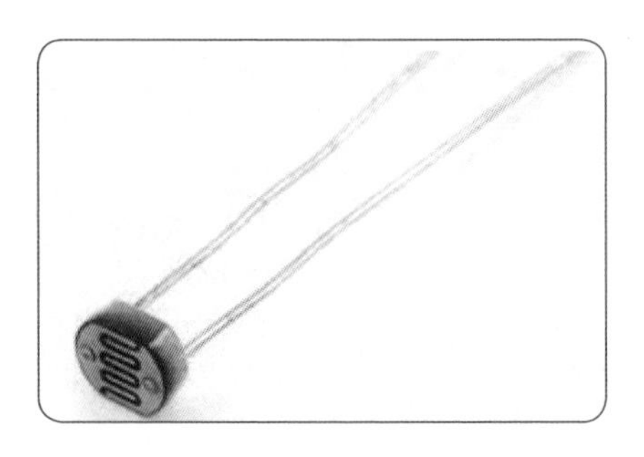

類比輸入值就是讀取光敏電阻導致的電壓變化，需要將電壓值轉換成可讀取的數位值，這就是 ADC（Analog-to-Digital Conversion）類比至數位轉換。ESP8266 的 ADC 是 10 位元，可以讀取 2^{10} 亦即 1024 個值，所以 ADC 可以將電壓值 0～3.2v 轉換成 0～1024，也就是說讀取值 1024 就是 3.2v；341 是 1.1v 等。

讀取類比輸入值 | ch8-5-1.py

MicroPython 程式是使用 ADC 物件來讀取類比輸入值，首先從 machine 模組匯入 ADC 物件，如下所示：

```
from machine import ADC

adc = ADC(0)
print(adc.read())
```

上述程式碼建立 ADC 物件，參數值 0 就是 A0，然後呼叫 read() 方法讀取類比輸入值，執行結果可以看到讀取的值；請用手指蓋住光敏電阻，再執行一次，可以看到讀取值變小，如果使用手機的手電筒照亮光敏電阻，再執行一次，可以看到讀取值變大。

持續的讀取類比輸入值 | ch8-5-1a.py

在 MicroPython 程式只需加上 while 無窮迴圈，就可以持續的讀取類比輸入值，如下所示：

```
from machine import ADC
import utime

adc = ADC(0)

while True:
    adc_value = adc.read()
    print(adc_value)
    utime.sleep(0.5)
```

上述程式碼的 while 無窮迴圈可以間隔半秒鐘讀取 1 次光敏電阻值。

≫ 8-5-2　使用光敏電阻控制 LED

因為光敏電阻可以用來偵測環境的光線強度，換言之，我們就可以使用光敏電阻來建立自動點亮的小夜燈，和調整 PWM 亮度。

使用光敏電阻建立自動點亮夜燈 | ch8-5-2.py

請先執行 ch8-5-1a.py 測試出光線強度的 ADC 值後，就可以取得什麼值是光線太暗，例如：本節範例是使用 100，小於 100 就點亮 LED；否則熄滅 LED，如下所示：

```
from machine import ADC, Pin
import utime

adc = ADC(0)
led = Pin(15, Pin.OUT)
```

```
led.value(0)
while True:
    value = adc.read()
    print(value)
    if value < 100:         # 光線不足
        led.value(1)        # 點亮LED
        utime.sleep(0.5)
    else:                   # 否則
        led.value(0)        # 熄滅LED
        utime.sleep(0.5)
```

上述程式碼的 while 無窮迴圈持續的讀取光敏電阻值，if/else 條件判斷是否小於 100，小於就點亮；反之熄滅。其執行結果當手指蓋住光敏電阻時，就點亮紅色 LED；拿開就熄滅。

使用光敏電阻值調整 PWM 亮度 | ch8-5-2a.py

同理，我們可以使用光敏電阻值來調整 PWM 亮度，光線愈暗；亮度愈亮，如下所示：

```
from machine import ADC, Pin, PWM
import utime

adc = ADC(0)
pwm = PWM(Pin(15))
while True:
    value = adc.read()
    print(value)
    pwm.duty(1024-value)
    utime.sleep(0.5)
```

上述程式碼是使用 1024-value 減法運算式計算出 PWM 亮度，value 是光敏電阻值。

8-6 整合應用：建立三色 LED 的跑馬燈效果

三色 LED 共有紅綠藍 3 個 LED，我們可以使用這 3 個 LED 來建立跑馬燈效果。

≫ 8-6-1 單向跑馬燈

單向跑馬燈就是循環顯示三色 LED 的 3 個 LED，我們準備分別不使用串列和使用串列來建立單向跑馬燈。

沒有使用串列的單向跑馬燈 | ch8-6-1.py

MicroPython 程式只需在 while 無窮迴圈依序切換三色 LED 來建立單向跑馬燈，在第 1～2 行匯入 Pin 類別和 utime 模組，然後在第 4～16 行的 for/in 迴圈執行 10 次迴圈，如下所示：

```
01: from machine import Pin
02: import utime
03:
04: for i in range(10):
05:     led = Pin(15, Pin.OUT)
06:     led.value(1)
07:     utime.sleep(0.3)
08:     led.value(0)
09:     led = Pin(13, Pin.OUT)
10:     led.value(1)
11:     utime.sleep(0.3)
12:     led.value(0)
13:     led = Pin(12, Pin.OUT)
14:     led.value(1)
15:     utime.sleep(0.3)
16:     led.value(0)
```

上述第 5～16 行依序點亮和熄滅紅色、藍色和綠色 LED。

使用腳位編號串列建立單向跑馬燈 | ch8-6-1a.py

MicroPython 程式可以建立 GPIO 編號串列，然後使用串列來建立單向跑馬燈，在第 1～2 行匯入 Pin 類別和 utime 模組，然後在第 4 行建立 GPIO 編號串列 leds，如下所示：

```
01: from machine import Pin
02: import utime
03:
04: leds = [15, 13, 12]
05:
06: for i in range(10):
07:     for num in leds:
08:         led = Pin(num, Pin.OUT)
09:         led.value(1)
10:         utime.sleep(0.3)
11:         led.value(0)
```

上述第 6～11 行的外層 for/in 迴圈執行 10 次迴圈，然後在第 7～11 行的內層 for/in 迴圈依序切換三色 LED。

使用 Pin 物件串列建立單向跑馬燈 | ch8-6-1b.py

MicroPython 程式也可以建立 Pin 物件串列，然後使用物件串列來建立單向跑馬燈，在第 1～2 行匯入 Pin 類別和 utime 模組，然後在第 4～7 行建立 Pin 物件串列 leds，如下所示：

```
01: from machine import Pin
02: import utime
03:
04: pin15 = Pin(15, Pin.OUT)
05: pin13 = Pin(13, Pin.OUT)
```

```
06: pin12 = Pin(12, Pin.OUT)
07: leds = [pin15, pin13, pin12]
08:
09: for i in range(10):
10:     for led in leds:
11:         led.value(1)
12:         utime.sleep(0.3)
13:         led.value(0)
```

上述第 9～13 行的外層 for/in 迴圈執行 10 次迴圈，然後在第 10～13 行的內層 for/in 迴圈依序切換三色 LED。

≫ 8-6-2　雙向跑馬燈

雙向跑馬燈是先紅、藍和綠，然後反向綠、藍和紅，並且持續循環來建立跑馬燈效果，同樣的，我們可以使用腳位編號串列或 Pin 物件串列來建立雙向跑馬燈。

使用腳位編號串列建立雙向跑馬燈 | ch8-6-2.py

MicroPython 程式可以建立腳位編號串列，然後使用串列來建立雙向跑馬燈，在第 1～2 行匯入 Pin 類別和 utime 模組，然後在第 4 行建立 GPIO 編號串列 leds，如下所示：

```
01: from machine import Pin
02: import utime
03:
04: leds = [15, 13, 12]
05:
06: for i in range(10):
07:     for num in leds:
08:         led = Pin(num, Pin.OUT)
```

```
09:             led.value(1)
10:             utime.sleep(0.3)
11:             led.value(0)
12:         for num in reversed(leds):
13:             led = Pin(num, Pin.OUT)
14:             led.value(1)
15:             utime.sleep(0.3)
16:             led.value(0)
```

上述第 6～16 行使用二層 for/in 迴圈建立雙向跑馬燈，在內層共有 2 個 for/in 迴圈，第 12～16 行的第 2 個 for/in 迴圈呼叫 reversed() 函式反轉串列來建立反向的單向跑馬燈。

使用 Pin 物件串列建立雙向跑馬燈 | ch8-6-2a.py

MicroPython 程式也可以建立 Pin 物件串列，然後使用物件串列來建立雙向跑馬燈，在第 1～2 行匯入 Pin 類別和 utime 模組，然後在第 4～7 行建立 Pin 物件串列 leds，如下所示：

```
01: from machine import Pin
02: import utime
03:
04: pin15 = Pin(15, Pin.OUT)
05: pin13 = Pin(13, Pin.OUT)
06: pin12 = Pin(12, Pin.OUT)
07: leds = [pin15, pin13, pin12]
08:
09: for i in range(10):
10:     for led in leds:
11:         led.value(1)
12:         utime.sleep(0.3)
13:         led.value(0)
14:     for led in reversed(leds):
```

```
15:         led.value(1)
16:         utime.sleep(0.3)
17:         led.value(0)
```

上述第 9～17 行使用二層 for/in 迴圈建立雙向跑馬燈，在內層共有 2 個 for/in 迴圈，第 14～17 行的第 2 個 for/in 迴圈呼叫 reversed() 函式反轉串列來建立反向的單向跑馬燈。

8-7 整合應用：實作 RGB 全彩 LED

三色 LED 提供的是 RGB 三原色，在實務上，我們可以使用三色 LED 來混合產生各種不同色彩，建立 RGB 全彩 LED。

≫ 8-7-1 認識 RGB 三原色

我們可以將紅（Red）、綠（Green）和藍（Blue）三原色的色光以不同比例相混合，就可以合成產生各種不同色彩的光線，三色 LED 事實上就是一種全彩 LED，如下圖所示：

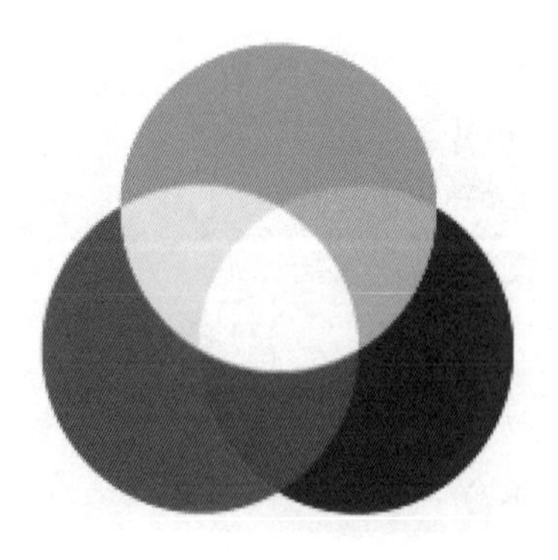

上述 RGB 三原色各有 256 階變化，可以組合出 1677 萬（256 x 256 x 256= 16777216）種色彩。我們可以在 Web 網站查詢不同色彩的 RGB 色彩值，如下所示：

```
https://www.rapidtables.com/web/color/RGB_Color.html
```

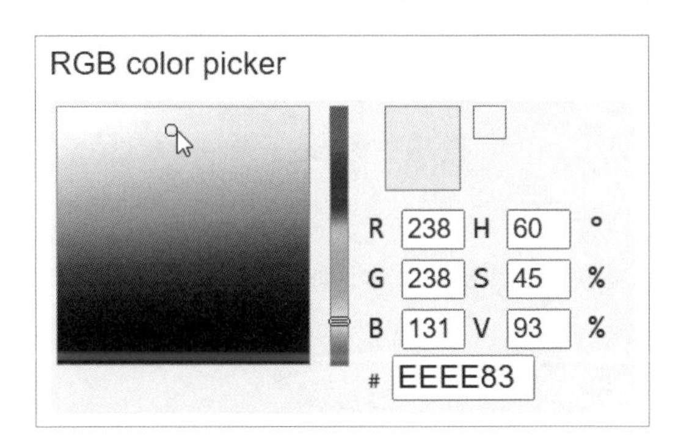

只需從上述調色盤選取色彩，即可在右方顯示 RGB 值。或直接在常用色彩盤挑選色彩，如下圖所示：

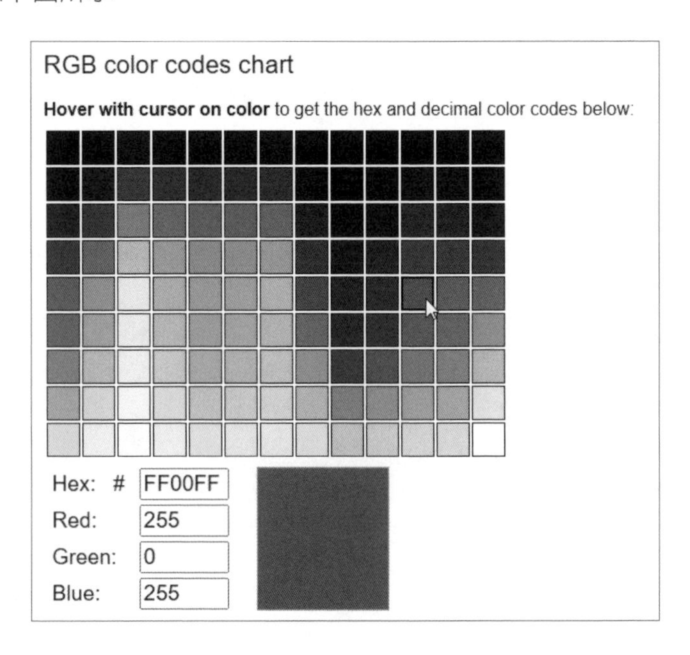

≫ 8-7-2　實作 RGB 全彩 LED

在了解 RGB 三原色後，我們就可以建立 MicroPython 程式來顯示 RGB 全彩。

實作 RGB 全彩 LED　｜ ch8-7-2.py

MicroPython 程式首先需要 2 個函式來轉換顯示 RGB 值的色彩，在第 1～2 行匯入 Pin、PWM 類別和 utime 模組，然後在第 4～6 行建立三色 LED 的 PWM 物件，如下所示：

```
01: from machine import Pin, PWM
02: import utime
03:
04: ledR = PWM(Pin(15))
05: ledG = PWM(Pin(12))
06: ledB = PWM(Pin(13))
07:
08: def map_range(x, in_min, in_max, out_min, out_max):
09:     return int((x-in_min)*(out_max-out_min)/(in_max-in_min)+out_min)
```

上述第 8～9 行的 map_range() 函式類似 Arduino 的 map() 函式，可以將指定範圍對應至另一個範圍，因為 RGB 是 0～255；PWM 是 0～1023。在下方 rgb() 函式的 3 個 duty() 方法，就是呼叫 map_range() 函式來取得 PWM 值，如下所示：

```
11: def rgb(r, g, b):
12:     ledR.duty(map_range(r, 0, 255, 0, 1023))
13:     ledG.duty(map_range(g, 0, 255, 0, 1023))
14:     ledB.duty(map_range(b, 0, 255, 0, 1023))
```

上述第 11～14 行的 rgb() 函式有 3 個參數，分別是 RGB 的值，範圍是 0～255，在轉換成 0～1023 後，在第 12～14 行呼叫 duty() 方法來更改勤務循環。在下方第 16～19 行的 led_off() 函式可以熄滅三色 LED，如下所示：

```
16: def led_off():
17:     ledR.duty(0)
18:     ledG.duty(0)
19:     ledB.duty(0)
20:
21: led_off()
22: rgb(255, 0, 0)
23: utime.sleep(1)
24: led_off()
25: rgb(0, 255, 0)
26: utime.sleep(1)
27: led_off()
28: rgb(0, 0, 255)
29: utime.sleep(1)
30: led_off()
31: rgb(255, 255, 255)
32: utime.sleep(1)
33: led_off()
34: rgb(255, 255, 0)
35: utime.sleep(1)
36: led_off()
```

上述第 21～36 行依序呼叫 led_off() 函式熄滅三色 LED，然後呼叫 rgb() 函式指定 RGB 三原色來顯示不同色彩，可以依序顯示紅、綠、藍、白和黃色。

在實務上，我們可以從第 8-7-1 節的 Web 網站找出指定色彩的 RGB 值後，呼叫 rgb() 函式在三色 LED 顯示選擇的色彩。

學習評量

1. 請簡單說明 ESP8266 開發板 GPIO 標示方式有哪兩種？
2. 請舉例說明什麼是數位輸入 / 輸出？類比輸入 / 類比輸出？
3. 請問 GPIO 數位輸出可以使用哪幾種方法，和哪幾種參數值來指定 HIGH 和 LOW ？
4. 請問什麼是上拉電阻？按鍵開關為什麼需要上拉電阻？何謂按鍵開關的彈跳問題？
5. 請試著調整 ch8-2-3.py 的 sleep() 方法來延遲不同時間，以便建立不同的 LED 閃爍效果。
6. 請擴充 ch8-4-2b.py 的紅色 PWM 呼吸燈，新增藍色 LED，可以讓紅和藍色 LED 交互顯示呼吸燈的效果。
7. 請使用 MicroPython 程式建立光線明暗度指定燈，將光敏電阻值分成 3 等分 0~333、334~666 和 667~1024，在第 1 個範圍亮紅色 LED；第 2 個範圍亮藍色 LED；第 3 個範圍亮綠色 LED。
8. 在 Witty Cloud 機智雲開發板除了三色 LED，還有一個內建 LED，請將內建 LED 也加入跑馬燈，建立 MicroPyhton 程式可以顯示 4 個 LED 的單向和雙向跑馬燈。

CHAPTER 09

WiFi 上網：urequests 物件+JSON 處理 (Open Data)

9-1 連接 WiFi 基地台

在 ESP8266 已經整合 WiFi 網路晶片，可以使用三種工作模式來連線 WiFi，如下所示：

- STA 模式（Station）：ESP8266 開發板如同一張 WiFi 無線網路卡，可以連線至可用的 WiFi 基地台。
- AP 模式（Access Point）：將 ESP8266 開發板作為熱點的 WiFi 基地台，可以讓其他裝置連線至 ESP8266 開發板，例如：智慧型手機。
- STA+AP 模式：同時啟用 STA 與 AP 模式的混和模式。

上述 AP 模式的說明請參閱第 14-4 節，在本書主要是使用 STA 模式來連線 WiFi 基地台。MicroPython 網路功能是 network 模組，使用 ESP8266 開發板連接 WiFi 基地台需要匯入 network 模組，如下所示：

```
import network
```

啟用 WiFi 和掃瞄 WiFi 基地台 | ch9-1.py

MicroPython 程式需要先啟用 WiFi 的 STA 模式後，才能掃瞄找出可連線的 WiFI 基地台清單，如下所示：

```
import network

sta = network.WLAN(network.STA_IF)
sta.active(True)
print(sta.isconnected())
print(sta.scan())
```

上述程式碼呼叫 network.WLAN() 建立 WLAN 網路介面物件，參數是 network.STA_IF 模式（即 STA 模式），然後呼叫 active() 方法，參數 True 是啟用 WiFi 的 STA 模式，isconnected() 方法可以回傳目前是否已連線，最後呼叫 scan() 方法掃瞄 WiFi 基地台，其執行結果如下所示：

```
False
[(b'ESSID_MyNetwork', b'\\\x92^\x1bz\x9c', 11, -69, 3, 0), (b'A
SUS-home', b',\xfd\xa1`z\xfc', 2, -81, 3, 0), (b'KI LIN', b'\x9
8\rg\xa5\xbdO', 11, -89, 3, 0)]
```

上述執行結果的 False 表示沒有連線，然後顯示可連線基地台的串列，串列元素是元組，第 1 個是名稱，第 2 個是二進位值的 MAC 地址。

顯示可連線 WiFi 基地台的 MAC 地址 | ch9-1a.py

在 MicroPython 程式 ch9-1.py 顯示的 MAC 地址是二進位值，我們可以使用 ubinascii 模組將二進位值轉換成十六進位值的字元，如下所示：

```
import network
import ubinascii

sta = network.WLAN(network.STA_IF)
```

```
sta.active(True)
print(sta.isconnected())
aps = sta.scan()
for ap in aps:
    ssid = ap[0].decode()
    mac = ubinascii.hexlify(ap[1], ":").decode()
    print(ssid, mac)
```

上述程式碼掃瞄 WiFi 基地台後，使用 for/in 迴圈走訪串列元素，首先呼叫 decode() 方法解碼名稱後，呼叫 ubinascii.hexlify() 方法將二進位值轉換成十六進位值，其執行結果可以顯示 MAC 地址的十六進位值，如下所示：

```
False
ASUS-home 2c:fd:a1:60:7a:fc
ESSID_MyNetwork 5c:92:5e:1b:7a:9c
KI LIN 98:0d:67:a5:bd:4f
```

在成功連線 WiFi 基地台後馬上中斷連線 | ch9-1b.py

在了解如何掃瞄基地台後，我們就可以連線 WiFi 基地台後，馬上中斷 WiFi 連線，如下所示：

```
import network

sta = network.WLAN(network.STA_IF)
sta.active(True)
if not sta.isconnected():
    print("Connecting to network...")
    sta.connect('<WiFi名稱>', '<WiFi密碼>')
    while not sta.isconnected():
        pass
```

上述程式碼啟用 STA 模式後，if 條件呼叫 isconnected() 方法判斷是否已經連線，如果沒有連線，就呼叫 connect() 方法進行連線，第 1 個參數是 WiFi 基地台的 SSID 名稱；第 2 個參數是連線密碼（請修改成讀者 WiFi 基地台的 SSID 名稱和密碼），最後的 while 迴圈可以持續檢查是否已經連線，直到成功連線為止。

當成功連線後，我們可以呼叫 ifconfig() 方法來顯示連線資料，disconnect() 方法可以中斷連線，如下所示：

```
print("network config:", sta.ifconfig())
sta.disconnect()
print(sta.isconnected())
```

上述程式碼的執行結果可以看到連線設定，如下所示：

```
Connecting to network...
network config: ('192.168.1.103', '255.255.255.0', '192.168.1.1', '192.168.1.1')
False
```

上述元組依序是網址 192.168.1.103，網路遮罩是 255.255.255.0，閘道器是 192.168.1.1，DNS 是 192.168.1.1，最後的 False 因為已經中斷連線。

建立函式來連線 WiFi 基地台 | ch9-1c.py

為了方便 MicroPython 程式連線 WiFi，我們可以建立 connect_wifi() 函式來連線 WiFi，函式只需傳入 SSID 名稱和連線密碼，就可以進行 WiFi 連線，如下所示：

```
import network

def connect_wifi(ssid, passwd):
    sta = network.WLAN(network.STA_IF)
    sta.active(True)
    if not sta.isconnected():
        print("Connecting to network...")
        sta.connect(ssid, passwd)
        while not sta.isconnected():
            pass
    print("network config:", sta.ifconfig())
```

上述 connect_wifi() 函式是將 ch9-2b.py 程式碼改成函式。在下方指定 SSID 名稱和密碼後（請修改成讀者 WiFi 基地台的 SSID 名稱和密碼），即可呼叫函式來進行 WiFi 連線，如下所示：

```
SSID = "<WiFi名稱>"           # WiFi名稱
PASSWORD = "<WiFi密碼>"       # WiFi密碼
connect_wifi(SSID, PASSWORD)
```

上述程式碼的執行結果可以看到成功連線和顯示連線設定資料，如下所示：

```
Connecting to network...
network config: ('192.168.1.103', '255.255.255.0', '192.168.1.1', '192.168.1.1')
```

9-2 認識 HTTP 請求

HTTP 請求是使用 HTTP 通訊協定送出請求，主要有兩種方法，如下所示：

- GET 方法：在瀏覽器輸入 URL 網址送出的請求就是 GET 方法的 HTTP 請求，這是向 Web 伺服器要求資源的 HTTP 請求。
- POST 方法：在瀏覽器顯示的 HTML 表單輸入欄位資料後，按下按鈕送出欄位資料，就是使用 POST 方法的 HTTP 請求，可以將欄位輸入資料送至 Web 伺服器。

HTTP 通訊協定

瀏覽器是使用「HTTP 通訊協定」（Hypertext Transfer Protocol）送出 HTTP 的 GET 請求（目標是 URL 網址的網站），可以向 Web 伺服器請求所需的 HTML 網頁資源，如下一頁所示：

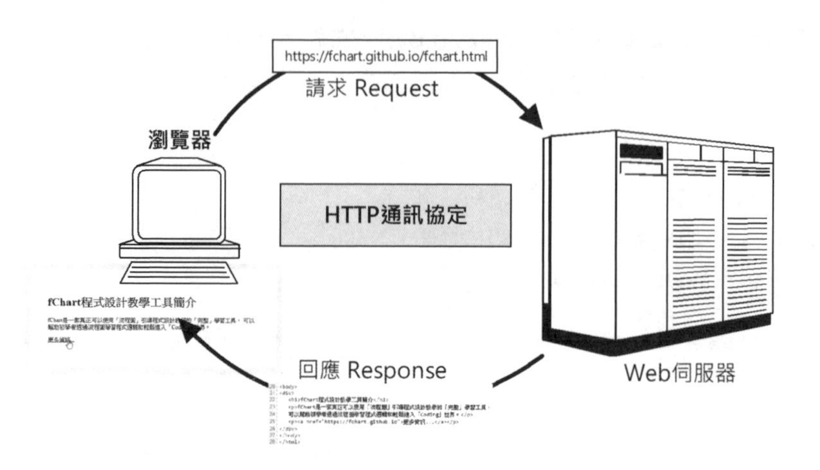

上述過程以瀏覽器來說，如同你（瀏覽器）向父母要零用錢 500 元，使用 HTTP 通訊協定的國語向父母要零用錢，父母是伺服器，也懂 HTTP 通訊協定的國語，所以聽得懂要 500 元，最後 Web 伺服器回傳資源 500 元，也就是父母將 500 元交到你手上。

使用 httpbin.org 網站測試 HTTP 請求

為了方便測試 HTTP 請求和回應，我們可以使用 httpbin.org 服務來進行測試。在 httpbin.org 網站提供 HTTP 請求 / 回應的測試服務，類似 Echo 服務，可以將我們送出的 HTTP 請求，自動使用 JSON 格式回應送出的 HTTP 請求資料，支援 GET 和 POST 方法等多種方法，其 URL 網址如下所示：

```
http://httpbin.org
```

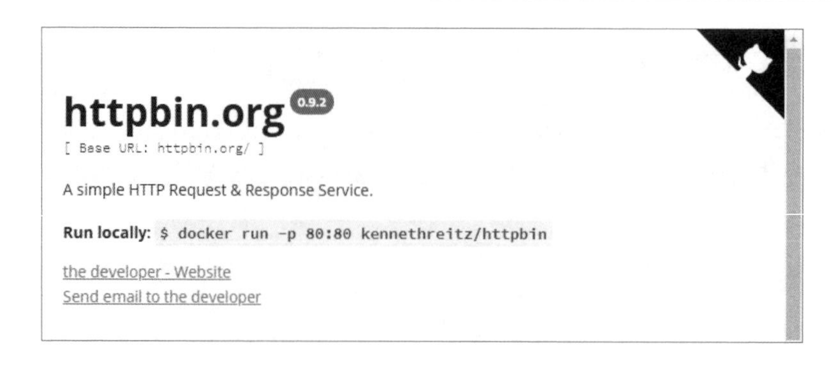

請捲動上述網頁，可以看到分類列出目前支援的服務，請點選【HTTP Methods】展開清單，可以看到各種 HTTP 方法，例如：http://httpbin.org/get 是 GET 請求，http://httpbin.org/post 是 POST 請求，如下圖所示：

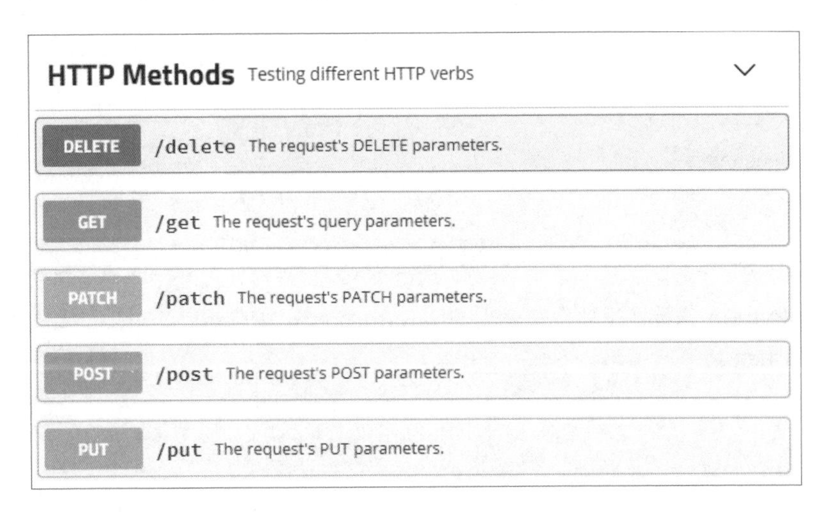

在 Chrome 瀏覽器輸入 http://httpbin.org/user-agent 使用者代理，可以取得送出 HTTP 請求的客戶端資訊，如下圖所示：

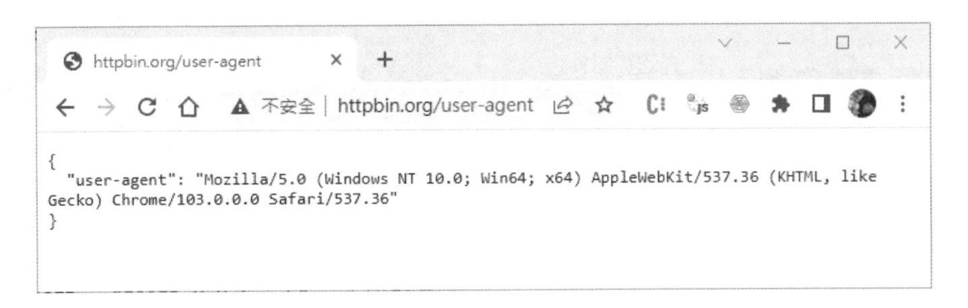

上述圖例顯示客戶端電腦執行的作業系統，瀏覽器引擎和瀏覽器名稱等資訊。

9-3 使用 urequests 送出 HTTP 請求

MicroPython 實作 requests 模組的子集，稱為 urequests 模組，可以讓我們建立 MicroPython 程式來送出 HTTP 請求。首先需要匯入模組（需連線 WiFi），如下所示：

```
import urequests
```

urequests 模組送出 GET 請求 | ch9-3.py

在 MicroPython 送出 GET 請求是呼叫 urequests 模組的 get() 方法，參數是 URL 網址，如下所示：

```
...
import urequests

r = urequests.get("http://httpbin.org/get")
print(r.status_code)
print(r.text)
```

上述程式碼使用 get() 方法送出 HTTP GET 請求，參數是 URL 網址 httpbin.org，回傳的是 Response 物件 r，我們可以使用 r.status_code 屬性取得 HTTP 請求回應的狀態碼，值 200 是成功；404 是資源不存在，500 是內部伺服器錯誤。

在執行結果可以看到狀態碼是 200，表示 HTTP 請求成功，r.text 屬性可以取得回傳的 JSON 資料（詳見第 9-4-1 節），如下所示：


```
200
{
  "args": {},
  "headers": {
    "Host": "httpbin.org",
    "X-Amzn-Trace-Id": "Root=1-605064df-57737c54309673ef770f24af"
  },
  "origin": "36.226.39.16",
  "url": "http://httpbin.org/get"
}
```

urequests 模組送出 GET 請求取得 HTML 資料 | ch9-3a.py

如果是 Web 網站，MicroPython 程式可以使用 urequests 模組送出 GET 請求來取得 HTML 資料，如下所示：

```
…
import urequests

r = urequests.get("https://fchart.github.io/fchart.html")
if r.status_code == 200:
    print(r.encoding)
    print(r.text)
```

上述 if 條件判斷請求是否成功，即 status_code 等於 200，成功，就顯示 encoding 網頁編碼和顯示 HTML 標籤內容，其執行結果可以看到編碼是 utf-8，然後是 HTML 標籤內容，如下所示：

```
utf-8
<!doctype html>
<html>
<head>
   <title>fChart程式設計教學工具簡介</title>
   <meta charset="utf-8" />
   <meta http-equiv="Content-type" content="text/html; charset=utf-8"/>
   <style type="text/css">
   body {
       background-color: #f0f0f2;
   }
   div {
```

在 GET 請求使用 URL 參數 | ch9-3b.py

在 get() 方法參數的 URL 網址最後可以加上 URL 參數，這是位在「?」問號之後的成對 URL 參數值，如下所示：

```
http://httpbin.org/get?a=15
```

上述超連結有 1 個名為 a 的 URL 參數，其值為 15。如果參數不只一個，請使用「&」符號分隔，如下所示：

```
http://httpbin.org/get?a=15&b=22
```

上述 URL 網址傳遞參數 a 和 b，其值分別是「=」等號後的 15 和 22。MicroPython 程式和 ch9-3a.py 相同，只有 URL 網址字串不同，如下所示：

```
...
import urequests

r = urequests.get("http://httpbin.org/get?a=15&b=22")
if r.status_code == 200:
    print(r.encoding)
    print(r.text)
```

上述程式碼的 URL 網址因為加上 a 和 b 參數，所以回傳的 JSON 資料可以看到 "args" 鍵，其值就是 URL 參數的名稱和值，如下所示：

```
utf-8
{
  "args": {
    "a": "15",
    "b": "22"
  },
  "headers": {
    "Host": "httpbin.org",
    "X-Amzn-Trace-Id": "Root=1-605065d5-03b9f87b0c98fc6a3afbcbc6"
  },
  "origin": "36.226.39.16",
  "url": "http://httpbin.org/get?a=15&b=22"
}
```

urequests 模組送出 POST 請求 | ch9-3c.py

POST 請求就是表單送回，當使用者在 HTML 表單欄位輸入值且按鈕送出後，在瀏覽器是建立 POST 請求送至 Web 伺服器，其傳遞資料包含使用者輸入的表單欄位值。

MicroPython 是使用 urequests 模組的 post() 方法來送出 HTTP POST 請求，如右頁所示：

```
...
import urequests

data = '{ "a":15, "b":22 }'  # JSON資料的字串
r = urequests.post("http://httpbin.org/post", data=data)
if r.status_code == 200:
    print(r.encoding)
    print(r.text)
```

上述程式碼的 data 變數是 JSON 資料的字串，這是表單送回的資料，在 post() 方法的第 1 個參數是 URL 網址，data 參數指定送回資料。其執行結果的 JSON 資料可以看到 "json" 鍵的送出資料，如下所示：

```
utf-8
{
  "args": {},
  "data": "{ \"a\":15, \"b\":22  }",
  "files": {},
  "form": {},
  "headers": {
    "Content-Length": "19",
    "Host": "httpbin.org",
    "X-Amzn-Trace-Id": "Root=1-6050663d-7e426fb47e22bcf454fc3efb"
  },
  "json": {
    "a": 15,
    "b": 22
  },
  "origin": "36.226.39.16",
  "url": "http://httpbin.org/post"
}
```

自訂 HTTP 請求的標頭資訊 | ch9-3d.py

我們可以使用 urequests 模組的 get() 方法建立自訂 HTTP 標頭的 HTTP 請求，如下所示：

```
import urequests

headers={'content-type': 'application/json'}
```

```
r = urequests.get("http://httpbin.org/get", headers=headers)
if r.status_code == 200:
    j = r.json()
    print(j)
```

上述 headers 是 Python 字典的自訂標頭資訊，以此例是指定回應內容是 JSON 格式，然後在 get() 方法使用 headers 參數指定自訂標頭資訊的字典。其執行結果可以在 "headers" 鍵的標頭資訊中，看到新增 'Content-Type' 的標頭資訊，如下所示：

```
{'url': 'http://httpbin.org/get', 'headers': {'X-Amzn-Trace-Id': 'Root=1-60506ee5
-5657184347dfcbf132c50a4b', 'Host': 'httpbin.org', 'Content-Type': 'application/j
son'}, 'args': {}, 'origin': '36.226.39.16'}
```

9-4 取得和剖析 JSON 資料

JSON 是一種用來描述結構化資料的常用格式，也是目前 Web API 和 Open Data 最常使用的資料傳輸格式。

9-4-1 認識 JSON 資料

JSON（JavaScript Object Notation）是由 Douglas Crockford 創造的一種輕量化資料交換格式，使用大括號定義成對的鍵和值（Key-value Pairs），相當於物件的屬性和屬性值（Python 剖析 JSON 物件是轉換成字典），如下所示：

```
{
   "key1": "value1",
   "key2": "value2",
   "key3": "value3",
   …
}
```

JSON 物件陣列是使用方括號來定義（Python 剖析 JSON 陣列是轉換成串列），如下所示：

```
[
    {
    "title": "ASP.NET網頁設計",
    "author": "陳會安",
    "category": "Web",
    "pubdate": "06/2015",
    "id": "W101"
    },
    {
    "title": "PHP網頁設計",
    "author": "陳會安",
    "category": "Web",
    "pubdate": "07/2015",
    "id": "W102"
    },
    …
]
```

JSON 資料對應的 Python 資料型別，如下表所示：

Python 資料型別	JSON 資料
字典	JSON 物件
串列	JSON 陣列
str	string 字串
int、float	number 數值
True、False	true、false
None	null

≫ 9-4-2　JSON 資料處理和剖析

MicroPython 實作 json 模組的子集，稱為 ujson 模組，在 MicroPython 程式處理 JSON 資料需要匯入 ujson 模組，如下所示：

```
import ujson
```

從 JSON 字串轉換成 Python 字典　| ch9-4-2.py

在 ujson 模組是使用 loads() 方法從 JSON 字串轉換成 Python 字典，如下所示：

```
import ujson

json_str = """{"name":"John"}"""
parsed = ujson.loads(json_str)
print(parsed)
print(type(parsed))
```

上述 json_str 變數是 JSON 字串，在呼叫 loads() 方法後，就可以轉換成 Python 字典，其執行結果如右所示：

```
{'name': 'John'}
<class 'dict'>
```

將 Python 字典轉換成 JSON 字串　| ch9-4-2a.py

在 ujson 模組是使用 dumps() 方法將 Python 字典轉換成 JSON 字串，如下所示：

```
import ujson

dic = {"device":"temperature","id":543,"values":[1,2,3]}
json_str = ujson.dumps(dic)
print(json_str)
print(type(json_str))
```

上述 dic 變數是 Python 字典，在呼叫 dumps() 方法後，就可以轉換成 JSON 字串，其執行結果如右圖所示：

```
{"values": [1, 2, 3], "device": "temperature", "id": 543}
<class 'str'>
```

取出 JSON 剖析結果的資料 | ch9-4-2b.py

在使用 loads() 方法從 JSON 字串轉換成 Python 字典後，我們就可以使用字典的鍵來取出剖析結果的資料，如下所示：

```
import ujson

json_str = """{"device":"temperature","id":543,"values":[1,2,3]}"""
parsed = ujson.loads(json_str)
print(parsed["device"])
print(parsed["id"])
print(parsed["values"])
print(type(parsed["values"]))
```

上述程式碼在剖析 JSON 字串成為 Python 字典後，就可以取出 device、id 和 values 鍵的值，其執行結果如右所示：

```
temperature
543
[1, 2, 3]
<class 'list'>
```

≫ 9-4-3 Google Chrome 的 RestMan 擴充功能

Google Chrome 的 RestMan 擴充功能提供圖形化介面來送出 HTTP 請求，可以檢視回應資料和格式化顯示回應的 JSON 資料。

安裝 RestMan 擴充功能

在 Chrome 瀏覽器安裝 RestMan 需要進入 Chrome 應用程式商店，其步驟如下所示：

Step 1 請啟動 Chrome 輸入網址 https://chrome.google.com/webstore/，可以進入 Chrome 應用程式商店。

Step 2 在左上方欄位輸入【RestMan】搜尋擴充功能，可以在右邊看到搜尋結果，選【RestMan】，按之後【加到 Chrome】鈕新增擴充功能。

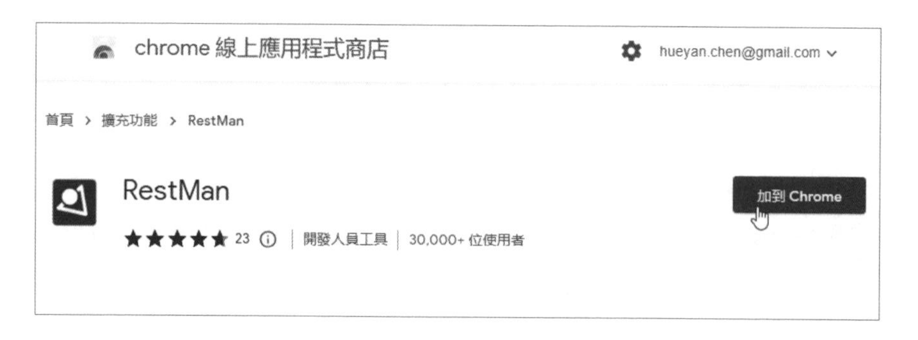

Step 3 可以看到權限說明對話方塊，按【新增擴充功能】鈕安裝 RestMan。

Step 4 稍等一下，可以看到在工具列新增擴充功能的圖示，如右圖所示：

使用 RestMan 擴充功能

當成功新增 RestMan 擴充功能後，我們就可以使用 RestMan 測試 Web API，其步驟如下所示：

Step 1 請在 Chrome 瀏覽器右上方工具列點選 RestMan 擴充功能圖示，在請求方法欄選 GET 後，在後方欄位填入 Web API 的 URL 存取網址後，按之後箭頭鈕送出 HTTP 請求，如下所示：

```
https://fchart.github.io/books.json
```

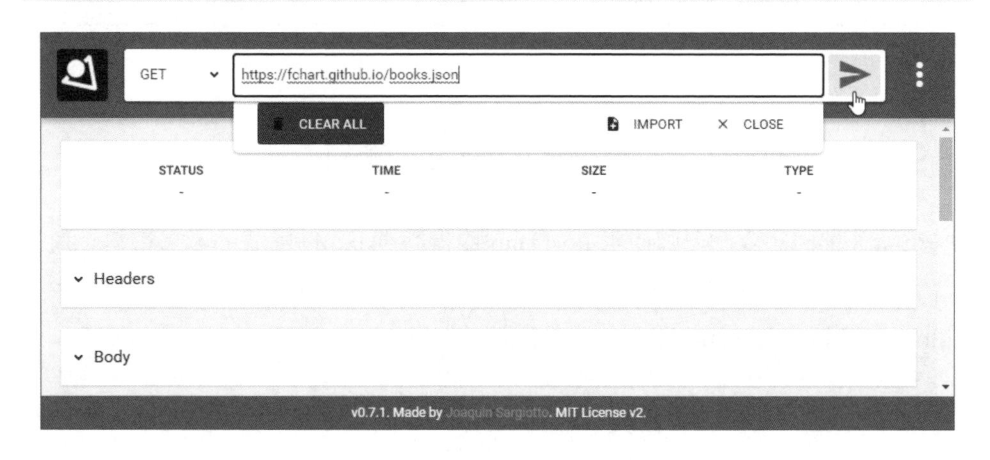

Step 2 在送出 HTTP 請求取得回應後，請捲動視窗，可以在下方檢視回應的 JSON 資料，【JSON】標籤是格式化顯示的 JSON 資料；【HTML PREVIEW】標

籤是網頁預覽。

```
1  [
2      {
3          "title": "ASP.NET網頁程式設計",
4          "author": "陳會安",
5          "category": "Web",
6          "pubdate": "06/2015",
7          "id": "W101"
8      },
9      {
10         "title": "PHP網頁程式設計",
11         "author": "陳會安",
12         "category": "Web",
13         "pubdate": "07/2015",
14         "id": "W102"
15     },
16     {
17         "title": "Java程式設計",
18         "author": "陳會安",
19         "category": "Programming",
20         "pubdate": "11/2015",
21         "id": "P102"
22     },
23     {
24         "title": "Android程式設計",
25         "author": "陳會安",
26         "category": "Mobile",
27         "pubdate": "07/2015",
28         "id": "M102"
29     }
30 ]
                    JSON   XML   HTML PREVIEW   PLAIN
```

≫ 9-4-4 剖析網路取得的 JSON 資料

在第 9-4-3 節時，我們已經使用 RestMan 取得回應 JSON 格式的圖書資料，這是「[ ]」的 JSON 物件陣列，共有 4 筆圖書資料的 JSON 物件，鍵值依序是 "title"、"author"、"categroy"、"pubdate" 和 "id"。

現在，我們可以使用 urequests 和 ujons 模組來剖析網路取得的 JSON 圖書資料。

使用 ujson 剖析網路取得的 JSON 資料 | ch9-4-4.py

在使用 urequests 模組的 get() 方法從網路取得 JSON 資料後，使用 ujson 模組的 loads() 方法剖析 JSON 資料，如下所示：

```
…
import urequests, ujson

r = urequests.get("https://fchart.github.io/books.json")
if r.status_code == 200:
    j = ujson.loads(r.text)
    for book in j:
        print(book["title"])
        print(book["author"])
        print(book["id"])
```

上述程式碼在剖析 JSON 資料 r.text 後，因為是 4 本圖書的串列，所以使用 for/in 迴圈一一取出每一本圖書，然後取出圖書資料，其執行結果如右所示：

```
ASP.NET網頁程式設計
陳會安
W101
PHP網頁程式設計
陳會安
W102
Java程式設計
陳會安
P102
Android程式設計
陳會安
M102
```

直接剖析網路取得的 JSON 資料 | ch9-4-4a.py

當使用 urequests 模組的 get() 方法從網路取得 JSON 資料後，我們可以不用 ujson 模組，直接使用 r.json() 方法來剖析 JSON 資料，如下所示：

```
…
import urequests

r = urequests.get("https://fchart.github.io/books.json")
if r.status_code == 200:
    j = r.json()
```

```
    for book in j:
        print(book["title"])
        print(book["author"])
        print(book["id"])
```

上述程式碼取用 Response 物件的 json() 方法來剖析 JSON 資料，其執行結果和 ch9-4-4.py 相同。

9-5 整合應用：Google 圖書查詢的 Web API

Web API 是一個網路上的 URL 存取網址，其使用方式如同在瀏覽器輸入 URL 網址來瀏覽網頁，目前很多公開 API 都可以直接在瀏覽器執行請求來取得回應資料，其回應資料大多採用 JSON 格式。目前的 Web API 主要可以分成兩種，如下所示：

- 公開 API（Public/Open API）：任何人不需註冊帳號就可以使用的 Web API，例如：Google 圖書查詢服務。
- 認證 API（Authenticated API）：需要先註冊帳號後才能使用的 Web API，例如：OpenWeatherMap 天氣資料。

使用 Google 圖書查詢的 Web API

Google 圖書查詢的 Web API 可以輸入書名的關鍵字來查詢圖書資料，例如：Python 圖書資料，其存取網址如下所示：

```
https://www.googleapis.com/books/v1/volumes?maxResults=2&q=Python&projection
=lite
```

上述 URL 參數 q 是關鍵字 Python；maxResults 參數是最多回傳幾筆；projection 參數值 lite 是傳回精簡版本的查詢結果。請使用 RestMan 顯示查詢 Python 圖書的格式化 JSON 資料，如右圖所示：

```
1 {
2     "kind": "books#volumes",
3     "totalItems": 564,
4     "items": [
5         {
6             "kind": "books#volume",
7             "id": "LQwmDwAAQBAJ",
8             "etag": "qmDYecypuzs",
9             "selfLink": "https://www.googleapis.com/books/v1/volumes/LQwmDwAAQBAJ",
10            "volumeInfo": {
11                "title": "從零開始學Python程式設計（適用Python 3.5以上）",
12                "subtitle": "MP31601",
13                "authors": [
14                    "李馨"
15                ],
16                "publisher": "博碩文化股份有限公司",
17                "publishedDate": "2016-12-29",
18                "description": "學習一個程式語言，Python的簡單、明瞭能讓初學者快速上手。不
19                "readingModes": {
20                    "text": false,
21                    "image": true
22                },
```


上述查詢結果是 JSON 物件，圖書資料是 "items" 鍵的 JSON 物件陣列，陣列的每一個 JSON 物件是一本圖書，圖書資料是位在 "volumeInfo" 鍵的 JSON 物件，"title" 鍵是書名；"author" 鍵是作者（其值是字串陣列）；"publisher" 鍵是出版商；"publishedDate" 鍵是出版日。

使用 Google Web API 查詢圖書資料 | ch9-5.py

MicroPython 程式的執行結果可以看到找到的 2 本圖書資料，如下所示：

```
下載:  6930 字元
--------------------------
圖書名:  從零開始學Python程式設計（適用Python 3.5以上）
出版商:  博碩文化股份有限公司
出版日:  2016-12-29
--------------------------
圖書名:  Python程式設計實務-從初學到活用Python開發技巧的16堂課(第二版)
出版商:  博碩文化股份有限公司
出版日:  2018-07-12
--------------------------
```

MicroPython 程式碼在第 1 行匯入 network 模組後，首先建立第 3～11 行的 connect_wifi() 函式來連線 WiFi 基地台，如下一頁所示：

```
01: import network
02:
03: def connect_wifi(ssid, passwd):
04:     sta = network.WLAN(network.STA_IF)
05:     sta.active(True)
06:     if not sta.isconnected():
07:         print("Connecting to network...")
08:         sta.connect(ssid, passwd)
09:         while not sta.isconnected():
10:             pass
11:     print("network config:", sta.ifconfig())
12:
13: SSID = "<WiFi名稱>"        # WiFi名稱
14: PASSWORD = "<WiFi密碼>"    # WiFi密碼
15: connect_wifi(SSID, PASSWORD)
```

上述第 13～14 行請填入讀者的 WiFi 連線資料後，在第 15 行呼叫 connect_wifi() 函式來連線 WiFi。在下方第 17 行匯入 urequests 模組，如下所示：

```
17: import urequests, ujson
18:
19: url = "https://www.googleapis.com/books/v1/volumes?maxResults=2&q=
    Python&projection=lite"
20: r = urequests.get(url)
```

上述第 19 行是 Web API 的 URL 網址，在第 20 行使用 get() 方法送出 HTTP GET 請求。

在下方第 21～33 行的 if/else 判斷請求是否成功，成功，就在第 23 行使用 ujson.loads() 方法剖析回傳的 JSON 資料，因為 maxResults 參數值是 2，所以最多只會回傳 2 筆圖書資料，如下所示：

```
21: if r.status_code == 200:
22:     print("下載: ", len(r.text), "字元")
23:     info = ujson.loads(r.text)
```

```
24:     print("-------------------------")
25:     for item in info["items"]:
26:         book = item["volumeInfo"]
27:         print("圖書名: " , book["title"])
28:         if "publisher" in book.keys():
29:             print("出版商: ", book["publisher"])
30:         print("出版日: ", book["publishedDate"])
31:         print("-------------------------")
32: else:
33:     print("沒有圖書資料")
```

上述第 25～31 行使用 for 迴圈顯示每一本圖書的資料，在第 25 行 for/in 迴圈的 info["items"] 是回傳的 2 筆圖書串列，第 26 行使用 "volumeInfo" 鍵取出每一本圖書的 book 字典。

在第 27～30 行依序取出和顯示書名、出版商和出版日，因為有些圖書沒有 "publisher" 鍵，所以第 28～29 行的 if 條件檢查是否有此鍵，如果有此鍵，才顯示出版商。

9-6 整合應用：OpenWeatherMap 天氣資訊指示燈

OpenWeatherMap 是一個提供天氣資料的線上服務，可以提供目前的天氣資料、天氣預測和天氣的歷史資料（從 1979 年至今）。我們準備整合三色 LED，當氣溫小於等於 18 度時，點亮藍色 LED；19～25 度點亮綠色 LED，大於 25 點亮紅色 LED。

註冊 OpenWeatherMap 帳號

OpenWeatherMap 需要註冊帳號取得 API 金鑰（API Key）後，才可以使用 OpenWeatherMap 的 Web API 來取得指定位置或城市的天氣資料，其註冊步驟如下一頁所示：

Step 1 請啟動瀏覽器進入網址：https://openweathermap.org/，選【Sign in】，再點選【Create an Account】超連結建立帳號。

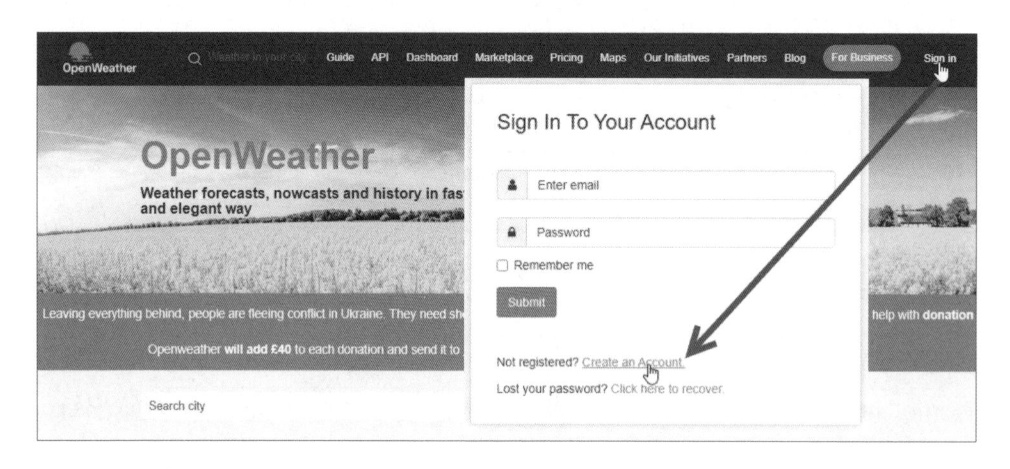

Step 2 請依序輸入使用者名稱、電子郵件地址和 2 次密碼後，捲動視窗勾選【I am 16 years old and over】確認滿 16 歲，和下方同意授權，在勾選【我不是機器人】後，按【Create Account】鈕建立帳號。

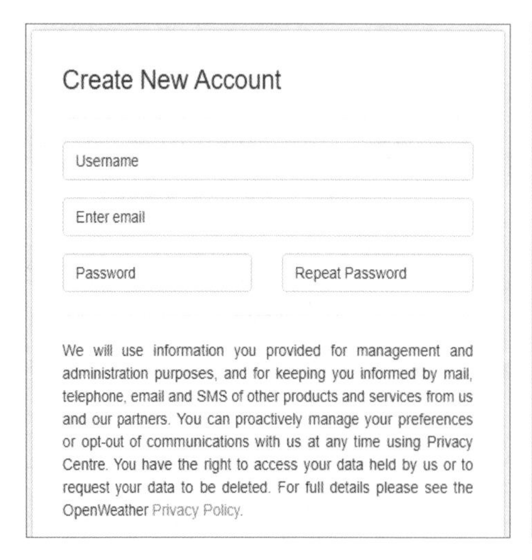

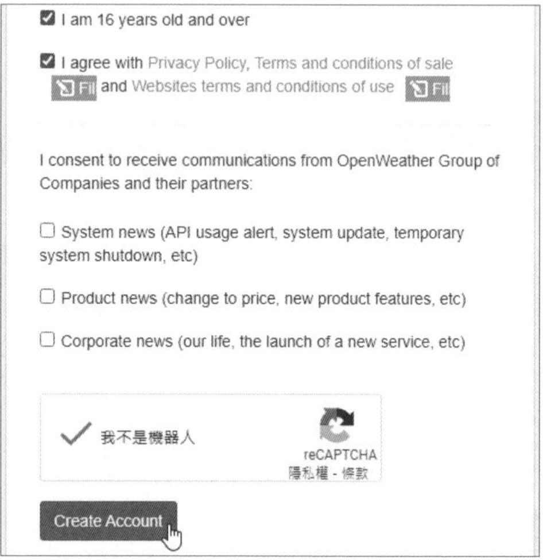

Step 3 在輸入公司名稱和選擇用途後，按【Save】鈕。

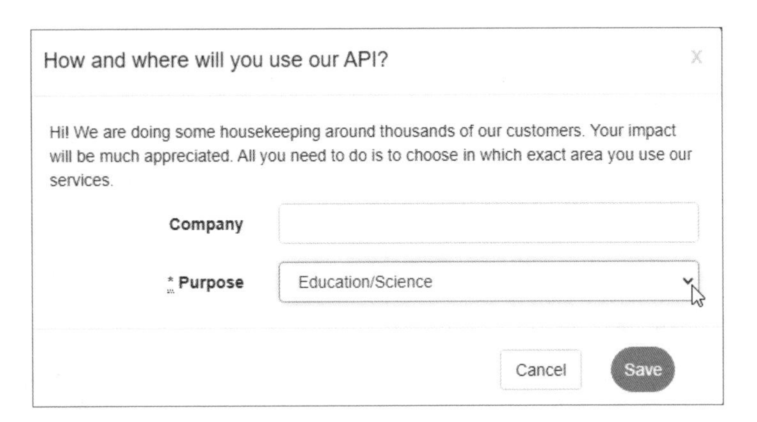

Step 4 在收到 OpenWeatherMap 帳號確認的電子郵件後，按【Verify your email】驗證電子郵件，如下圖所示：

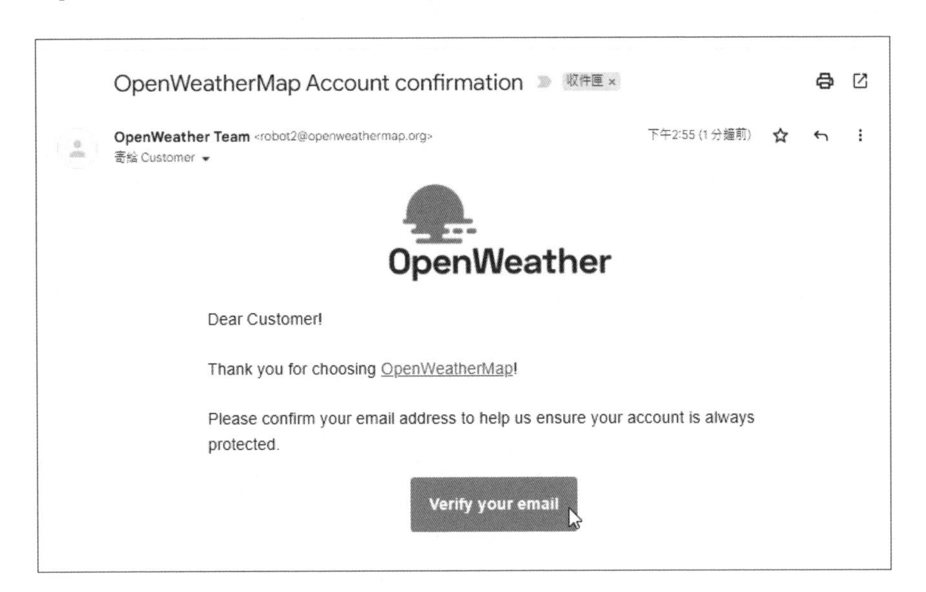

Step 5 然後進入帳號選【API keys】標籤，可以看到 API 金鑰，請複製此金鑰，如下圖所示：

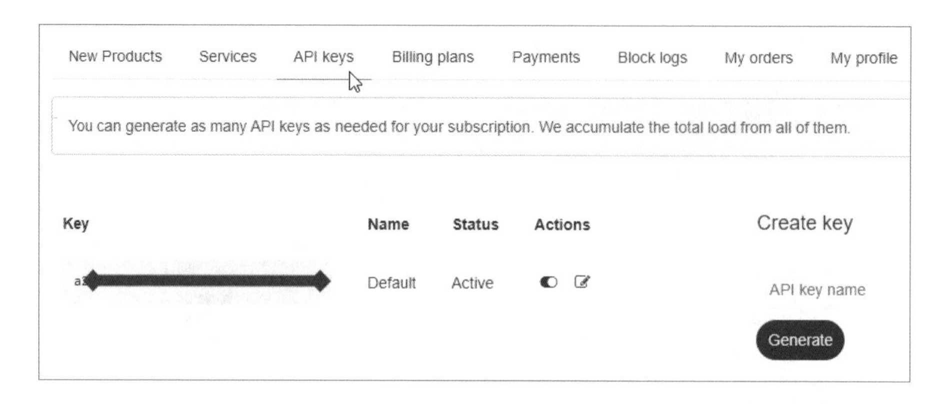

使用 OpenWeatherMap 的 Web API

OpenWeatherMap 提供多種 Web API，在本節是使用目前天氣的 Web API，其存取網址的格式，如下所示：

```
https://api.openweathermap.org/data/2.5/weather?q=<城市>,<國別>&units=
metric&lang=zh_tw&appid=<API_key>
```

上述 Web API 使用國別 + 城市和 API 金鑰，可以取得該城市目前的天氣資料，units=metric 參數是攝氏溫度。例如：台灣是 TW，一些台灣的英文城市名稱，如下表所示：

中文城市名稱	OpenWeatherMap 城市名稱
台北	Taipei
板橋	Banqiao
桃園	Taoyuan
新竹	Hsinchu
台中	Taichung
台南	Tainan
高雄	Kaohsiung

請使用 RestMan 送出台北目前天氣資料的 URL 網址，在最後填入 API 金鑰，可以回傳格式化的 JSON 資料，如下所示：

```
https://api.openweathermap.org/data/2.5/weather?q=Taipei,TW&units=metric&la
ng=zh_tw&appid=<API_key>
```

```
1  {
2      "coord": {
3          "lon": 121.5319,
4          "lat": 25.0478
5      },
6      "weather": [
7          {
8              "id": 801,
9              "main": "Clouds",
10             "description": "晴，少雲",
11             "icon": "02d"
12         }
13     ],
14     "base": "stations",
15     "main": {
16         "temp": 34.33,
17         "feels_like": 38.78,
18         "temp_min": 33.36,
19         "temp_max": 34.93,
20         "pressure": 1005,
21         "humidity": 49
22     },
```

上述查詢結果是 JSON 物件，我們準備取出 "weather" 和 "main" 鍵的天氣資料，如下所示：

- "weather" 鍵：值是 JSON 陣列，"description" 鍵是目前的天氣描述。
- "main" 鍵：值是 JSON 物件，"temp" 鍵是目前氣溫；"temp_min" 鍵是最低氣溫；"temp_max" 鍵是最高氣溫；"pressure" 鍵是大氣壓力；"humidity" 鍵是溼度。

取得 OpenWeatherMap 天氣資料 ｜ ch9-6.py

MicroPython 程式的執行結果可以顯示台北目前的天氣資料，指示燈顯示 RED 紅色，如下一頁所示：

```
---------------------------
天氣描述:  多雲
---------------------------
目前溫度:  33.42
大氣壓力:  1006
目前溼度:  46
最低溫度:  30.03
最高溫度:  34.93
---------------------------
RED
```

MicroPython 程式在第 1 行匯入 network 模組和 Pin 類別後，首先在第 4～6 行建立三色 LED 的 3 個 Pin 物件，然後在第 8～16 行建立 connect_wifi() 函式來連線 WiFi 基地台，如下所示：

```
01: from machine import Pin
02: import network
03:
04: ledR = Pin(15, Pin.OUT)
05: ledG = Pin(12, Pin.OUT)
06: ledB = Pin(13, Pin.OUT)
07:
08: def connect_wifi(ssid, passwd):
09:     sta = network.WLAN(network.STA_IF)
10:     sta.active(True)
11:     if not sta.isconnected():
12:         print("Connecting to network...")
13:         sta.connect(ssid, passwd)
14:         while not sta.isconnected():
15:             pass
16:     print("network config:", sta.ifconfig())
17:
18: SSID = "<WiFi名稱>"          # WiFi名稱
19: PASSWORD = "<WiFi密碼>"      # WiFi密碼
20: connect_wifi(SSID, PASSWORD)
```

上述第 18～19 行請填入讀者的 WiFi 連線資料後，在第 20 行呼叫 connect_wifi() 函式來連線 WiFi。在下方第 22 行匯入 urequests 和 ujson 模組後，第

24～26 行依序是 API 金鑰、城市和國別的變數，如下所示：

```
22: import urequests, ujson
23:
24: API_key = "<API金鑰>"
25: city = "Taipei"
26: country = "TW"
27: url  = "https://api.openweathermap.org/data/2.5/weather?"
28: url += "q=" + city + "," + country   # 城市與國別
29: url += "&units=metric&lang=zh_tw&"   # 單位
30: url += "appid=" + API_key
```

上述第 27～30 行使用「＋」字串連接運算子來建立 Web API 的存取網址。在下方第 32～36 行使用 try/except 程式敘述送出 OpenWeatherMap 的 Web API 請求，第 33 行是使用 urequests 模組的 get() 方法送出請求，如下所示：

```
32: try:
33:     response = urequests.get(url)
34:     data = ujson.loads(response.text)
35: except:
36:     data = None
```

上述第 34 行使用 json.loads() 方法剖析回傳的 JSON 資料。在下方第 38～67 行的 if/else 條件檢查是否有查詢到天氣資料，如下所示：

```
38: if not data:
39:     print("沒有查詢到天氣資料")
40: else:
41:     print("-------------------------")
42:     weather = data["weather"][0]
43:     print("天氣描述: ", weather["description"])
44:     print("-------------------------")
45:     main = data["main"]
46:     temp = main["temp"]
47:     print("目前溫度: ", temp)
```

```
48:     print("大氣壓力: ", main["pressure"])
49:     print("目前溼度: ", main["humidity"])
50:     print("最低溫度: ", main["temp_min"])
51:     print("最高溫度: ", main["temp_max"])
52:     print("------------------------")
```

上述第 42 行取出 "weather" 鍵的第 1 個串列（索引 [0]）後，在第 43 行取出 "description" 鍵的天氣描述，然後在第 45 行取得 "main" 鍵的字典後，在第 46～51 行依序取出和顯示目前溫度、大氣壓力、目前溼度、最低溫度和最高溫度的天氣資料。

在下方第 53～67 行的 if/elif/else 多選一條件判斷，可以判斷目前溫度來顯示對應色彩的 LED，如下所示：

```
53:     if temp <= 18.0:
54:         print("BLUE")
55:         ledR.value(0)
56:         ledG.value(0)
57:         ledB.value(1)
58:     elif temp <= 25.0:
59:         print("GREEN")
60:         ledR.value(0)
61:         ledG.value(1)
62:         ledB.value(0)
63:     else:
64:         print("RED")
65:         ledR.value(1)
66:         ledG.value(0)
67:         ledB.value(0)
```

說明

請注意！ OpenWeatherMap 的 API 金鑰並不是在註冊和啟動後馬上就可以使用，需等待一些時間，當使用 RestMan 送出 HTTP 請求，可以看到回傳的 JSON 資料顯示 API 金鑰錯誤的訊息文字，如下圖所示：

```
1 {
2     "cod": 401,
3     "message": "Invalid API key. Please see http://openweathermap.org/faq#error401 for more info."
4 }
```

在 Thonny 執行 MicroPython 程式，因為在回傳的 JSON 資料並沒有 "weather" 鍵，所以顯示此鍵錯誤的「KeyError: weather」。

學習評量

1. 請問 ESP8266 開發板有幾種方式來連線 WiFi ？
2. 請說明什麼是 HTTP 通訊協定？ HTTP 請求的方法主要有哪兩種？
3. 請問 httpbin.org 網站的用途？ MicroPython 程式如何送出 HTTP 請求？我們為什麼需要使用 Google Chrome 的 RestMan 擴充功能？
4. 請問什麼是 JSON ？請舉例說明 JSON 資料？ MicroPython 如何剖析 JSON 資料？什麼是 Web API ？
5. 請修改第 9-5 節的 MicroPython 程式，可以顯示圖書的作者資料。
6. 請修改 MicroPython 程式 ch9-6.py，改用串列來儲存城市名稱清單，可以使用 OpenWeatherMap 的 Web API 一一顯示這些城市的目前天氣資料。

CHAPTER 10

訊息通知：IFTTT 寄送電郵 +LINE Notify

10-1 MicroPython 檔案系統

當 ESP8266 開發板擁有超過 1M 或更多快閃記憶體的儲存空間時，在燒錄 MicroPython 韌體後，第一次啟動就會自動建立 FAT 格式的檔案系統（Filesystem）。

≫ 10-1-1 MicroPython 檔案管理工具

雖然我們可以使用 MicroPython 程式碼來管理開發板上的檔案系統，不過，使用 MicroPython 檔案管理工具是更好的選擇，例如：ampy 命令列工具、AmpyGUI 或 Thonny 內建的檔案管理工具等。

說明

請注意！經筆者測試 AmpyGUI 工具只適用 Witty Cloud 和 D1 Mini 開發板，NodeMCU 開發板請改用 Thonny 檔案管理。

AmpyGUI 檔案管理工具

AmpyGUI 是 ampy 工具的圖形化使用介面，ampy 是一個 MicroPython 命令列工具（https://github.com/scientifichackers/ampy），可以使用序列埠連接 MicroPython 開發板來管理檔案系統的檔案和執行 MicroPython 程式。AmpyGUI 的 Github 官方網址如下所示：

```
https://github.com/FlorianPoot/AmpyGUI
```

Windows 版 AmpyGUI 檔案管理工具的下載網址，如下所示：

```
https://github.com/FlorianPoot/AmpyGUI/releases
```

在書附 ESP8266Toolkit 工具已經包含此工具，其執行步驟如下所示：

Step 1 請「重新」使用 USB 傳輸線連接 ESP8266 開發板後，執行目錄下【AmpyGUI.bat】啟動 AmpyGUI（即執行【AmpyGUI.exe】檔案）。

Step 2 稍等一下，等到搜尋完序列埠後，請在【Select port】欄位選擇開發板連接的序列埠號（按【Refresh】鈕可重新搜尋埠號），以此例選【COM5】，按【Connect】鈕。

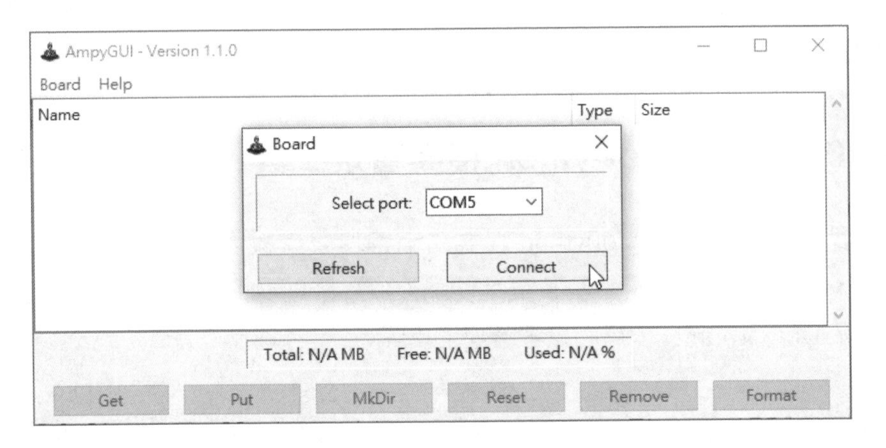

Step 3 稍等一下，可以顯示的檔案系統的檔案清單，下方是目前檔案系統的使用狀態（Total 是全部；Free 是可用；Used 是已使用）。

上述檔案清單可以看到燒錄 MicroPython 韌體預設新增的 boot.py 檔案，此檔案是啟動開發板後自動執行的第 1 個 MicroPython 程式（進一步說明請參閱第 16-1 節），結束 AmpyGUI 請執行「Board>Close」命令。

在下方是檔案管理的相關功能按鈕，其說明如下所示：

- 【Get】鈕：下載檔案至 PC，請在上方檔案清單選擇檔案，即可按此鈕來下載檔案，例如：選 boot.py 按下此按鈕，在選擇目錄後，即可下載檔案。
- 【Put】鈕：上傳檔案至開發板，選【Put folder】是上傳整個目錄的檔案；選【Put files】是上傳選擇的 1 至多個檔案。請注意！如果上方有選擇目錄，檔案是上傳至選擇目錄，例如：請先按【MkDir】鈕建立名為 test 的目錄，選此目錄後，上傳第 7 章的 ch07 目錄下的檔案至此目錄，如下圖所示：

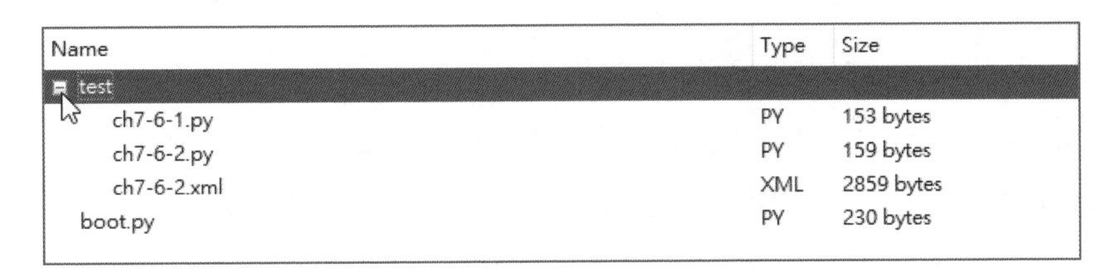

- 【MkDir】鈕：在輸入目錄名稱後，按【Ok】鈕建立目錄。
- 【Reset】鈕：使用軟重啟（Soft Reset）來重啟開發板，軟重啟只會清除 MicroPython 虛擬機器的狀態，並不會影響周邊的硬體裝置。
- 【Remove】鈕：選擇檔案或目錄後，按此鈕來刪除檔案或目錄，一次只能刪除一個項目，例如：刪除之前建立的 test 目錄。
- 【Format】鈕：刪除所有檔案除了 boot.py。

Thonny 檔案管理

Thonny 內建檔案管理來管理 Windows 電腦和 MicroPython 設備的檔案與目錄，請啟動 Thonny 連接 ESP8266 開發板，執行「檢視 > 檔案」命令開啟 Thonny 檔案管理，可以在最左邊看到【檔案】標籤，如下圖所示：

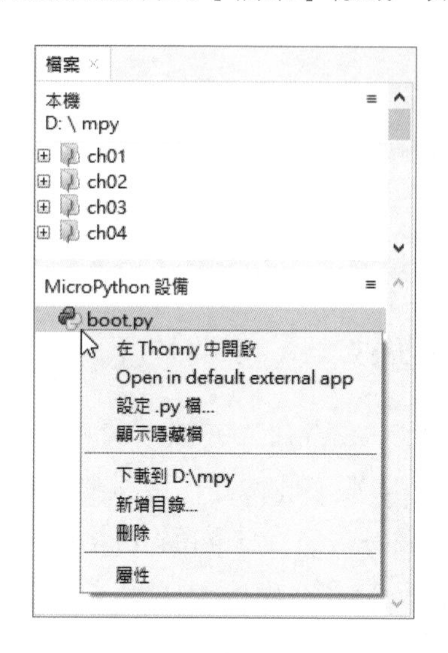

上述圖例上方是本機 Windows；下方是 MicroPython 設備的檔案和目錄清單，雙擊目錄可以切換至子目錄。請在下方選擇檔案後，開啟右鍵快顯功能表，可以看到功能表命令，主要命令的說明如下所示：

- 在 Thonny 中開啟：使用 Thonny 開啟 MicroPython 設備的檔案。
- 下載到 D:\mpy：下載選擇檔案至上方 Windows 檔案的目錄。
- 刪除：刪除選擇檔案，按【是】鈕確認刪除此檔案。
- 新增目錄…：在輸入目錄名稱後，按【確認】鈕，可以在目前目錄下新增子目錄。
- 屬性：可以顯示選擇檔案的相關屬性。

如果需要查詢 MicroPython 設備的儲存空間，請點選右上方三條線的小圖示，執行【儲存空間】命令。

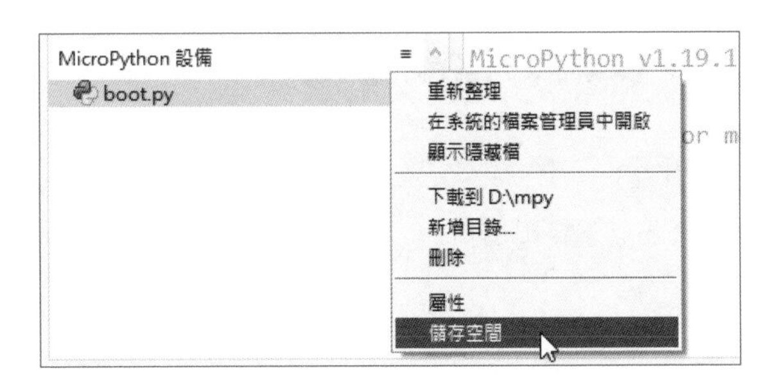

可以看到檔案系統的儲存空間狀態，如下圖所示：

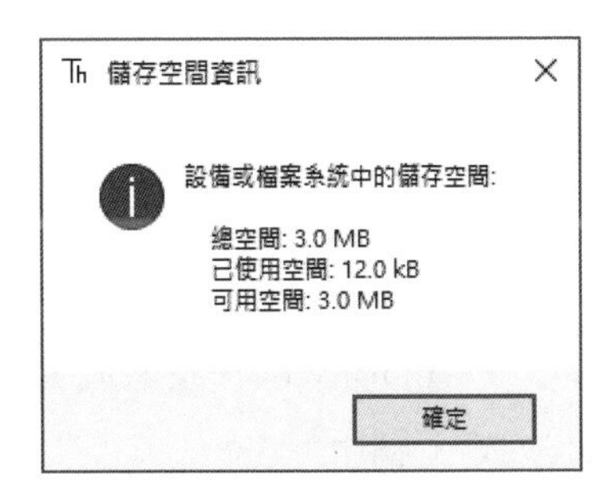

在 Thonny 檔案管理上傳檔案是在【檔案】標籤上方的本機，選欲上傳的檔案，例如：urlencode.py 後，執行右鍵快顯功能表的【上傳到 /】命令來上傳到根目錄（上傳到子目錄，需先在下方 MicroPython 設備切換至子目錄），如下圖所示：

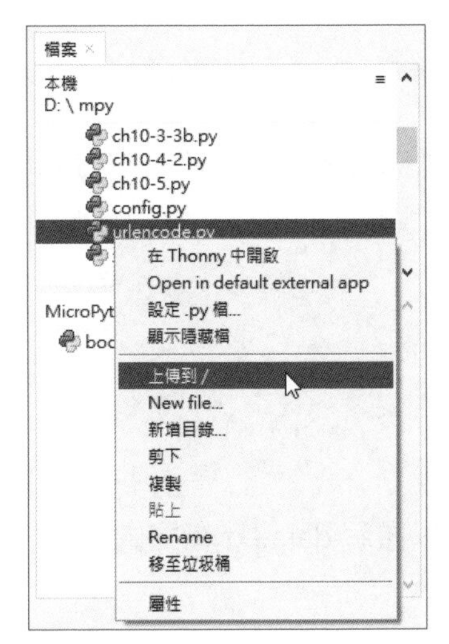

≫ 10-1-2 uos 模組的檔案管理

ESP8266 的 MicroPython 支援標準文字檔案讀寫和使用 uos 模組來管理 MicroPython 檔案系統的檔案和目錄。

寫入文字檔案 | ch10-1-2.py

MicroPython 可以使用 open() 函式開啟寫入的文字檔案，然後呼叫 write() 方法寫入字串，如下所示：.

```
f = open("data.txt", "w")
f.write("陳會安")
f.close()
```

上述程式碼的執行結果可以在 MicroPython 設備看到新增的 data.txt 文字檔案（需執行【重新整理】命令），如下圖所示：

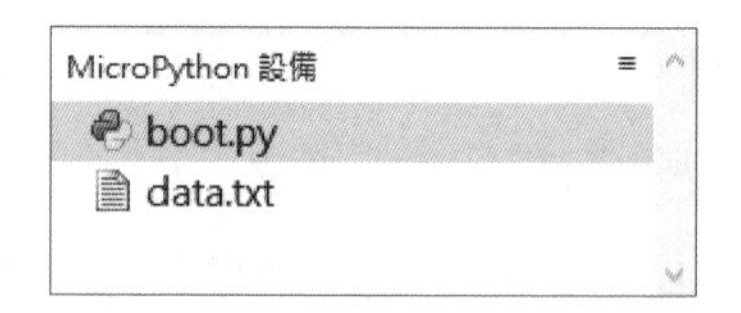

讀取文字檔案 | ch10-1-2a.py

MicroPython 程式在開啟讀取的文字檔案後，就可以使用 read() 方法來讀取檔案內容，如下所示：

```
f = open("data.txt", "r")
contents = f.read()
print(contents)
f.close()
```

上述程式碼的執行結果可以顯示 data.txt 檔案內容是：陳會安。

顯示檔案清單 | ch10-1-2b.py

MicroPython 實作 os 模組子集的 uos 模組來管理檔案系統，首先需要匯入 uos 模組，如下所示：

```
import uos

print(uos.listdir())
```

上述程式碼呼叫 listdir() 方法來顯示檔案系統的檔案和目錄清單的串列，其執行結果如右所示：

```
['boot.py', 'data.txt']
```

新增目錄和切換路徑 | ch10-1-2c.py

MicroPython 可以使用 uos 模組的 mkdir() 方法新增目錄；chdir() 方法切換目錄，如下所示：

```
import uos

uos.mkdir("test")
print(uos.listdir())
uos.chdir("test")
print(uos.listdir())
uos.chdir("..")
print(uos.listdir())
```

上述程式碼首先建立 test 目錄，然後顯示目前的檔案 / 目錄清單後，切換至 test 目錄，再顯示 test 目錄下的檔案清單，最後切換回上一層目錄來顯示檔案 / 目錄清單，其執行結果如下所示：

```
['boot.py', 'data.txt', 'test']
[]
['boot.py', 'data.txt', 'test']
```

上述執行結果的第 1 行可以看到新增 test 目錄，因為切換至 test 目錄，所以第 2 行顯示此目錄下並沒有任何檔案，最後切換回上一層目錄，可以再次看到 test 目錄。

刪除目錄或檔案 | ch10-1-2d.py

MicroPython 可以使用 uos 模組的 rmdir() 方法刪除目錄；remove() 方法刪除檔案，如下所示：

```
import uos

uos.rmdir("test")
print(uos.listdir())
uos.remove("data.txt")
print(uos.listdir())
```

上述程式碼首先刪除 test 目錄後，顯示檔案清單，然後刪除 data.txt 檔案後，再顯示檔案清單，可以看到最後只剩下 boot.py，其執行結果如右所示：

```
['boot.py', 'data.txt']
['boot.py']
```

10-2 上傳和使用本書提供的工具箱模組

為了方便讀者撰寫本書的 MicroPython 程式，筆者已經將常用函式建立成工具箱模組，只需匯入模組，就可以呼叫相關函式來連線 WiFi、執行 Webhooks 請求和送出 LINE Notify 通知等。

≫ 10-2-1 上傳本書提供的工具箱模組

在開發 MicroPython 專案時，有一些函式我們需要常常使用，所以筆者已經收集常用函式成為 xtools.py 自訂模組，xrequests.py 模組是改寫 urequests 模組新增 params 參數和執行 data 參數的 URL 編碼，urlencode.py 是從 micropython-lib 抽出 URL 編碼的 urlencode() 函式。

在本書使用的工具箱模組共有 4 個 MicroPython 程式：xtools.py、config.py、xrequests.py 和 urlencode.py。

本書工具箱模組提供的函式說明

在 xtools.py 自訂模組提供的函式說明，如下表所示：

函式	說明
get_id()	取得開發板 MAC，MAC 是網路卡獨一無二的地址碼，這是六組 00~FF 代碼，在生產時就燒入 EEPROM，在本書是作為第 12 章 MQTT 客戶端的 client id
get_num(x)	取得參數字串之中的數字
random_in_range(low,high)	取得參數指定範圍的整數亂數
map_range(x,in_min,in_max, out_min,out_max)	將數值從一個範圍對應轉換至另一個範圍，類似 Arduino 的 map() 函式
connect_wifi_led(ssid, passwd,timeout)	提供預設超時 15 秒來連線 WiFi，參數是 SSID 和密碼，沒有參數是使用 config.py 常數，成功連線內建 LED 燈會亮起，和回傳 IP 位址
show_error()	閃爍內建 LED 來顯示有錯誤發生
webhook_post(url, value)	使用 xrequests.py 送出 HTTP POST 請求，請求失敗呼叫 show_error() 函式閃爍內建 LED
webhook_get(url)	使用 urequests 送出 HTTP GET 請求，請求失敗呼叫 show_error() 函式閃爍內建 LED
line_msg(token, message)	使用 xrequests.py 的 post() 方法來送出 LINE Notify 訊息，詳見第 10-4 節的說明
format_datetime(localtime)	將參數 localtime 元組轉換成日期 / 時間字串

在 urlencode.py 自訂模組提供的函式說明，如下表所示：

函式	說明
urlencode()	將參數的字典 URL 編碼成 URL 參數

xtools.py 模組需要 config.py 的 WiFi 連線名稱 SSID 和 PASSWORD 密碼常數。xrequests.py 使用方式和 urequests 模組相同，在 get() 和 post() 方法新增 params 參數，和在 data 參數執行 URL 編碼。

使用 AmpyGUI 檔案管理工具上傳模組檔案

Witty Cloud 機智雲和 Wemos D1 Min 開發板可以使用 AmpyGUI 檔案管理工具一次就上傳 4 個 MicroPython 檔案（NodeMCU 請使用 Thonny 檔案管理），其步驟如下所示：

Step 1 請「重新」使用 USB 傳輸線連接 ESP8266 開發板後，啟動 AmpyGUI，然後在【Select port】欄位選擇埠號，按【Connect】鈕看到檔案清單後，按【Put】鈕。

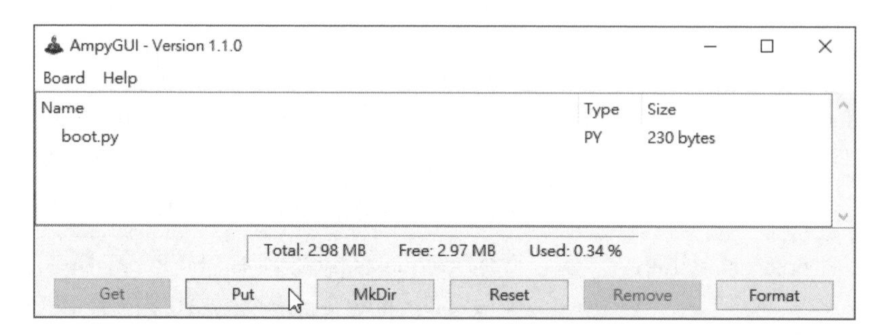

Step 2 按【Put files】鈕。

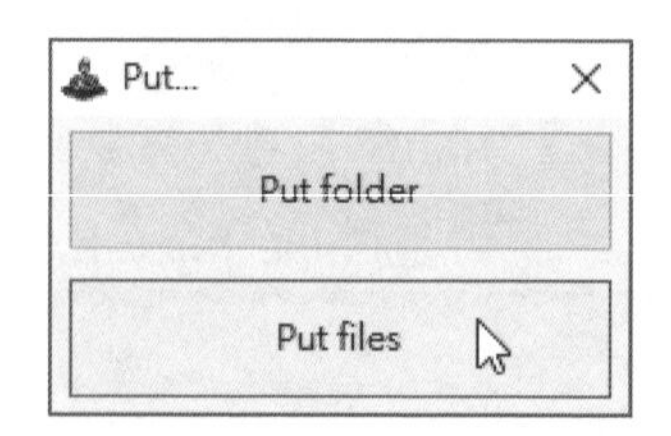

Step 3 請切換至「ch10」路徑選 xtools.py、config.py、xrequests.py 和 urlencode.py 四個檔案，按【開啟】鈕。

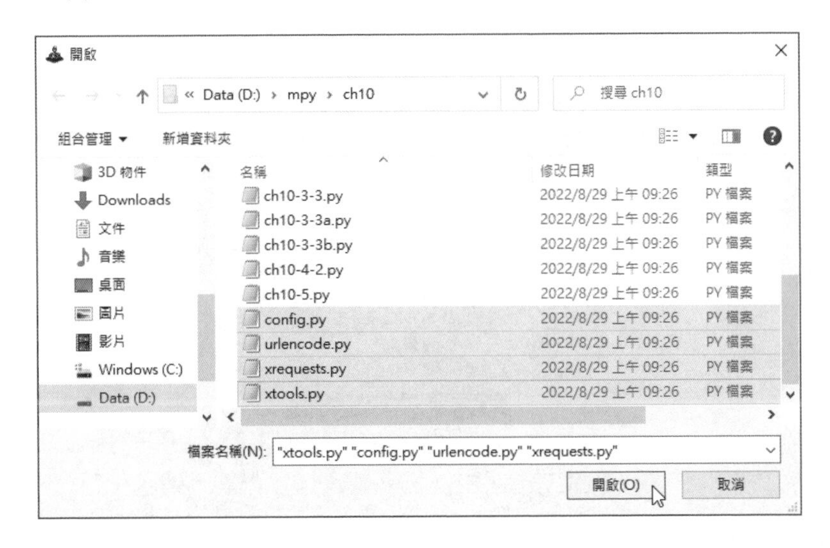

Step 4 因為檔案有些大，請稍等一下，就可以在檔案清單看到已經上傳這 4 個檔案，如下圖所示：

Name	Type	Size
boot.py	PY	230 bytes
config.py	PY	91 bytes
urlencode.py	PY	8938 bytes
xrequests.py	PY	3655 bytes
xtools.py	PY	2626 bytes

使用 Thonny 檔案管理上傳模組檔案

ESP8266 開發板都可以使用 Thonny 檔案管理來一一上傳 4 個 MicroPython 檔案，其步驟如下一頁所示：

Step 1 請啟動 Thonny 連接 ESP8266 開發板且開啟【檔案】標籤，在上方【本機】展開「ch10」目錄，選欲上傳的 xtools.py 檔案後，執行右鍵快顯功能表的【上傳到 /】命令來上傳檔案。

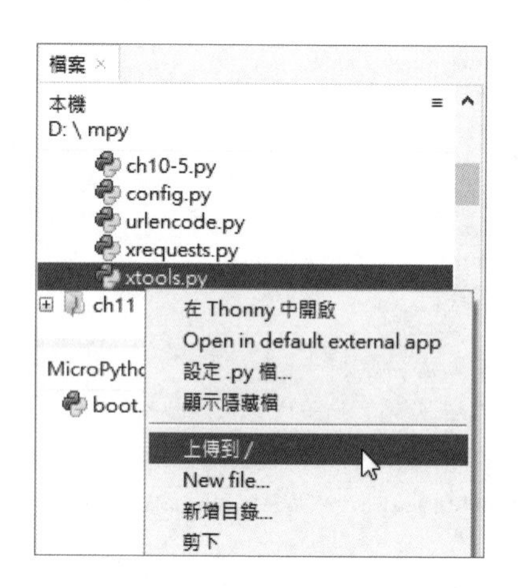

Step 2 稍等一下，可以在下方 MicroPython 設備的檔案清單，看到上傳的 xtools.py 檔案，如下圖所示：

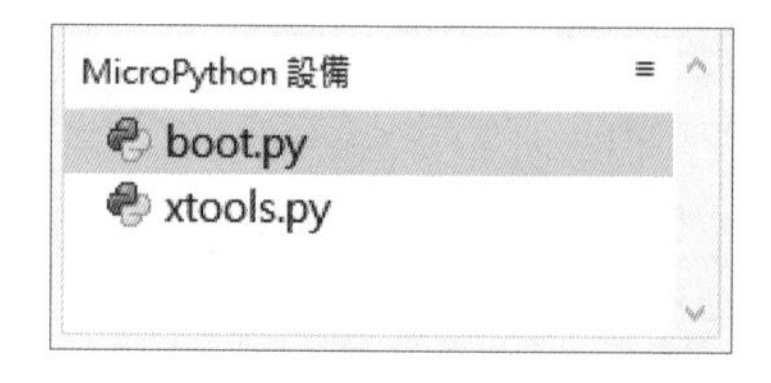

Step 3 請重複步驟 1～2 依序上傳 config.py、xrequests.py 和 urlencode.py 三個檔案，最後在 MicroPython 設備可以看到上傳的 4 個檔案，如下圖所示：

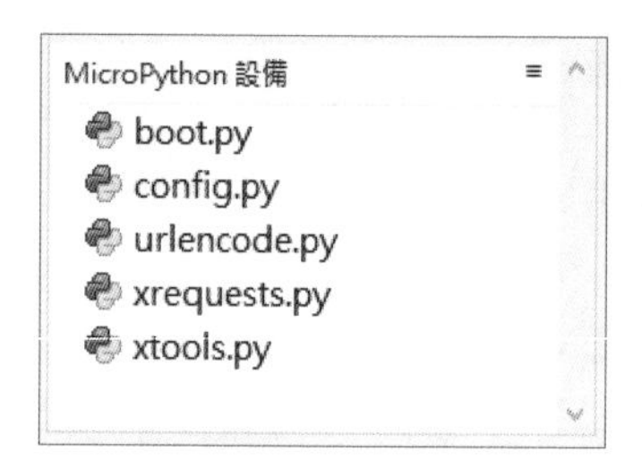

≫ 10-2-2 使用本書提供的工具箱模組

在 MicroPython 程式使用 xtools.py 自訂模組前需要先設定 config.py 檔案的 SSID 和 PASSWORD 密碼，請啟動 Thonny 開啟【檔案】標籤，雙擊 MicroPython 設備的 config.py 檔案開啟此檔案，如下圖所示：

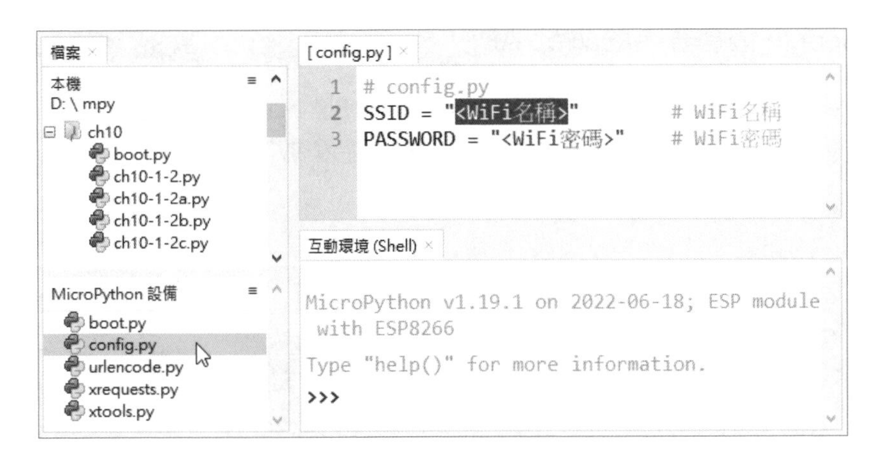

請修改 SSID 和 PASSWORD 成讀者 WiFi 基地台的名稱和密碼後，儲存 config.py 檔案。

使用 xtools 模組來連線 WiFi | ch10-2-2.py

現在，MicroPython 程式可以使 xtools 模組的 connect_wifi_led() 函式來連線 WiFi，如下所示：

```
import xtools

ip = xtools.connect_wifi_led()
print(ip)
```

上述程式碼首先匯入 xtools 模組，然後呼叫 xtools.connect_wifi_led() 函式，使用 config.py 的 SSID 名稱和密碼來連線 WiFi，成功連線回傳和顯示 IP 位址，其執行結果如下一頁所示：

```
#15 ets_task(4020ee68, 28, 3fff9e98, 10)
Connecting to network...
network config: ('192.168.1.108', '255.255.255.0',
'192.168.1.1', '192.168.1.1')
192.168.1.108
```

Google 圖書查詢的 Web API | ch10-2-2a.py

我們準備使用 xtools 模組修改第 9-5 節的 Google 圖書查詢的 Web API，改用 xtools 模組的 xtools.connect_wifi_led() 函式來連線 WiFi，如下所示：

```
import urequests, ujson
import xtools

ip = xtools.connect_wifi_led()
print(ip)
...
```

上述程式碼只有連線 WiFi 部分不同，其執行結果和第 9-5 節完全相同。

10-3 申請與使用 IFTTT 寄送電子郵件

IFTTT 是 "if this, then that." 字首的縮寫，一個 Web 平台連接各種 Web 服務，我們可以建立 Applets 指定 Web 服務觸發的事件（條件），然後讓平台在觸發事件後，自動執行對應的 Web 服務（動作）。

≫ 10-3-1 註冊 IFTTT 服務

IFTTT 的 Free 免費版可以免費建立最多 5 個 Applets，其官方網址是：https://ifttt.com/。我們可以使用 Google 或 Facebook 帳號登入 IFTTT，也可以使用電子郵件地址註冊 IFFFF 服務，其步驟如右頁所示：

Step 1 在首頁按【Start today】鈕（點選右上方 Log in 可登入），或直接進入 https://ifttt.com/join 頁面進行註冊，請按【Continue with Google】鈕使用 Google 帳號註冊（預設是 Free 免費帳號）。

Step 2 如果有多個帳號，在選擇 Google 帳號後，IFTTT 會寄送一封驗證的電子郵件，請開啟郵件，按【Confirm your email】鈕進行驗證。

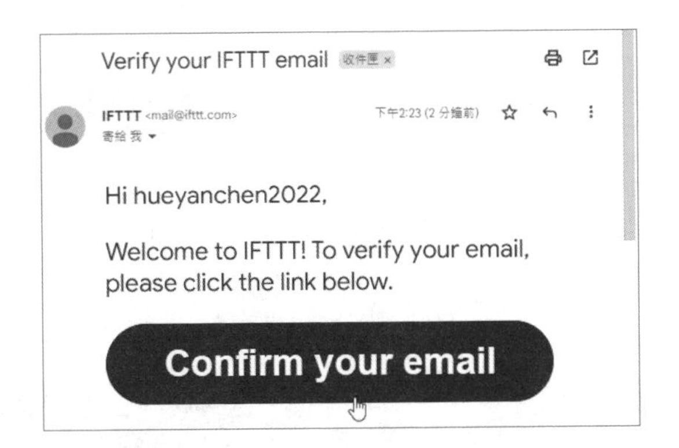

Step 3 當驗證成功，即可登入 IFTTT 會員首頁（在右上方是功能選項），如下圖所示：

≫ 10-3-2　在 IFTTT 建立 Applets

IFTTT 的 Applets 是一個小程序，可以建立條件來連接不同 App、Web 服務和裝置，以便當指定事件觸發時（條件成立），可以自動執行其他 App、服務或操作裝置（動作）。例如：當 HTTP 請求的事件觸發（條件成立），就自動寄送電子郵件到自己的信箱（動作）。

新增 HTTP 請求觸發寄送郵件的 Applet

我們準備使用 HTTP 請求（條件）和寄送郵件服務（動作）為例，說明如何在 IFTTT 建立 Applet，其步驟如下所示：

Step 1 請登入 IFTTT 後，選右上角【Create】鈕建立 Applet。

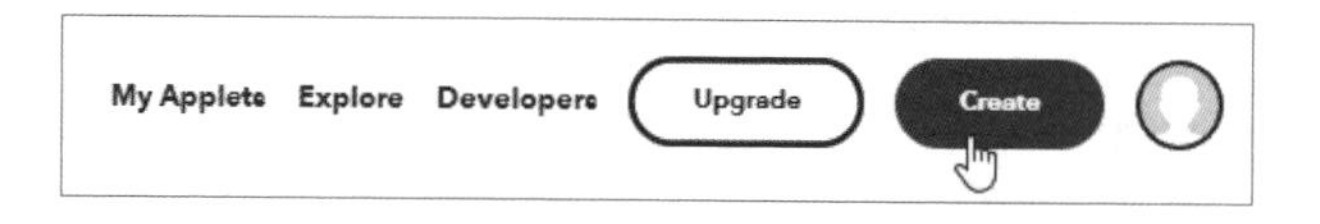

Step 2 按 If This 條件後的【Add】鈕新增觸發事件（即條件）。

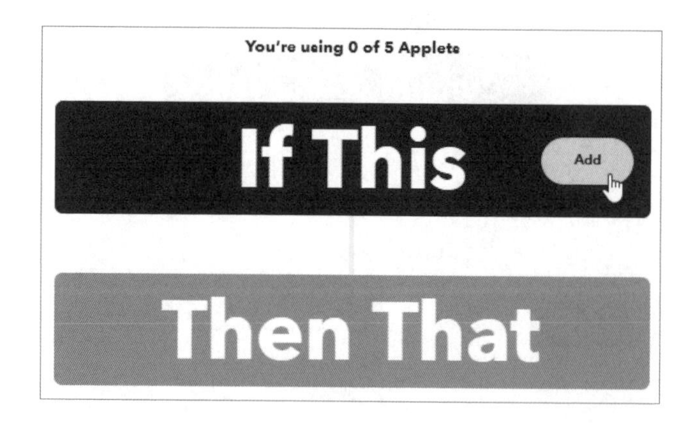

Step 3 選擇觸發事件的服務，請在欄位輸入【web】找到 Webhooks 後，選【Webhooks】使用 HTTP 請求來觸發事件。

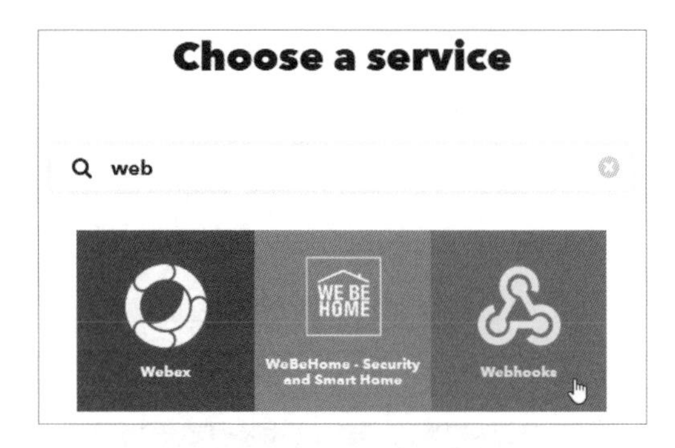

Step 4 選【Received a web request】觸發器，當收到 HTTP 請求就觸發事件。

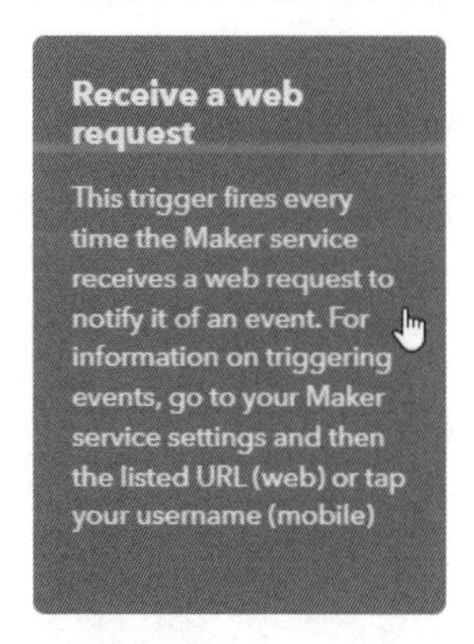

Step 5 按【Connect】鈕連接服務後，在【Event Name】欄位輸入事件名稱【ButtonClick】，按【Create trigger】鈕建立觸發事件的觸發器。

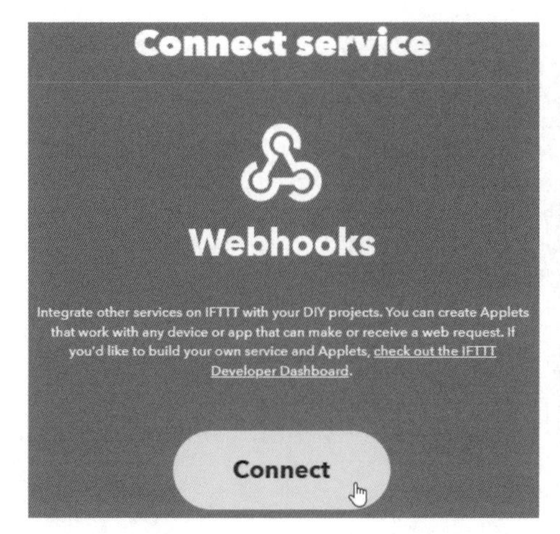

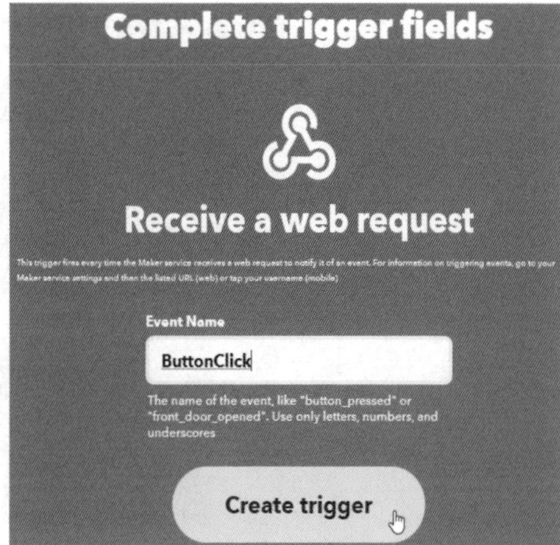

Step 6 接著指定 If 事件觸發後，Then That 執行的動作，請按下方 Then That 之後的【Add】鈕新增動作的 Web 服務。

Step 7 因為動作是準備寄送電子郵件給自己，請在欄位輸入 email，找到 Email 服務後，在下方選【Email】服務。

Step 8 選擇服務回應的動作，選【Send me an email】寄送電子郵件給自己。

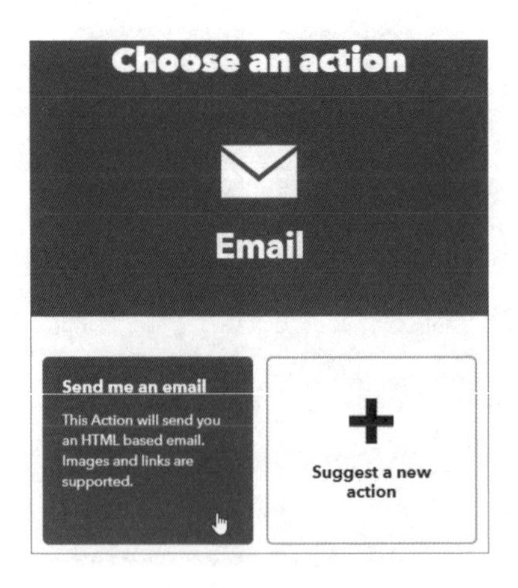

Step 9 在【Subject】主旨和【Body】郵件內容預設填入範本內容，如果需要修改，請在點選後編輯郵件內容，EventName、OccuredAt 和 Value1～3 是自動填入的事件名稱、觸發時間和 3 個 URL 參數值，在完成編輯後，請按【Create action】鈕建立動作。

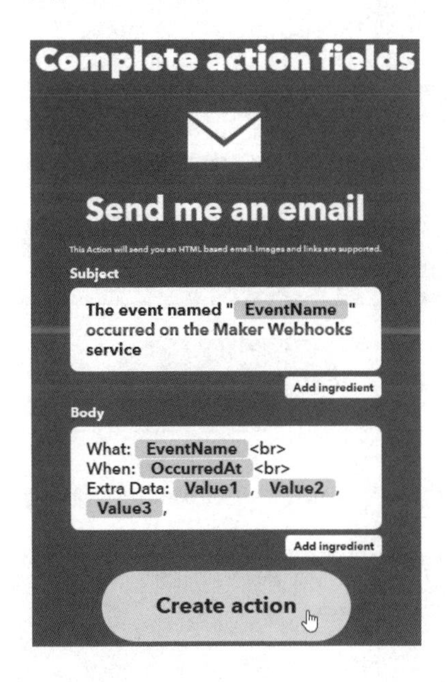

Step 10 然後按【Continue】鈕繼續。

Step 11 接著看到建立的 Applet 內容，如果沒有問題，按【Finish】鈕完成建立。

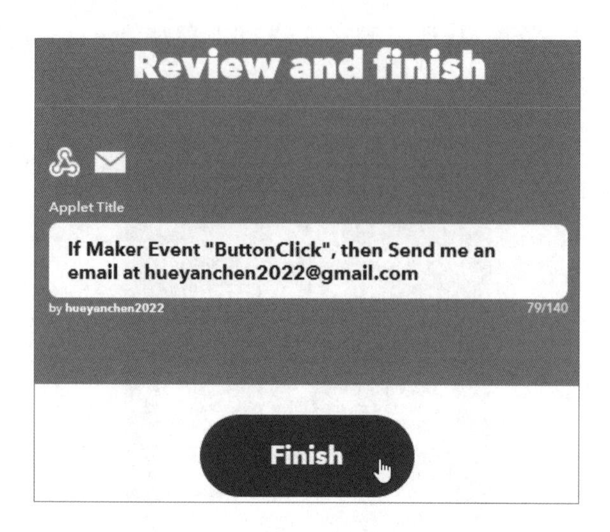

Step 12 最後可以看到新增的 Applet，Connected 表示已經成功連接。

在 Webhooks 服務取得 API 金鑰字串和測試服務

在完成 Applet 的建立後，我們還需要進入 IFTTT 的 Webhooks 服務網址來取得 API 金鑰字串，其步驟如下所示：

Step 1 請點選 Applets 上方 Webhooks 服務圖示，或直接進入 https://ifttt.com/maker_webhooks 網址的服務網頁。

Step 2 按網頁中游標所在的【Documentation】鈕。

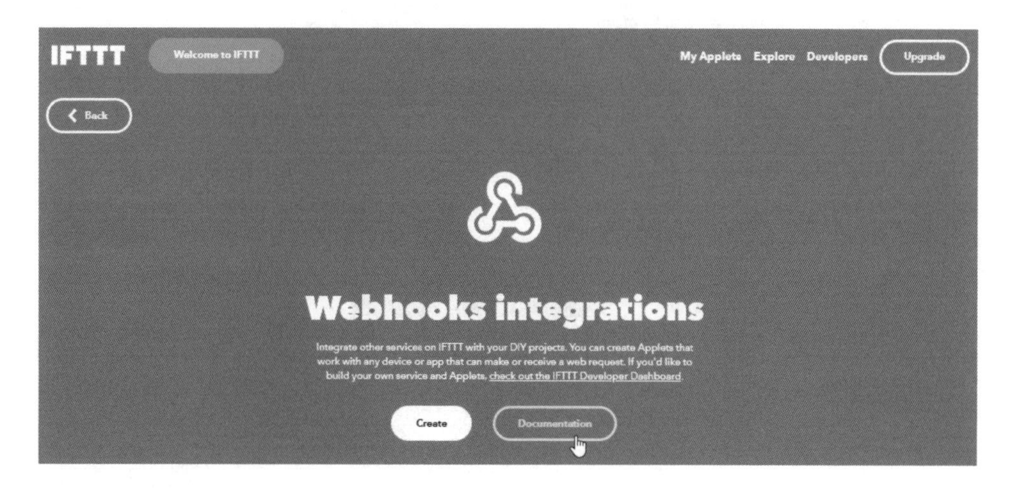

Step 3 在 Your key is: 下方的字串就是 API 金鑰字串。

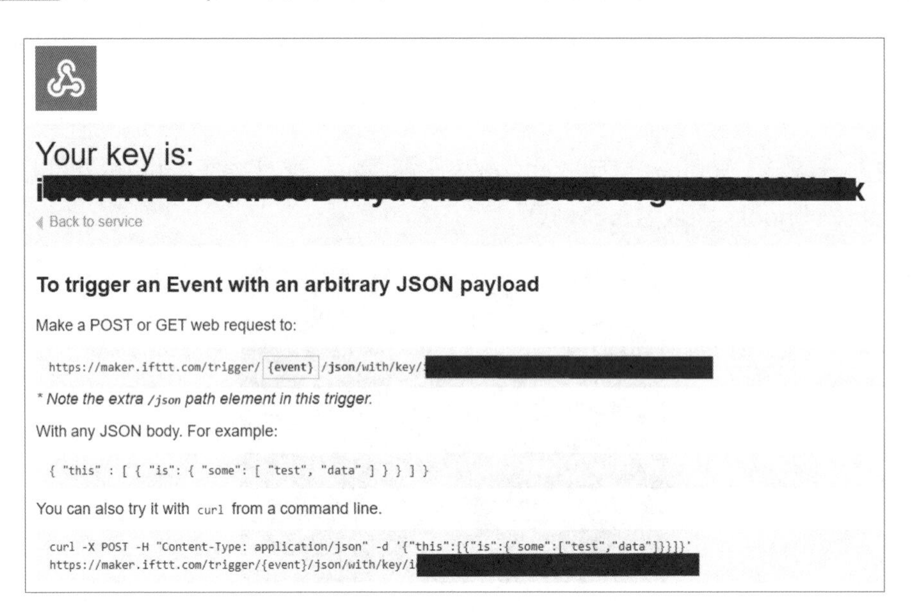

Step 4 我們可以在下方「To trigger an Event with 3 JSON Values」區段的【{event}】欄輸入事件名稱 ButtonClick，JSON 資料的 value1～3 是送出的 3 個值，按【Test It】鈕測試觸發此事件。

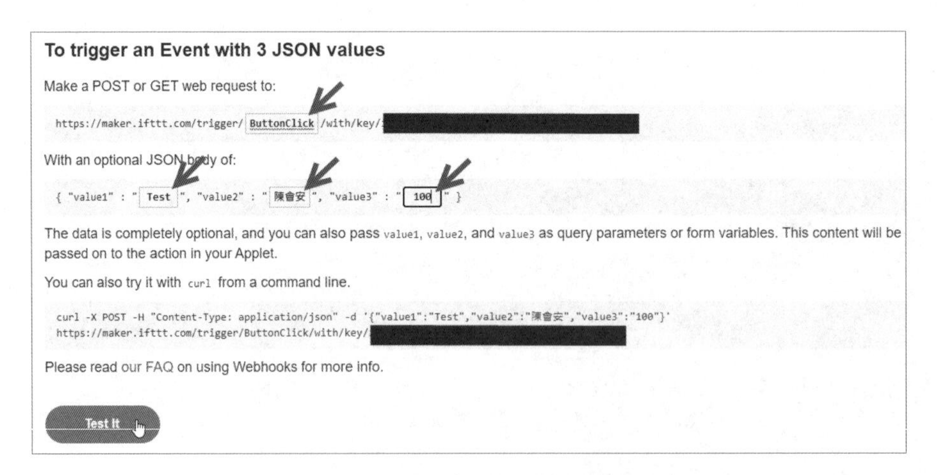

Step 5 請開啟郵件工具，可以收到 IFTTT 送出的電子郵件，這是觸發 ButtonClick 事件送出的電子郵件，其內容可以看到 value1～3 的資料。

Webhooks 服務觸發事件的 URL 網址

IFTTT 的 Webhooks 服務觸發事件的 URL 網址語法，如下所示：

```
https://maker.ifttt.com/trigger/<Event_Name>/with/key/<API_KEY>/?value1=
<V1>&value2=<V2>&value3=<V3>
```

上述 <Event_Name> 是事件名稱，<API_KEY> 是 API 金鑰字串，<V1～3> 是在電子郵件內容顯示的 value1～3 值。

≫ 10-3-3 建立 MicroPython 程式使用 IFTTT 服務

MicroPython 程式可以使用 urequests 模組的 get() 方法送出 HTTP 請求來觸發 IFTTT 服務。我們準備結合按鍵開關，當按下按鍵，就送出 Email 電子郵件。

中文參數值的 URL 編碼處理 | ch10-3-3.py

在 IFTTT 服務的 Webhook 可以有 3 個參數 value1～3，如果參數值是中文，就需先執行 URL 編碼處理，如下一頁所示：

```
https://maker.ifttt.com/trigger/buttonclick/with/key/<API_KEY>/
?value1=100&value2=陳會安
```

上述 value2 參數值是中文，所以需要 URL 編碼處理，如下所示：

```
https://maker.ifttt.com/trigger/buttonclick/with/key/<API_KEY>/?value1=
100&value2=%E9%99%B3%E6%9C%83%E5%AE%89
```

在 urlencode.py 提供 urlencode() 函式，可以將字典資料 URL 編碼成參數字串，首先匯入 urlencode() 函式，如下所示：

```
from urlencode import urlencode

value1 = 100
value2 = "陳會安"
params = { "value1": value1,
           "value2": value2 }
print(urlencode(params))
```

上述程式碼建立參數字典 params 後，呼叫 urlencode() 函式來 URL 編碼參數字串，其執行結果如下所示：

```
value2=%E9%99%B3%E6%9C%83%E5%AE%89&value1=100
```

使用 urequests.get() 方法觸發 IFTTT 服務 | ch10-3-3a.py

IFTTT 的 Webhooks 服務可以使用 urequests 模組的 get() 方法送出 HTTP 請求來觸發事件，如下所示：

```
from machine import Pin
import utime, urequests
from urlencode import urlencode
import xtools
```

```
xtools.connect_wifi_led()
button = Pin(4, Pin.IN, Pin.PULL_UP)
```

上述程式碼匯入相關模組後，呼叫 connect_wifi_led() 函式建立 WiFi 連線，然後建立按鍵開關的 Pin 物件。在下方依序是 API 金鑰、value1 和 value2 參數值的 params 字典，如下所示：

```
APIKEY = "<API金鑰>"
value1 = 100
value2 = "陳會安"
params = { "value1": value1,
           "value2": value2 }
WEBHOOK_URL="https://maker.ifttt.com/trigger/ButtonClick/with/key/"
WEBHOOK_URL+=APIKEY + "/?" + urlencode(params)
```

上述程式碼建立 Webhooks 的 URL 網址，最後呼叫 urlencode() 函式編碼參數字串。在下方 while 無窮迴圈使用 if 條件判斷是否有按下按鍵開關，如果有，就使用 get() 方法送出 HTTP 請求來觸發事件，如下所示：

```
print("請按下按鍵開關來送出Email...")
while True:
    if button.value() == 0:   # 值 0 是按下
        print("送出Email!")
        urequests.get(WEBHOOK_URL)
        utime.sleep(10)
```

上述程式碼的執行結果，當我們按下按鍵開關，可以看到訊息文字 " 送出 Email!"，稍等一下，就可以在郵件工具收到通知郵件，如下一頁所示：

MicroPython 程式：ch10-3-3b.py 改用 xtools 模組的 webhook_get() 函式送出 HTTP 請求來觸發事件，此函式如果發生錯誤就會閃爍內建 LED，如下所示：

```
…
while True:
    if button.value() == 0:    # 值 0 是按下
        xtools.webhook_get(WEBHOOK_URL)
        utime.sleep(10)
```

10-4 申請與使用 LINE Notify

LINE 提供 LINE Notify 官方帳號，我們只需申請存取權杖，就可以透過 LINE Notify 傳送通知訊息至目標使用者的 LINE App。

≫ 10-4-1 申請 LINE Notify 存取權杖

在建立 MicroPython 程式使用 LINE Notify 傳送通知訊息給使用者前，我們需要申請 LINE Notify 存取權杖，其步驟如下所示：

步驟一：登入 LINE Notify 服務

請開啟 LINE Notify 官方網站：https://notify-bot.line.me/zh_TW/，點選右上方【登入】超連結後，輸入 LINE 帳號、密碼和認證後即可登入，如下圖所示：

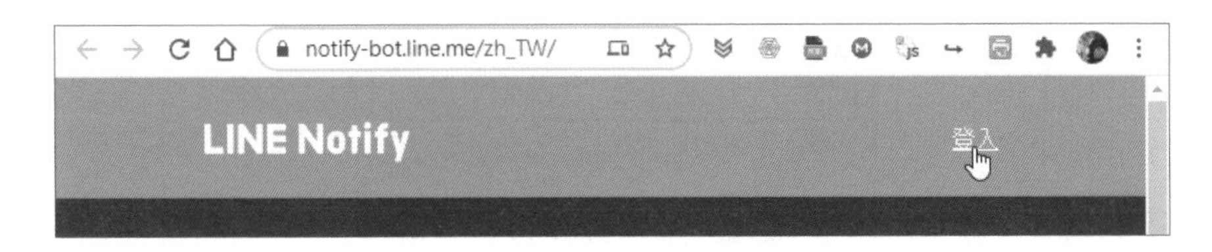

步驟二：取得 LINE Notify 存取權杖（Token）

在登入 LINE 後，就可以發行和取得存取權杖，其步驟如下所示：

Step 1 點選右上方姓名後，再選【個人頁面】選項。

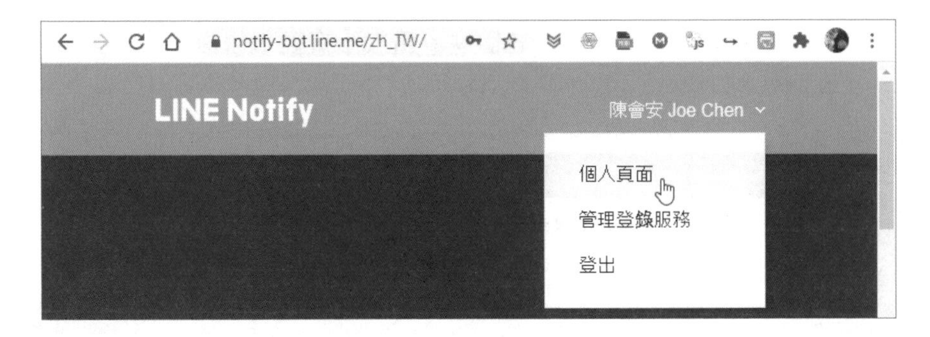

Step 2 請向下捲動頁面找到「發行存取權杖 (開發人員用)」區段後，按【發行權杖】鈕。

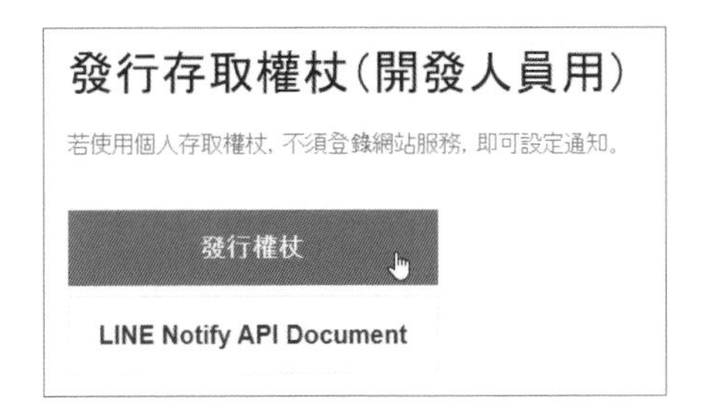

Step 3 在輸入權杖名稱和選【透過 1 對 1 聊天接收 LINE Notify 的通知】後，按【發行】鈕。

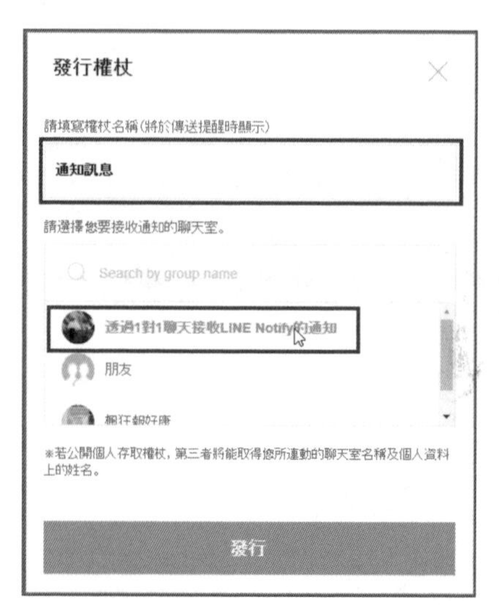

Step 4 在方框中可以看到已發行的權杖，請按【複製】鈕複製權杖至剪貼簿後，按【關閉】鈕。

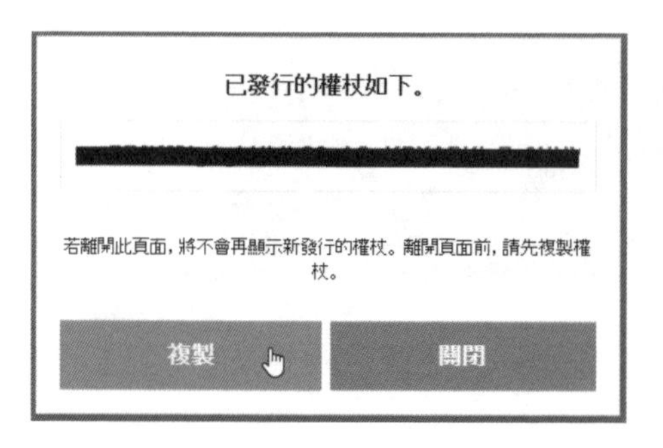

Step 5 然後在網頁開頭可以看到已連動的服務清單，如下圖所示：

步驟三：在 LINE App 加入 LINE Notify 成為好友

最後，請在 LINE App 將 LINE Notify 加入成為好友，就能接收 MicroPython 程式送出的通知訊息。

≫ 10-4-2 建立 MicroPython 程式發送 LINE Notify 通知

在成功取得 LINE Notify 存取權杖後，我們準備建立 MicroPython 程式來發送 LINE Notify 通知訊息。

使用 MicroPython 程式發送通知訊息 | ch10-4-2.py

因為 urequests 模組的 post() 方法沒有實作 params 參數，並無法使用此方法發送 LINE Notify 通知訊息，所以筆者改寫 urequests 模組成 xrequests.py，新增 params 參數和加上 URL 編碼，可以直接使用 post() 方法來發送 LINE Notify 通知訊息。

在 xtools.py 自訂模組提供 line_msg() 函式寄送 LINE Notify（這是使用 xrequests 模組的 post() 方法），如下所示：

```
import xtools

xtools.connect_wifi_led()

token = "<存取權杖>"
message = "使用MicroPython送出Notify通知訊息"
xtools.line_msg(token, message)
```

上述程式碼的執行結果可以在 LINE App 的 LINE Notify 看到發送的通知訊息，如右圖所示：

10-5 整合應用：使用 LINE Notify 送出天氣通知

我們只需整合第 9-6 節的 OpenWeatherMap 天氣資訊、第 10-4 節的 LINE Notify 通知訊息和第 10-3-3 節的按鍵開關功能，只需按下按鍵開關，即可發送天氣描述的 LINE Notify 通知。

MicroPython 程式：ch10-5.py 的執行結果可以在 LINE App 的 LINE Notify 看到發送的天氣描述通知訊息，如下圖所示：

MicroPython 程式碼是在第 1～3 行匯入相關模組，第 5 行連線 WiFi，第 6 行建立按鍵開關的 Pin 物件，如下所示：

```
01: import xtools
02: from machine import Pin
03: import utime, urequests, ujson
04:
05: xtools.connect_wifi_led()
06: button = Pin(4, Pin.IN, Pin.PULL_UP)
07:
08: API_key = "<API金鑰>"
09: token = "<存取權杖>"
10: city = "Taipei"
11: country = "TW"
12: url  = "https://api.openweathermap.org/data/2.5/weather?"
13: url += "q=" + city + "," + country    # 城市與國別
14: url += "&units=metric&lang=zh_tw&"    # 單位
15: url += "appid=" + API_key
```

上述第 8～11 行是相關變數，在第 12～15 行建立 OpenWeatherMap 天氣資訊 Web API 的存取網址。在下方第 17～27 行是 get_weather_description() 函式，可以回傳天氣描述，如下所示：

```
17: def get_weather_description():
18:     try:
19:         response = urequests.get(url)
20:         data = ujson.loads(response.text);
21:     except:
22:         data = None
23:     if not data:
24:         return "沒有查詢到天氣資料"
25:     else:
26:         weather = data["weather"][0]
27:         return weather["description"]
28:
29: print("請按下按鍵開關來送出LINE Notify通知訊息...")
30: while True:
31:     if button.value() == 0:    # 值 0 是按下
32:         print("送出LINE Notify!")
33:         message = get_weather_description()
34:         xtools.line_msg(token, message)
35:         utime.sleep(10)
```

上述第 30～35 行的 while 無窮迴圈使用第 31～35 行的 if 條件判斷是否有按下按鍵開關，如果有，就在第 33 行呼叫 get_weather_description() 函式取得天氣描述，第 34 行呼叫使用 line_msg() 函式送出 LINE Notify 通知訊息。

學習評量

1. 請簡單說明 MicroPython 檔案系統？我們可以如何管理 MicroPython 檔案系統的檔案 / 目錄？ uos 模組是什麼？
2. 請說明本書提供的工具箱模組所提供的功能？
3. 請問什麼是 IFTTT ？ IFTTT 如何連接不同 App、Web 服務和裝置？
4. 請簡單說明 LINE Notify 通知是什麼？ MicroPython 程式如何使用 LINE Notify 通知？
5. 請建立 MicroPython 程式結合光敏電阻來持續讀取光線亮度值，當值超過 500，就使用 IFTTT 的 Email 通知使用者。
6. 請修改第 10-5 節的 MicroPython 程式，可以發送 LINE Notify 通知訊息來通知目前的氣溫。

CHAPTER

11

物聯網雲端平台：建立 ThingSpeak+Adafruit.IO 儀表板

11-1 使用 ThingSpeak 物聯網平台

ThingSpeak 是一個物聯網雲端平台，我們可以透過 ThingSpeak 的頻道（Channel）來即時遠端監控感測器的數據。

≫ 11-1-1 在 ThingSpeak 申請帳號和新增頻道

ThingSpeak 提供免費帳號，我們只需申請帳號和新增頻道，就可以將感測器數據上傳至頻道來顯示即時的統計圖表。

步驟一：申請 ThingSpeak 帳號

在 ThingSpeak 官方網站可以申請免費帳號，其步驟如下一頁所示：

Step 1 請啟動瀏覽器進入官方首頁：https://thingspeak.com/ 後，按綠色【Get Started For Free】鈕。

Step 2 如果已有 MathWorks 帳號，請輸入 Email 後，點選【Next】登入 ThingSpeak，沒有帳號，點選下方【Create one!】超連結建立新帳號。

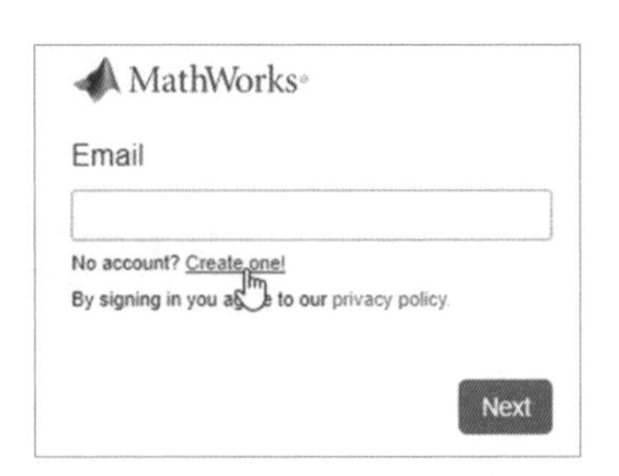

Step 3 請依序輸入電郵地址、所在位置（Location）、名（First Name）和姓（Last Name）後，按【Continue】鈕。

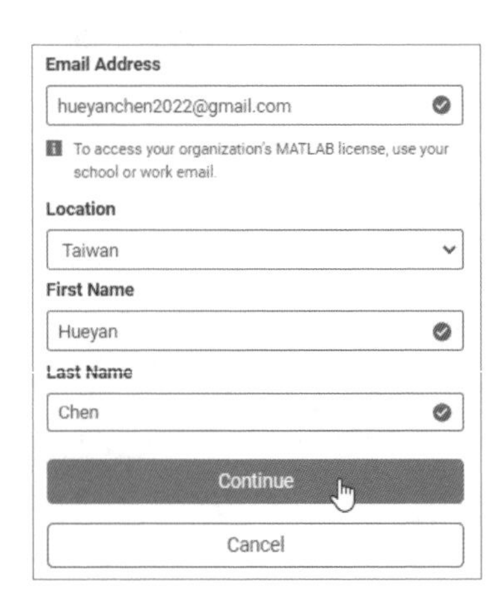

Step 4 因為偵測出是個人電郵地址，請勾選【Use this email for my MathWorks Account】，確認使用此電郵地址來建立 MathWorks 帳號，按【Continue】鈕。

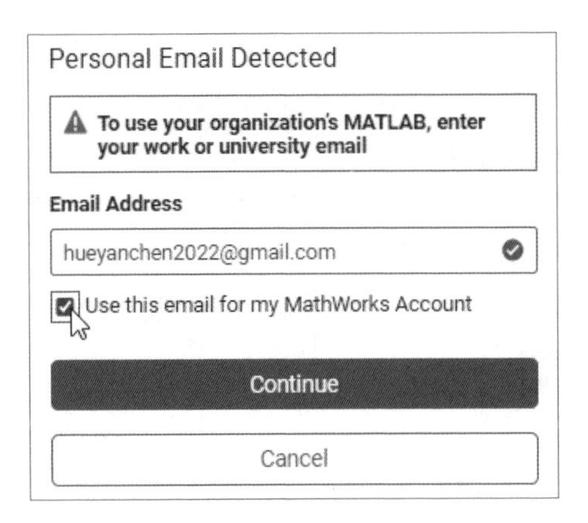

Step 5 ThingSpeak 會送出一封驗證郵件至電郵地址來驗證 MathWorks 帳號，需開啟郵件工具收取驗證電郵後，才回來繼續申請步驟。

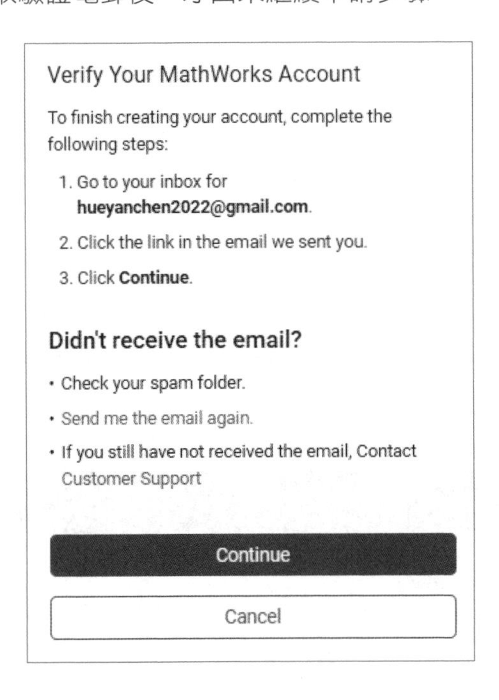

Step 6 請開啟郵件工具，當收到 Verify Email Address 郵件後，在郵件內容按【Verify email】鈕或下方超連結來驗證註冊的電郵地址。

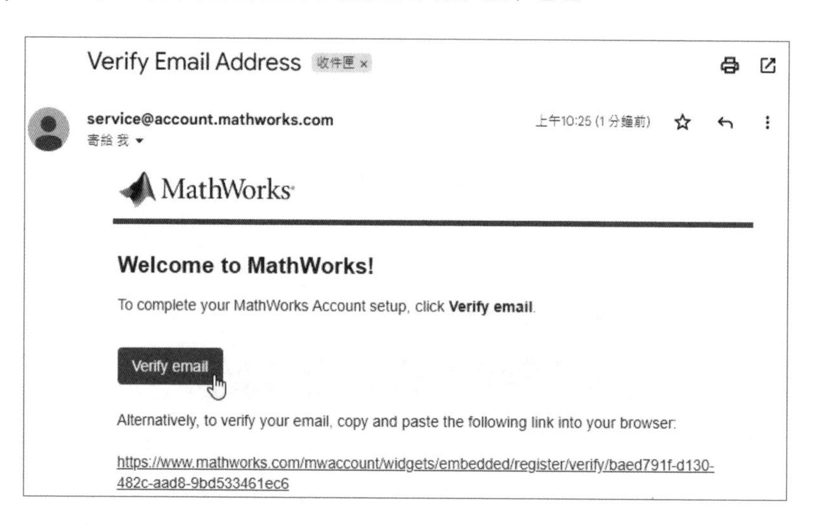

Step 7 選擇 Web Site 所在位置，預設 United States，按【United States】鈕。

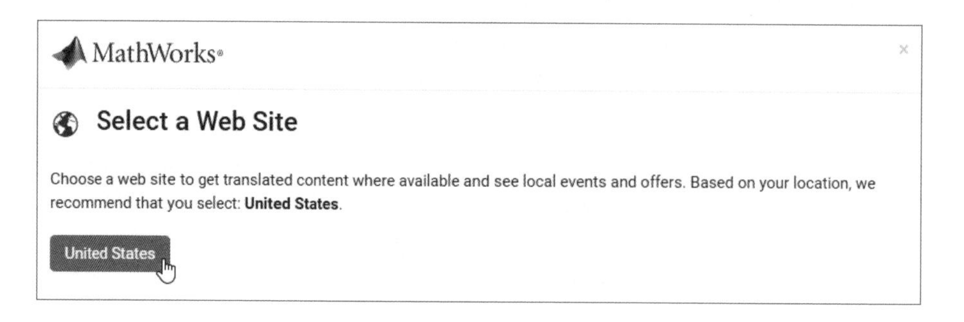

Step 8 當成功驗證帳號後，可以在瀏覽器看到資料已經驗證的畫面。

Step 9 回到申請步驟的網頁，按下方【Continue】鈕繼續。

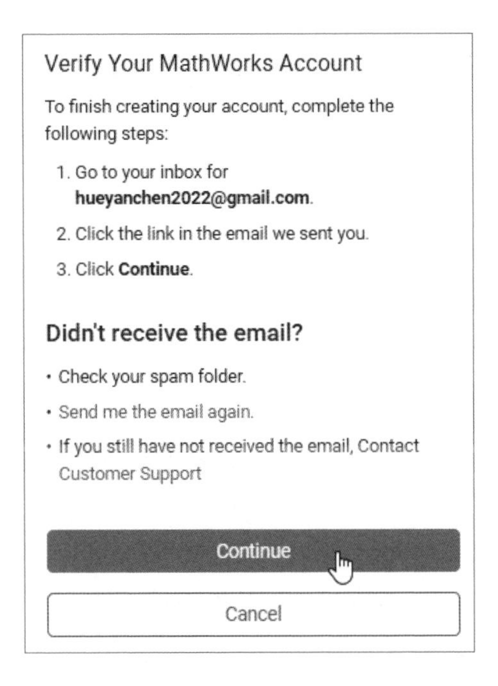

Step 10 請輸入密碼後，勾選下方【I accept the Online Services Agreement】同意授權，按【Continue】鈕繼續。

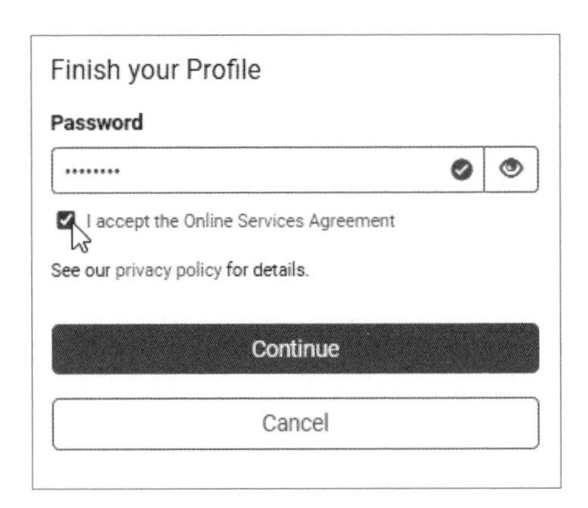

Step 11 可以看到已經成功註冊 ThingSpeak 帳號，請按【OK】鈕繼續。

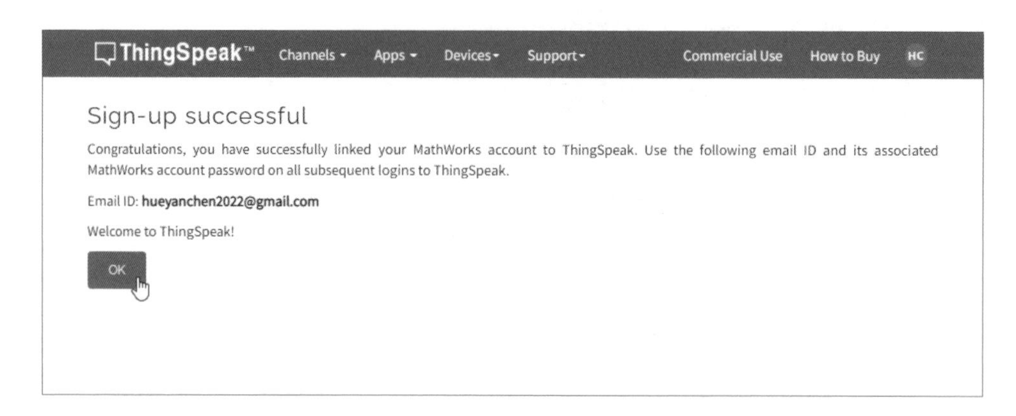

Step 12 然後是詢問表單，詢問申請帳號的用途和專案描述，請自行填寫後，按【OK】鈕進入 ThingSpeak 的頻道管理頁面。

步驟二：新增 ThingSpeak 頻道和取得 API 金鑰

當成功申請帳號且登入 ThingSpeak 後，我們就可以新增頻道和取得 API 金鑰，其步驟如下所示：

Step 1 請登入 ThingSpeak 或繼續上一頁申請步驟，按【New Channel】鈕新增頻道。

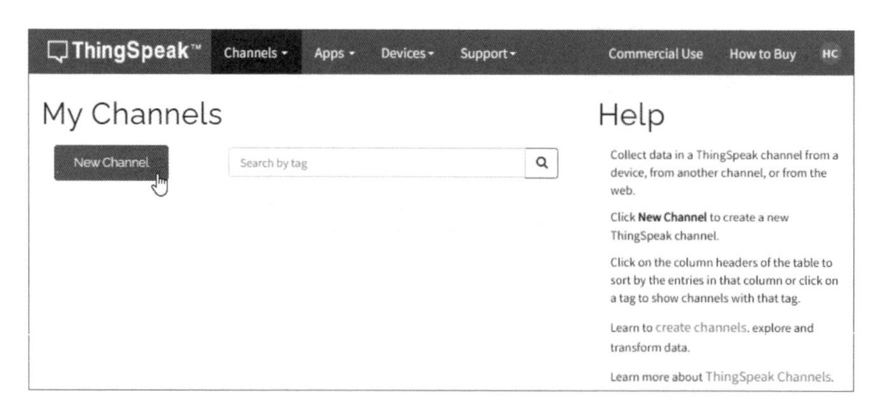

Step 2 在【Name】欄輸入頻道名稱，【Description】欄是頻道描述，在下方設定上傳資料欄位（可以有多個），請在【Field 1】欄輸入 Temperature 溫度；【Field 2】欄輸入 Humidity 溼度。

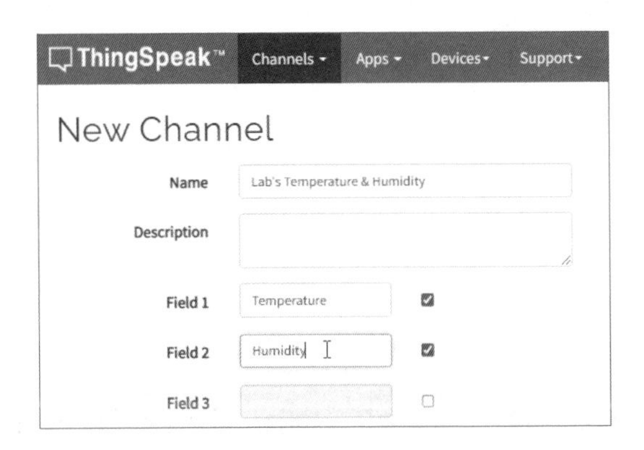

Step 3 請捲動視窗至最後，按【Save Channel】鈕儲存頻道。

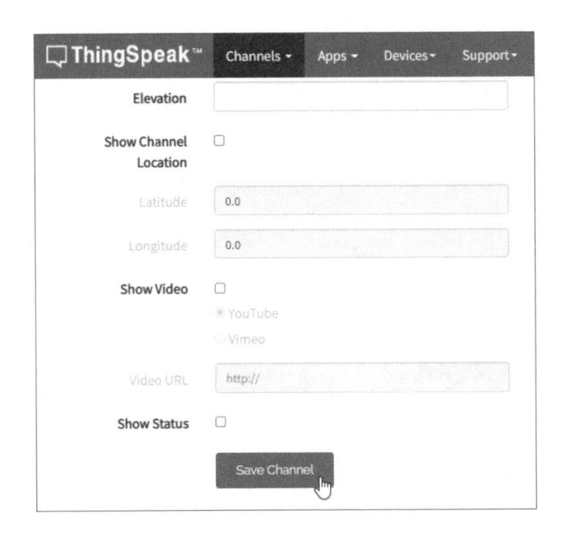

Step 4 可以看到【Channel ID】（請記下此頻道編號），在下方 2 個方框顯示 2 個欄位的統計圖表，目前並沒有任何資料，請點選中間的【API Keys】標籤。

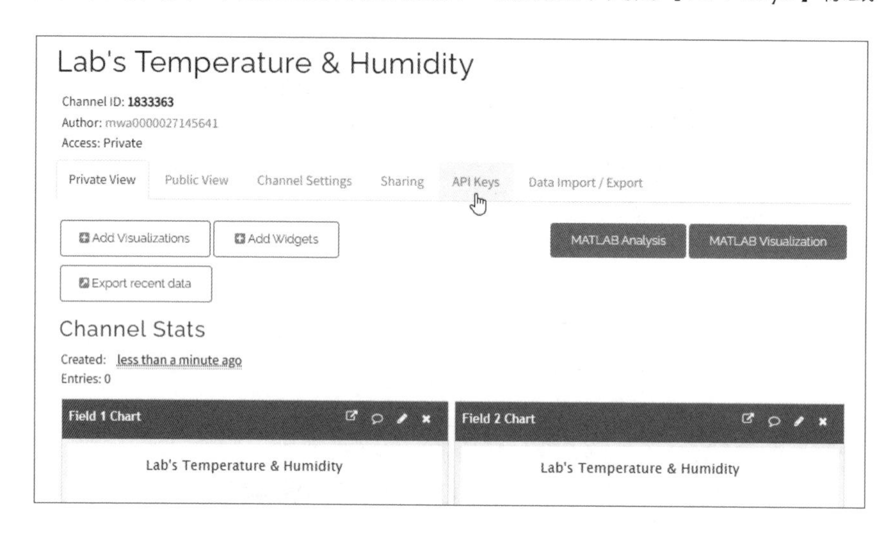

Step 5 在此標籤顯示 Write API Key 金鑰字串，請記下金鑰，按下方【Generate New Write API Key】鈕可以重新產生 Write API Key 金鑰。

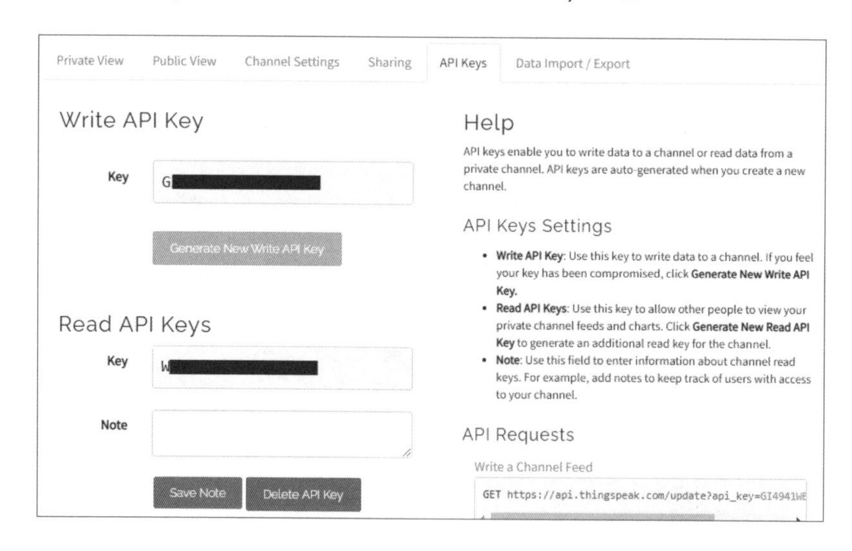

Step 6 選【Sharing】標籤設定上傳資料的分享方式，請在下方選【Share channel view with everyone】分享給所有人檢視。

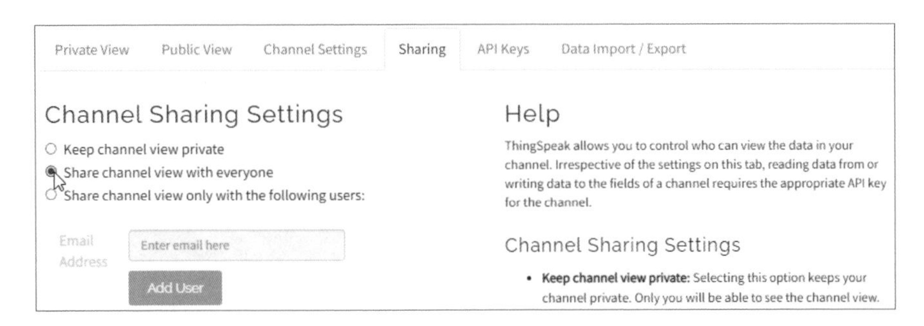

因為頻道是設定分享給所有人檢視，請在瀏覽器輸入下列網址來檢視 ThingSpeak 頻道，在 URL 網址最後是頻道編號，如下所示：

```
https://thingspeak.com/channels/<channel ID>
```

≫ 11-1-2　建立 MicroPython 上傳資料至 ThingSpeak

在 ThingSpeak 新增頻道後，MicroPython 程式是使用 Channel ID 和 WRITE API 金鑰字串來上傳感測器資料到 ThingSpeak 頻道。ThingSpeak 上傳頻道資料的 HTTP 請求，如下所示：

```
https://api.thingspeak.com/update?api_key=<API_KEY>&field1=<V1>&field2=<V2>
```

上述 <API_KEY> 是 WRITE API 金鑰字串，<V1> 和 <V2> 是上傳欄位值，免費帳戶允許每 15 秒上傳一次資料。

MicroPython 程式上傳資料至 ThingSpeak　| ch11-1-2.py

MicroPython 程式可以使用 urequests 模組的 get() 方法送出上傳資料的 HTTP 請求，或直接呼叫 xtools 自訂模組的 webhook_get() 函式，首先匯入相關模組和連線 WiFi，如下所示：

```
import xtools, utime

xtools.connect_wifi_led()

WRITE_API_KEY = "<WRITE API金鑰>"

while True:
    temp = xtools.random_in_range(10, 35)
    hum = xtools.random_in_range(60, 90)
    print("儲存溫度和濕度資料: ", temp, hum)
```

上述程式碼指定 WRITE API 金鑰後，在 while 無窮迴圈可以每 15 秒執行 1 次，因為 DHT11 溫溼度感測器模組的說明請參閱第 15-3-2 節，目前我們是使用 random_in_range() 函式產生指定範圍的整數亂數來模擬數據。

在下方建立上傳頻道資料 HTTP GET 請求的 URL 網址後，呼叫 webhook_get() 函式送出 HTTP 請求，如下所示：

```
    url = "http://api.thingspeak.com/update?"
    url += "api_key=" + WRITE_API_KEY
    url += "&field1=" + str(temp)
    url += "&field2=" + str(hum)
    print(url)
    xtools.webhook_get(url)
    utime.sleep(15)
```

上述程式碼的執行結果可以間隔 15 秒上傳頻道的溫 / 溼度資料，同步就可以在頻道檢視繪出的折線圖，如右圖所示：

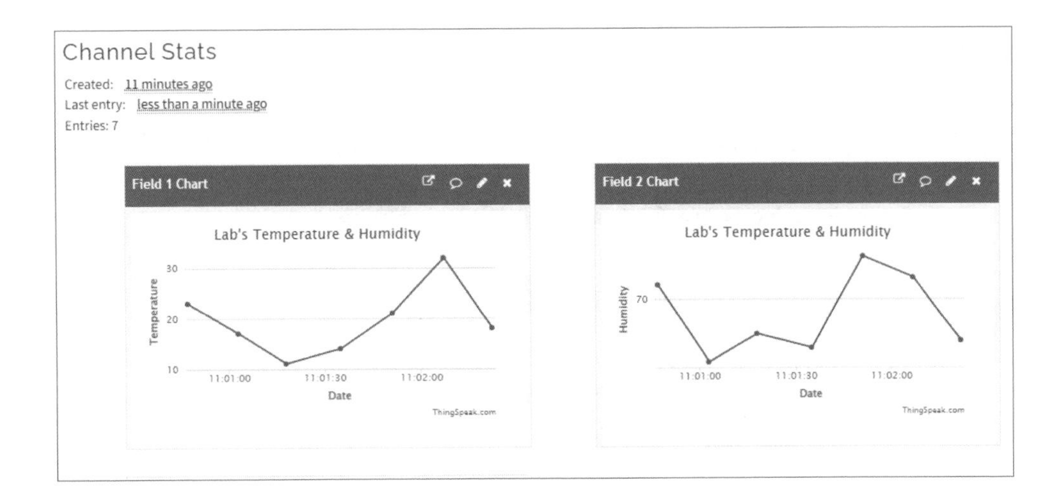

≫ 11-1-3　ThingSpeak 支援的小工具

在 ThingSpeak 頻道除了支援折線圖外，還提供多種小工具（Widgets）來顯示數據。請在 My Channels 頁面點選頻道名稱的超連結開啟頻道後，可以在【Private View】或【Public View】標籤頁按【Add Widgets】鈕新增小工具，如下圖所示：

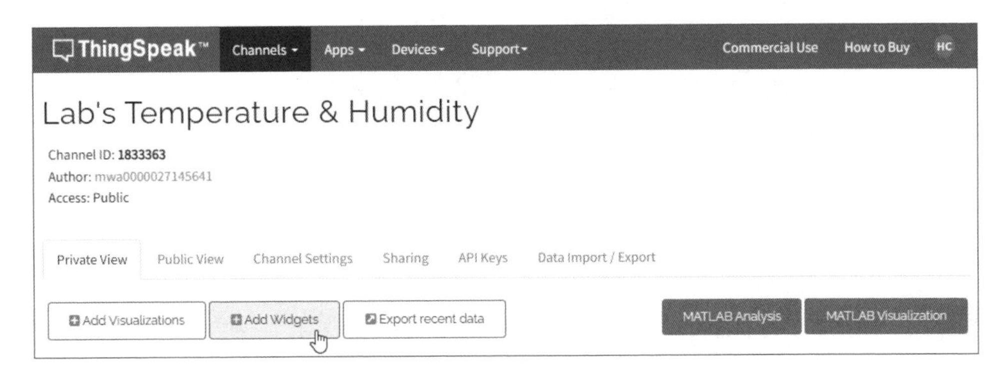

可以看到四種小工具，請選小工具後，按【Next】鈕設定相關參數，即可建立小工具，如下所示。

Gauge 小工具

Gauge 小工具是使用指針顯示欄位值的計量表，在指定名稱（Name）和顯示欄位（Field）後，即可新增 Gauge 顯示欄位資料，如下圖所示：

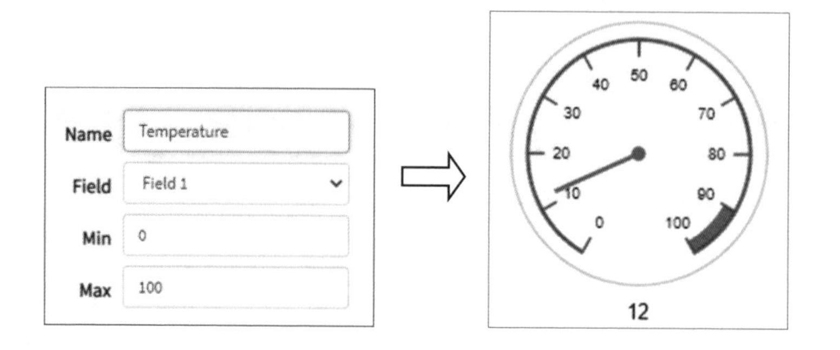

Numeric Display 小工具

Numeric Display 小工具是使用數字顯示欄位資料，在指定名稱（Name）和顯示欄位（Field）後，即可顯示此欄位的數字資料，如右圖所示：

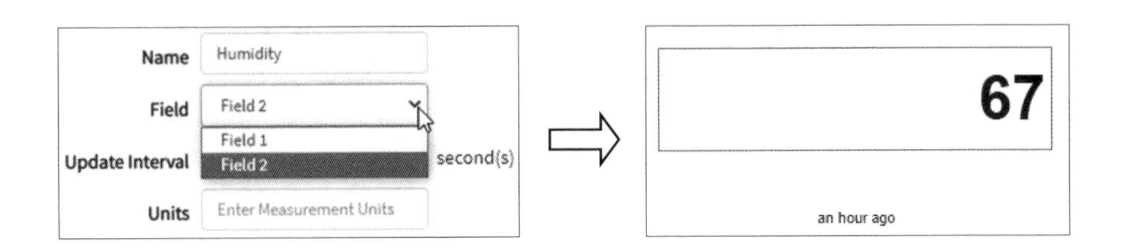

Lamp Indicator 小工具

Lamp Indicator 小工具是一顆指示燈，在指定名稱（Name）和輸入使用欄位（Field）且建立 If 條件後，當 If 條件成立時，就點亮指示燈（即顯示最下方指定的色彩），如下圖所示：

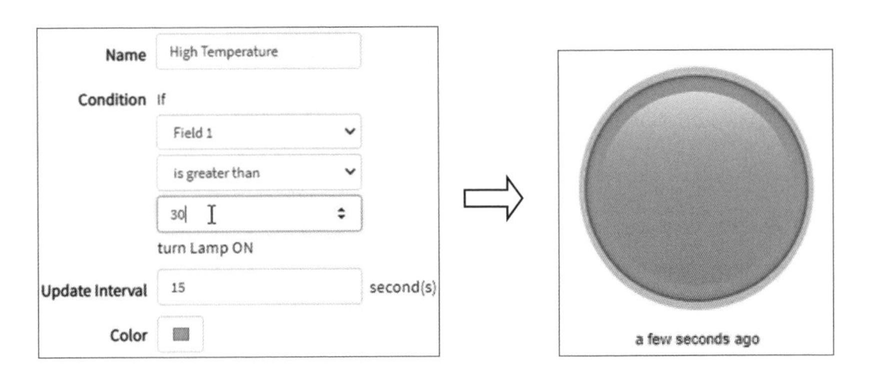

11-2 安裝和使用 ThingView App

ThingSpeak 提供智慧型手機的 ThingView App，可以讓我們使用手機來檢視頻道的統計圖表，其步驟如下所示：

Step 1 請在智慧型手機安裝 ThingView App，在啟動 App 後，按右下方圓形【 + 】號的【Add channel】鈕來新增頻道。

Step 2 在【Channel ID】欄輸入頻道編號，按【Search】鈕，當成功找到頻道後，按【Done】鈕新增頻道，如下一頁所示。

Add new channel
Server url
https://thingspeak.com
Channel ID
1833363
Public
Search

Confirm channel
Channel
Lab's Temperature & Humidity
Description
Fields
Temperature
Humidity
Done

Step 3 可以在頻道清單看到新增的頻道，點選頻道即可開啟頻道。

Step 4 在智慧型手機就可以顯示此頻道的統計圖表。

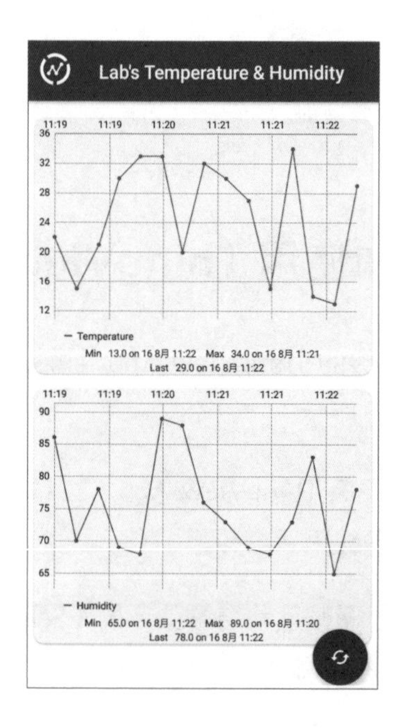

11-3 使用 Adafruit.IO 物聯網平台

Adafruit.IO 是另一個物聯網雲端平台，此平台可以自行建立儀表板來即時遠端監控上傳感測器的數據。

11-3-1 申請與使用 Adafruit.IO 物聯網平台

Adafruit.IO 提供免費帳號，我們只需申請帳號和新增 FEED，就可以建立儀表板來新增折線圖，然後將感測器數據上傳和顯示統計圖表。

步驟一：申請 Adafruit.IO 帳號與新增 FEED

在 Adafruit.IO 官方網站可以申請免費帳號與新增 FEED，如同第 11-1-1 節，我們準備新增溫度和溼度的 2 個 FEED（即上傳平台 2 個資料），其步驟如下所示：

Step 1 請啟動瀏覽器進入官方首頁：https://io.adafruit.com/，點選右上方【Get Started for Free】超連結註冊帳號（Sign In 是登入）。

Step 2 依序輸入名（FIRST NAME）、姓（LAST NAME）、電郵地址（EMAIL）、使用者名稱（USERNAME）、密碼（PASSWORD）後，按【CREATE ACCOUNT】鈕建立帳號。

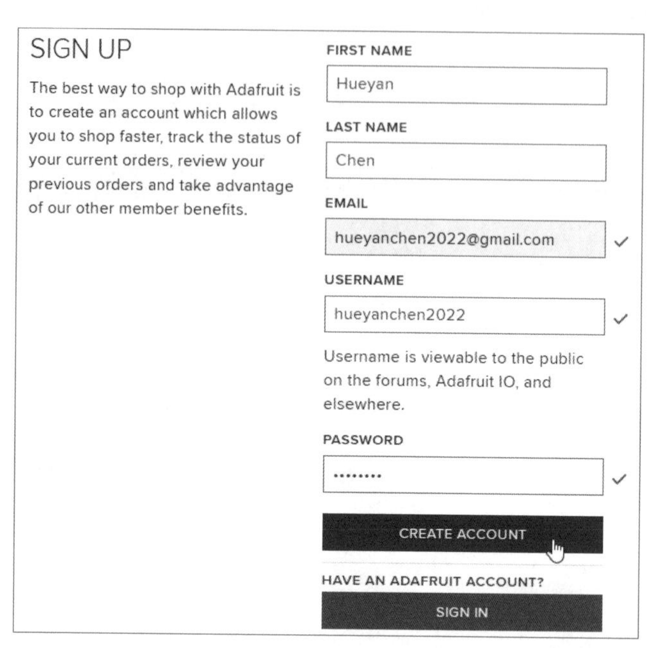

Step 3 可以看到成功建立帳號和進入帳號管理介面。

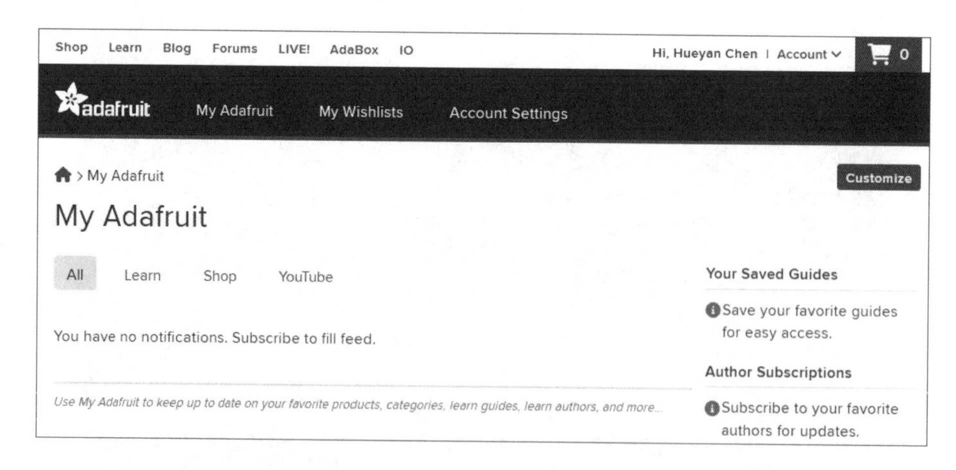

Step 4 在上方點選 IO 標籤，再點選 Feeds 標籤切換至 FEED 管理介面。

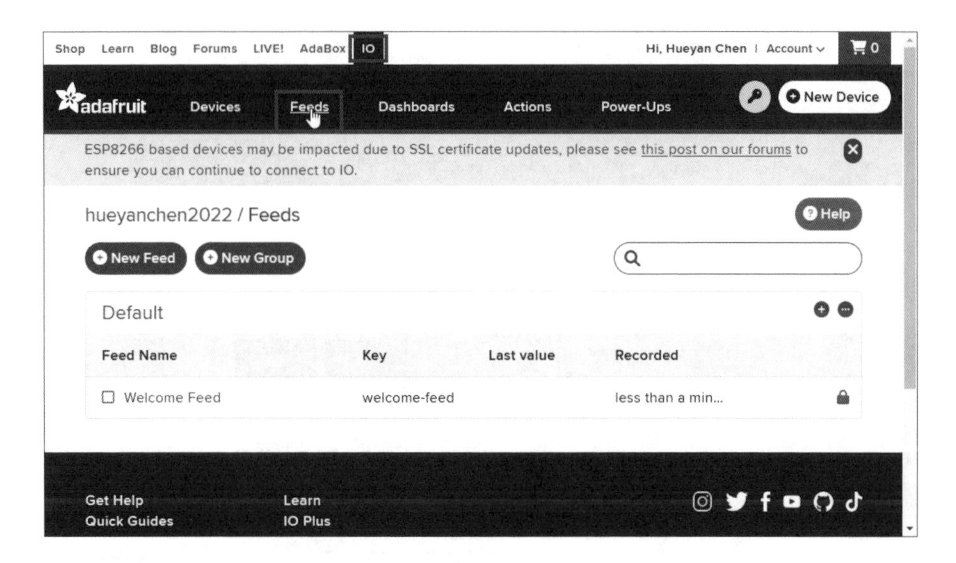

Step 5 再按【New Feed】鈕新增 FEED。

hueyanchen2022 / Feeds

Help

New Feed　New Group

Default

Feed Name	Key	Last value	Recorded
Welcome Feed	welcome-feed		18 minutes ago

Step 6 在【Name】欄位輸入名稱【Temperature】，按【Create】鈕建立 FEED。

Create a new Feed ×

Name

Temperature

Maximum length: 128 characters. Used: 11

Description

Cancel Create

Step 7 可以看到新增的 FEED，Temperature 是 Feed Name；小寫 temperature 是 Key（在 URL 網址是使用 Key；不是 Feed Name）。

hueyanchen2022 / Feeds

Help

New Feed New Group

Default

Feed Name	Key	Last value	Recorded
Temperature	temperature		less than a min...
Welcome Feed	welcome-feed		24 minutes ago

Loaded in 0.82 seconds.

Step 8 請再按【New Feed】鈕新增第 2 個名為【Humidity】的 FEED。

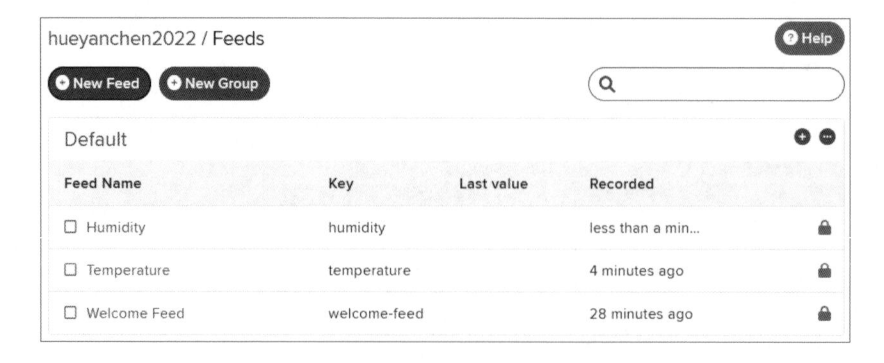

步驟二：建立儀表板 Dashboard

在成功新增 2 個 FEED 後，我們就可以新增儀表板，然後新增折線圖區塊來顯示 FEED 資料的統計圖表，其步驟如下所示：

Step 1 首先請點選【IO > Dashboards】標籤，再按【New Dashboard】鈕來新增儀表板。

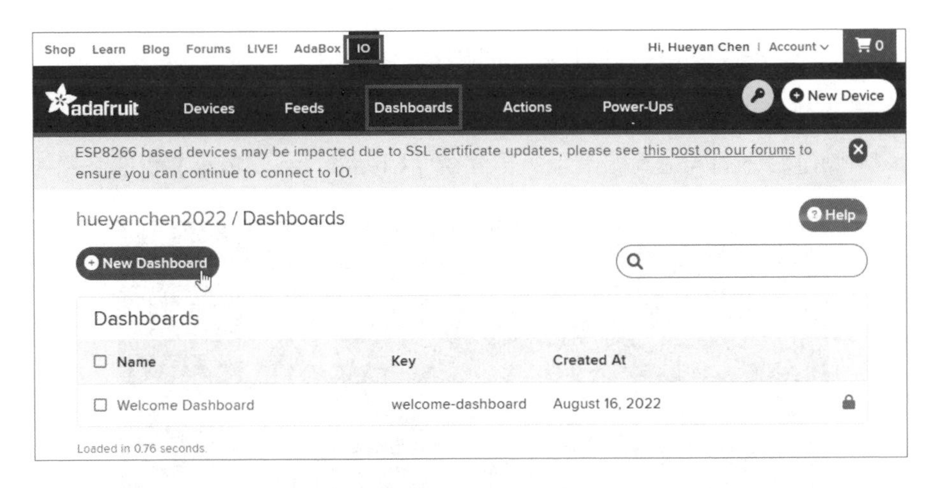

Step 2 在【Name】欄位輸入儀表板名稱（可用中文），按【Create】鈕建立儀表板。

Create a new Dashboard

Name

電腦教室的溫溼度

Description

Cancel Create

Step 3 可以看到新增的儀表板，請點選儀表板的超連結來新增區塊。

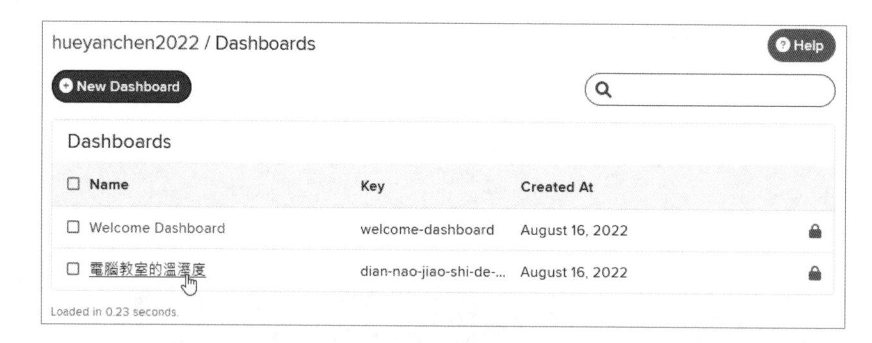

Step 4 點選右方的向上箭頭圖示，再點選【Create New Block】新增區塊。

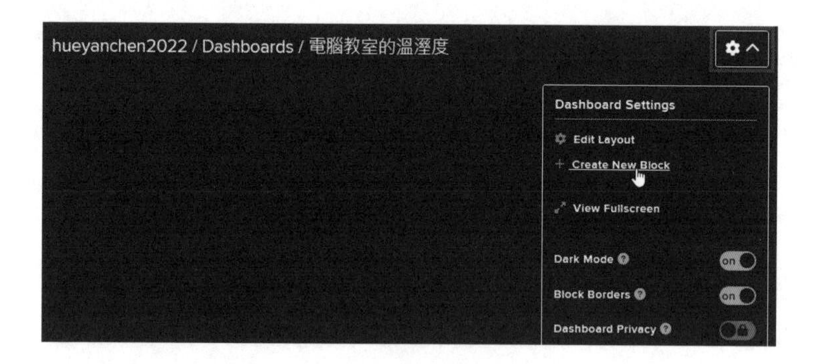

Step 5 點選【Line Chart】區塊的折線圖。

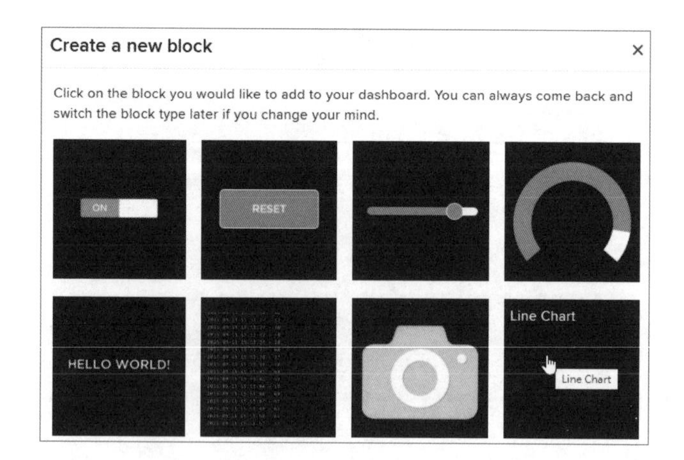

Step 6 勾選 Temperature 連接此 FEED 至區塊後（即將 FEED 的資料顯示在折線圖），按【Next step】鈕。

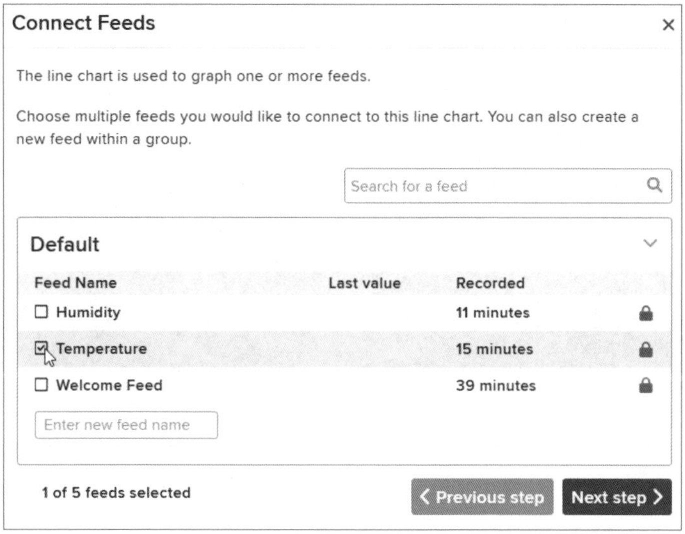

Connect Feeds ×

The line chart is used to graph one or more feeds.

Choose multiple feeds you would like to connect to this line chart. You can also create a new feed within a group.

Search for a feed

Default

Feed Name	Last value	Recorded
☐ Humidity		11 minutes
☑ Temperature		15 minutes
☐ Welcome Feed		39 minutes

Enter new feed name

1 of 5 feeds selected　　< Previous step　　Next step >

Step 7 在【Block Title】輸入標題名稱，按下方【Create block】鈕新增區塊。

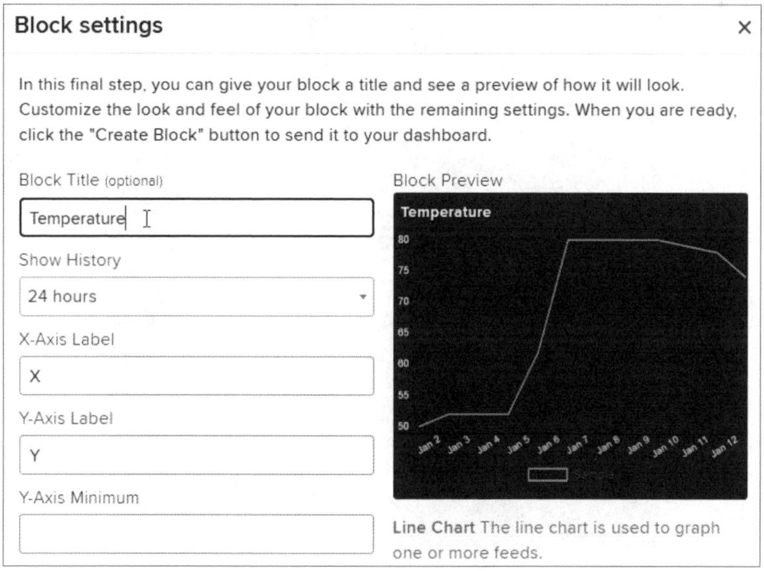

Block settings ×

In this final step, you can give your block a title and see a preview of how it will look. Customize the look and feel of your block with the remaining settings. When you are ready, click the "Create Block" button to send it to your dashboard.

Block Title (optional)

Temperature

Show History

24 hours

X-Axis Label

X

Y-Axis Label

Y

Y-Axis Minimum

Block Preview

Temperature

80 75 70 65 60 55 50

Jan 2 Jan 3 Jan 4 Jan 5 Jan 6 Jan 7 Jan 8 Jan 9 Jan 10 Jan 11 Jan 12

Line Chart The line chart is used to graph one or more feeds.

Step 8 可以在儀表板看到新增的折線圖區塊。

Step 9 請再新增 Line Chart 區塊，連接名為 Humidity 的 FEED，標題名稱也是 Humidity，可以在儀表板看到垂直排列的 2 個折線圖區塊。

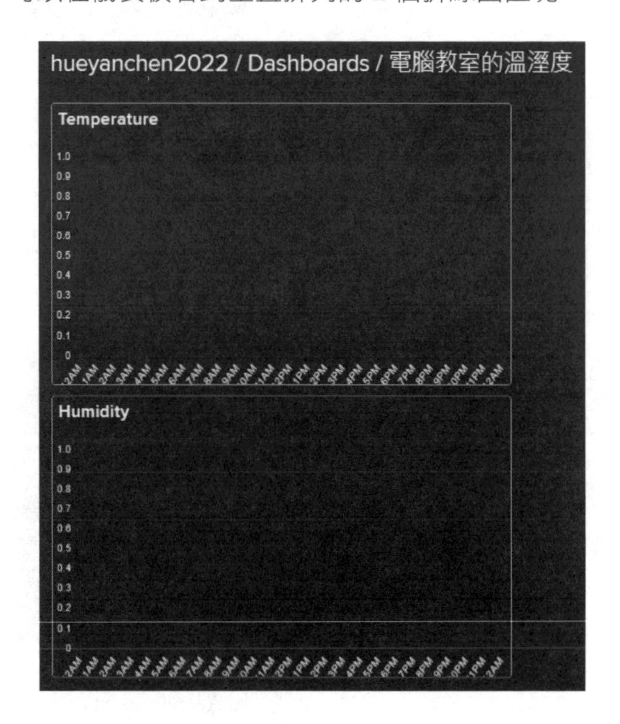

步驟三：取得 Adafruit.IO Key（AIO KEY）

使用 MicroPython 上傳資料至 Adafruit.IO 的 FEED 需要使用 AIO KEY，取得 AIO KEY 的步驟如下所示：

Step 1 請在【IO】標籤下，點選【API Key】圖示。

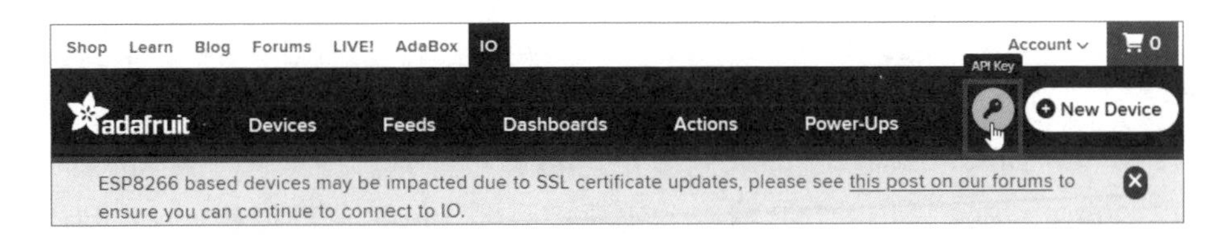

Step 2 可以看到使用者名稱和 AIO KEY，請記下 Username 和 Active Key 欄位的資料，Active Key 就是 AIO Key。

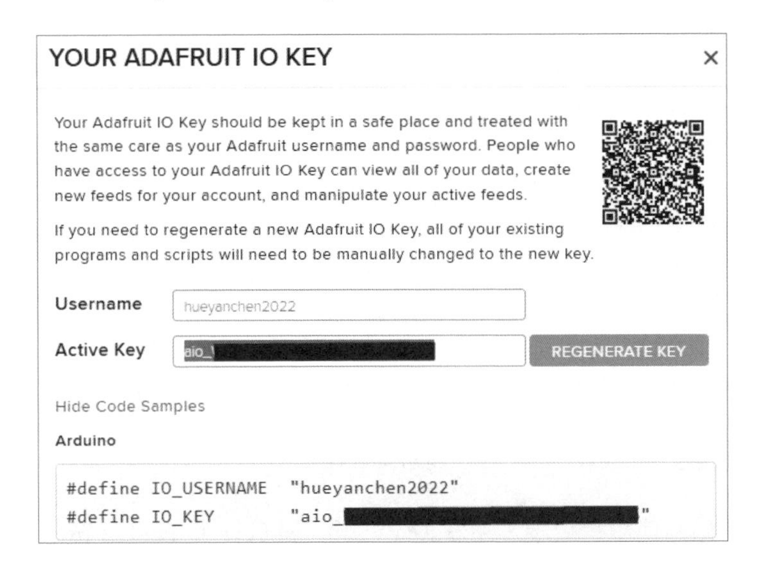

≫ 11-3-2　建立 MicroPython 上傳資料至 Adafruit.IO

在 Adafruit.IO 新增 FEED 和儀表板的折線圖區塊後，MicroPython 程式是使用 Username 和 Active Key（AIO Key）上傳感測器資料到 Adafruit.IO 的 FEED。

上傳資料的 HTTP POST 請求，如下所示：

```
https://io.adafruit.com/api/v2/<USER>/feeds/<FEED>/data?X-AIO-Key=<AIO_KEY>
```

請注意！上述 <FEED> 的 FEED 名稱是 Key 欄位的小寫英文，例如：使用 Key 欄位的 temperature；不是 FEED 名稱 Temperature。

MicroPython 程式上傳資料至 Adafruit.IO | ch11-3-2.py

因為 MicroPython 程式上傳的資料是 Python 字典，我們需要使用 xrequests.py 模組的 post() 方法送出 HTTP 請求，或直接呼叫 xtools 自訂模組的 webhook_post() 函式，首先匯入相關模組和連線 WiFi，如下所示：

```
import xtools, utime

xtools.connect_wifi_led()

ADAFRUIT_IO_USERNAME = "<USERNAME>"
ADAFRUIT_IO_KEY = "<AIO KEY>"
FEED1 = "temperature"
FEED2 = "humidity"

while True:
    temp = xtools.random_in_range(10, 35)
    hum = xtools.random_in_range(60, 90)
    print("儲存溫度和濕度資料: ", temp, hum)
```

上述程式碼指定使用者名稱、AIO KEY 金鑰、FEED1 和 FEED2 後，在 while 無窮迴圈可以每 5 秒執行 1 次，因為 DHT11 溫溼度感測器模組的說明在第 15-3-2 節，所以是使用 random_in_range() 函式產生指定範圍的整數亂數來模擬數據。

在下方依序建立 2 個 FEED 的 HTTP POST 請求網址，在建立上傳資料的字典 data1 和 data2 後，呼叫 2 次 webhook_post() 函式送出請求來上傳溫度和溼度資料，如下所示：

```
url = "https://io.adafruit.com/api/v2/" + ADAFRUIT_IO_USERNAME
url+= "/feeds/"+ FEED1 + "/data?X-AIO-Key=" + ADAFRUIT_IO_KEY
print('url1=', url)
data1 = {"value": temp}
xtools.webhook_post(url, data1)
url = "https://io.adafruit.com/api/v2/" + ADAFRUIT_IO_USERNAME
url+= "/feeds/"+ FEED2 + "/data?X-AIO-Key=" + ADAFRUIT_IO_KEY
print('url2=', url)
data2 = {"value": hum}
xtools.webhook_post(url, data2)
utime.sleep(5)
```

上述程式碼的執行結果可以定時上傳儀表板折線圖區塊的溫 / 溼度資料，可以看到繪出的折線圖，如下圖所示：

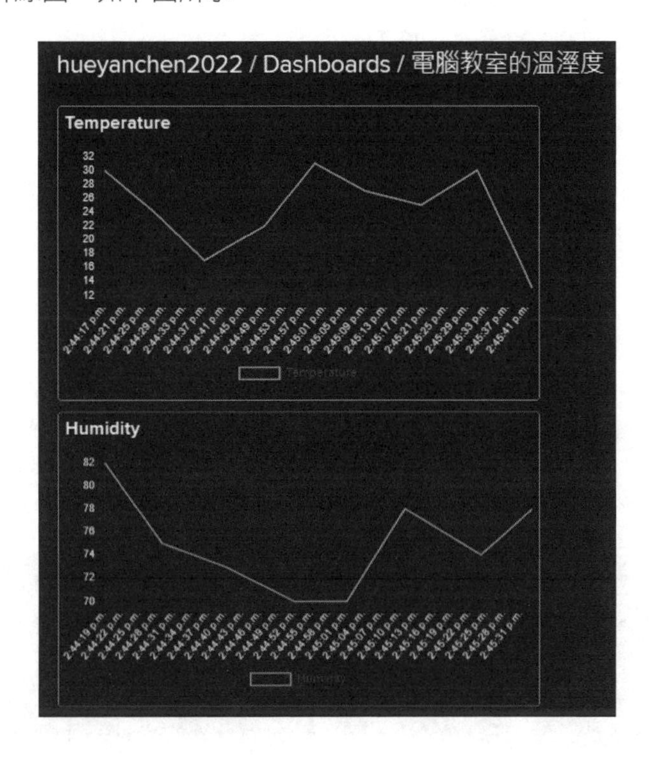

≫ 11-3-3　在 Adafruit.IO 儀表板新增更多區塊

在 Adafruit.IO 儀表板可以新增多種不同區塊的元件，請先點選右方的向上箭頭圖示，再點選【Create New Block】新增其他區塊。

Gauge 區塊

Gauge 區塊是使用指針顯示 FEED 值的計量表，請點選【Gauge】區塊。

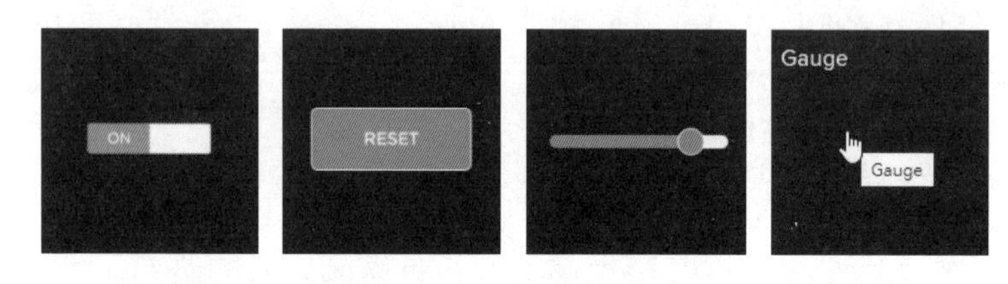

在勾選 FEED，例如：Temperature 後，輸入標題名稱（Block Title），即可新增 Gauge 來顯示此 FEED 的資料，如下圖所示：

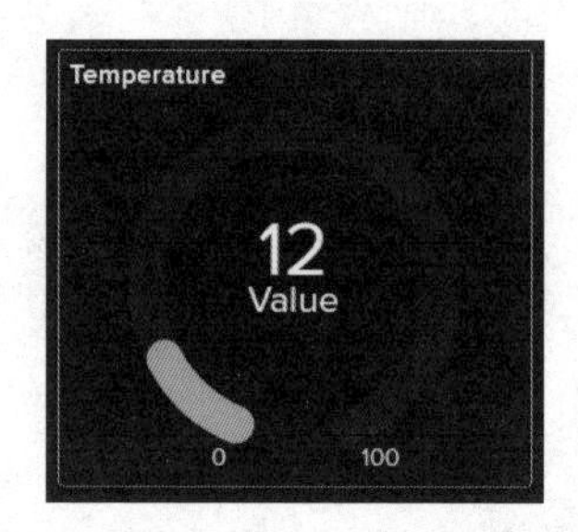

Indicator 區塊

Indicator 區塊就是一顆指示燈，請點選【Indicator】區塊。

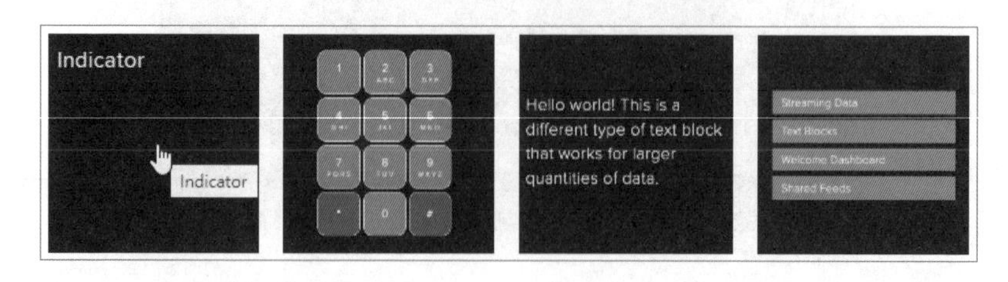

在勾選 FEED，例如：Humidity 後，輸入標題名稱（Block Title），在選擇 On 和 Off 的色彩後，新增點亮的條件，當條件成立時（小於 75），就點亮指示燈，如下圖所示：

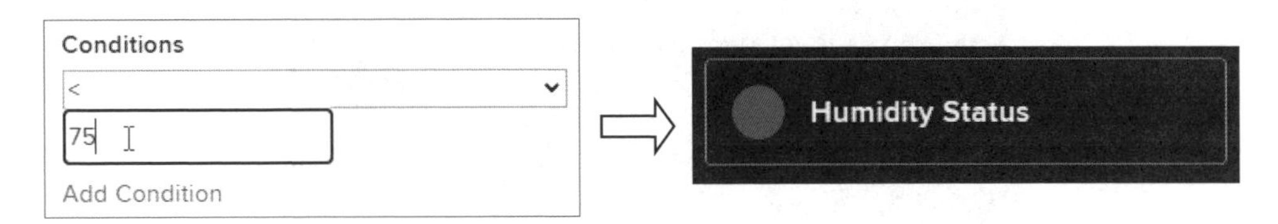

11-4 整合應用：上傳 OpenWeatherMap 目前氣溫

我們準備建立 MicroPython 程式上傳 OpenWeatherMap 目前氣溫至 Adafruit.IO 儀表板，在此之前，我們準備先調整儀表板的版面配置。

編輯 Adafruit.IO 儀表板的版面配置

Adafruit.IO 儀表板支援版面配置，可以調整區塊尺寸和位置。請先點選右方的向上箭頭圖示，再點選【Edit Layout】編輯版面配置，如下圖所示：

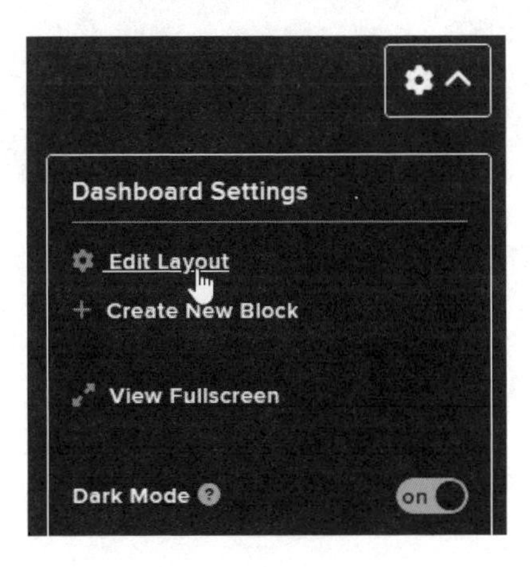

當游標成為十字時，就可以拖拉調整區塊位置，如下圖所示：

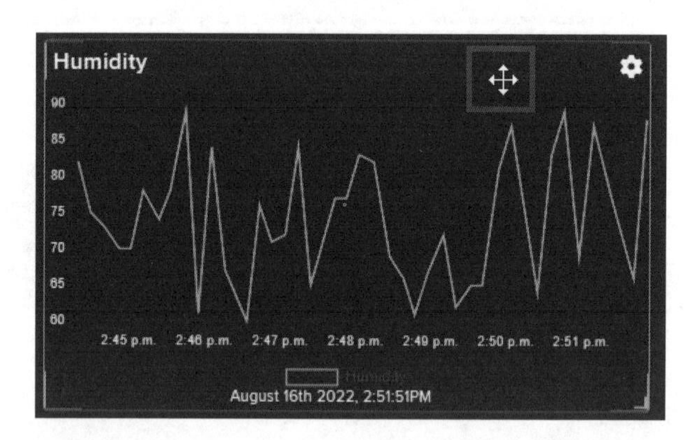

當游標移至區塊邊界成為雙箭頭時，可以調整區塊尺寸，如下圖所示：

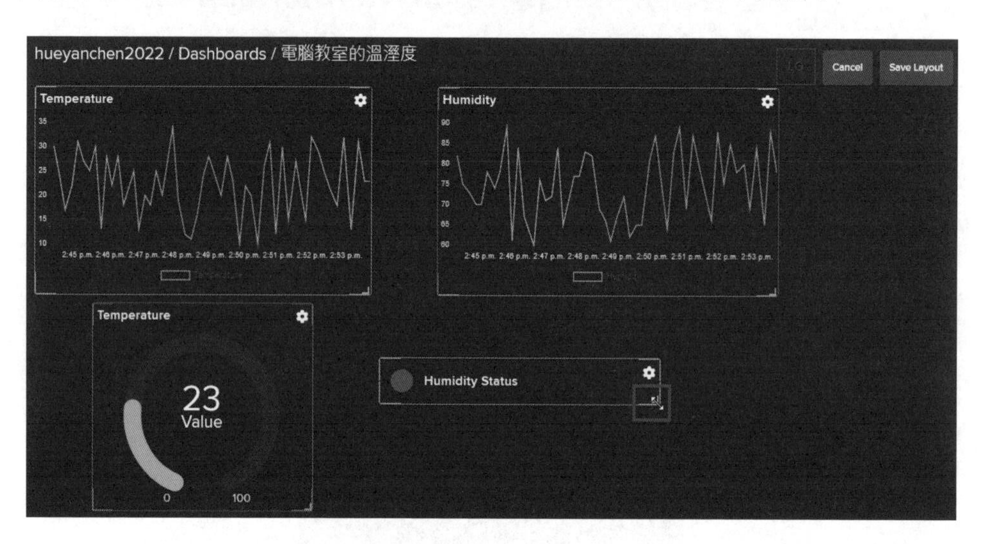

在完成版面配置後，請按右上角【Save Layout】鈕儲存版面配置；【Cancel】鈕取消版面配置的編輯。

上傳 OpenWeatherMap 的目前氣溫 | ch11-4.py

MicroPython 程式可以將 OpenWeatherMap 目前氣溫上傳至名為 Temperature 的 FEED 來更新儀表板的折線圖。MicroPython 程式碼是使用第 13～24 行的 get_temperature() 函式來取得 OpenWeatherMap 的目前氣溫，如下所示：

```
12: …
13: def get_temperature():
14:     url  = "https://api.openweathermap.org/data/2.5/weather?"
15:     url += "q=" + city + "," + country   # 城市與國別
16:     url += "&units=metric&lang=zh_tw&"   # 單位
17:     url += "appid=" + API_key
18:     try:
19:         response = urequests.get(url)
20:         data = ujson.loads(response.text)
21:         main = data["main"]
22:         return main["temp"]
23:     except:
24:         return 0
25: …
```

上述第 14～17 行建立 URL 網址，在第 19 行送出 HTTP 請求，第 20 行剖析回傳的 JSON 資料，在第 21～22 行取得和回傳目前氣溫。

學習評量

1. 請簡單說明 ThingSpeak 物聯網平台？什麼是 ThingSpeak 頻道？MicroPython 程式是如何上傳資料至 ThingSpeak 頻道？
2. 請簡單說明 Adafruit.IO 物聯網平台？什麼是 FEED 和儀表板？什麼是區塊？
3. 請在 ThingSpeak 新增光線亮度頻道，欄位名稱是 Brightness，並且新增 Gauge 小工具來顯示亮度。
4. 請在 Adafruit.IO 物聯網平台新增名為 Brightness 的 FEED，然後建立光線亮度儀表板，新增此 FEED 的折線圖和 Gauge 區塊。
5. 請建立 MicroPython 程式結合光敏電阻來持續讀取光線亮度值，並且將值上傳至學習評量 3. 的 ThingSpeak 頻道。
6. 請建立 MicroPython 程式結合光敏電阻來持續讀取光線亮度值，並且將值上傳至學習評量 4. 的 Adafruit.IO 的 FEED。

CHAPTER

12 MQTT 通訊協定：實作手機 App 遠端監控

12-1 認識 MQTT 通訊協定

MQTT（Message Queuing Telemetry Transport）是 OASIS 標準的一種訊息通訊協定（Message Protocol），這是架構在 TCP/IP 通訊協定，針對機器對機器（Machine-to-machine，M2M）的輕量級通訊協定。

MQTT 可以在低頻寬網路和高延遲 IoT 裝置來進行資料交換，特別適用在 IoT 物聯網這些記憶體不足且效能較差的微控制器開發板。基本上，MQTT 是使用「出版和訂閱模型」（Publish/Subscribe Model）來進行訊息的雙向資料交換，如下圖所示：

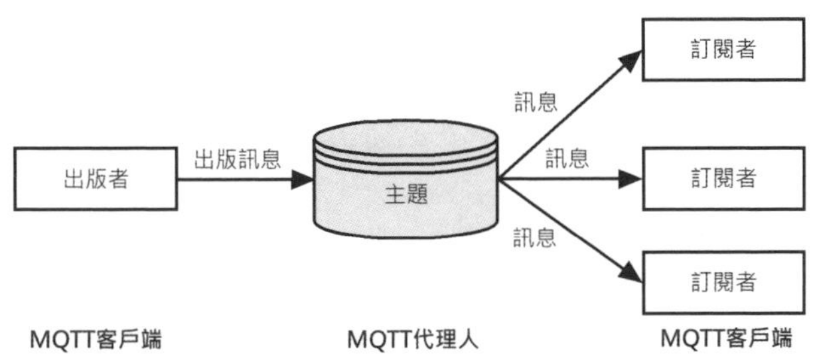

上述所有 MQTT 客戶端都需要連線 MQTT 代理人（MQTT Broker）才能出版指定主題（Topic）的訊息，其扮演的角色是出版者和訂閱者（也可以同時扮演出版者和訂閱者），如下所示：

- 出版者（Publisher）：MQTT 客戶端並不需要事先訂閱主題，就可以針對指定 MQTT 主題（Topic）來出版訊息，作為出版者。
- 訂閱者（Subscriber）：每一個 MQTT 客戶端都可以訂閱指定主題作為訂閱者，當有出版者針對此主題出版訊息時，所有訂閱此主題的訂閱者都可以透過 MQTT 代理人來接收到訊息。如果出版者本身也有訂閱此主題，因為也是訂閱者，所以一樣可以收到訊息。

MQTT 訊息

MQTT 訊息（MQTT Message）是在不同裝置之間交換的資料，傳送的資料可能是命令；也可能是資料。MQTT 訊息是標頭、主題和內容所組成，如下圖所示：

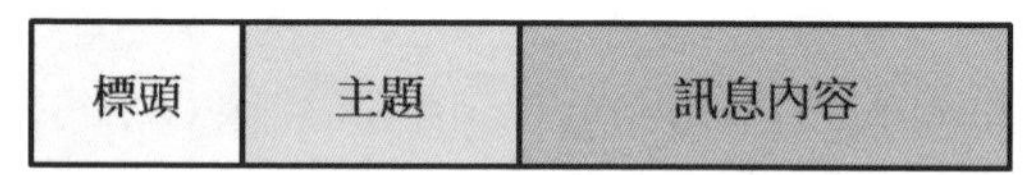

上述標頭是數字編碼，佔用 2 個位元組（2 個字元），在後面跟著訊息主題（Topic）和訊息內容（Payload）。在 MQTT 訊息的標頭可以指定是否保留（Retained）訊息和服務品質（Quality of Service，QoS），如下所示：

- 保留（Retained）：如果選擇保留，MQTT 代理人會保存此主題的訊息，如果之後有新的訂閱者，或之前斷線的訂閱者，當重新連線後，都能收到最新一則的保留訊息（請注意！並非全部訊息）。
- 服務品質（Quality of Service，QoS）：可以指定 MQTT 出版者與代理人，或 MQTT 代理人與訂閱者之間的訊息傳輸品質。在 MQTT 定義三種等級的服務品質，如下表所示：

QoS 值	說明
0	最多傳送一次（at most once）- 平信
1	至少傳送一次（at least once）- 掛號
2	確實傳送一次（exactly once）- 附回信

MQTT 主題

MQTT 主題（MQTT Topic）是使用「/」主題等級分隔字元來分割字串，如同檔案的目錄結構，這是一種階層結構的名稱，如下圖所示：

上述 MQTT 主題使用「/」分隔成多個主題等級（Topic Level），主題等級名稱不能使用「$」字元開頭，而且區分英文大小寫，所以下列 3 個主題是不同的 MQTT 主題，如下所示：

```
sensor/livingroom/temp
Sensor/Livingroom/Temp
SENSOR/LIVINGROOM/TEMP
```

MQTT 主題可以使用萬用字元來同時訂閱多個主題，如下所示：

- 單層萬用字元（Single Level Wildcard）：在主題可以使用「+」萬用字元來代替單層的主題等級，例如：「home/sensor/+/temp」可以同時訂閱下列 MQTT 主題，如下所示：

```
home/sensor/livingroom/temp
home/sensor/kitchen/temp
home/sensor/restroom/temp
```

- 多層萬用字元（Multi-level Wildcard）：在主題可以使用「#」萬用字元來代替多層的主題等級，例如：「home/sensor/#」可以同時訂閱下列 MQTT 主題，如下一頁所示：

```
home/sensor/livingroom/temp
home/sensor/kitchen/temp
home/sensor/kitchen/brightness
home/sensor/firstfloor/livingroom/temp
```

12-2 MQTT 代理人和客戶端

MQTT 通訊協定的硬體架構類似主從架構，只是將主從架構的伺服端改成 MQTT 代理人，而 MQTT 客戶端就是主從架構的客戶端，如下圖所示：

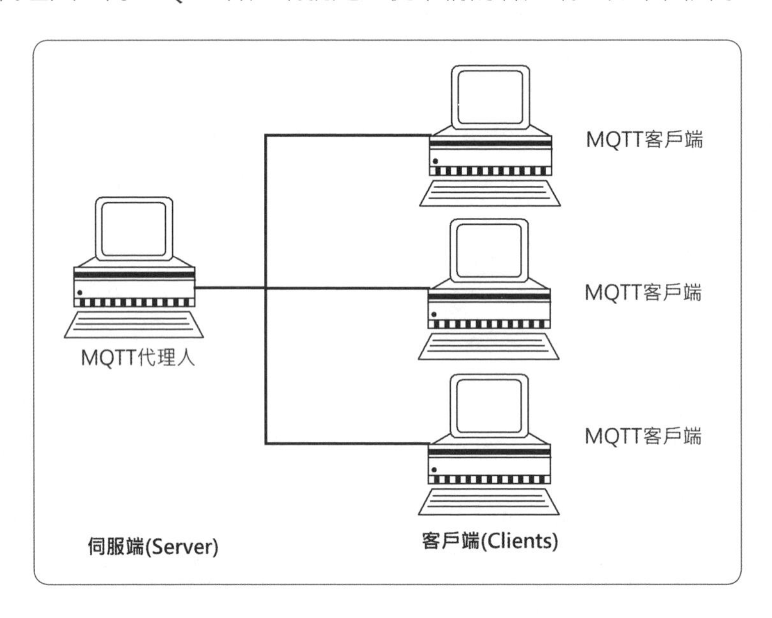

≫ 12-2-1 MQTT 代理人

MQTT 代理人負責接收所有出版者的訊息、過濾訊息和決定有哪些訂閱者，並且負責將 MQTT 客戶端出版的訊息發送至所有訂閱者。MQTT 代理人有多家廠商的軟體，和開放原始碼的 Mosquitto 專案。

在實務上，我們可以自行安裝 MQTT 代理人軟體，或直接使用公開的 MQTT 代理人。一些常用的公開 MQTT 代理人，如下所示：

MQTT 公開代理人：HiveMQ Public MQTT Broker

HiveMQ GmbH 公司的 MQTT 公開代理人，其官方網址如下所示：

```
https://www.hivemq.com/public-mqtt-broker/
```

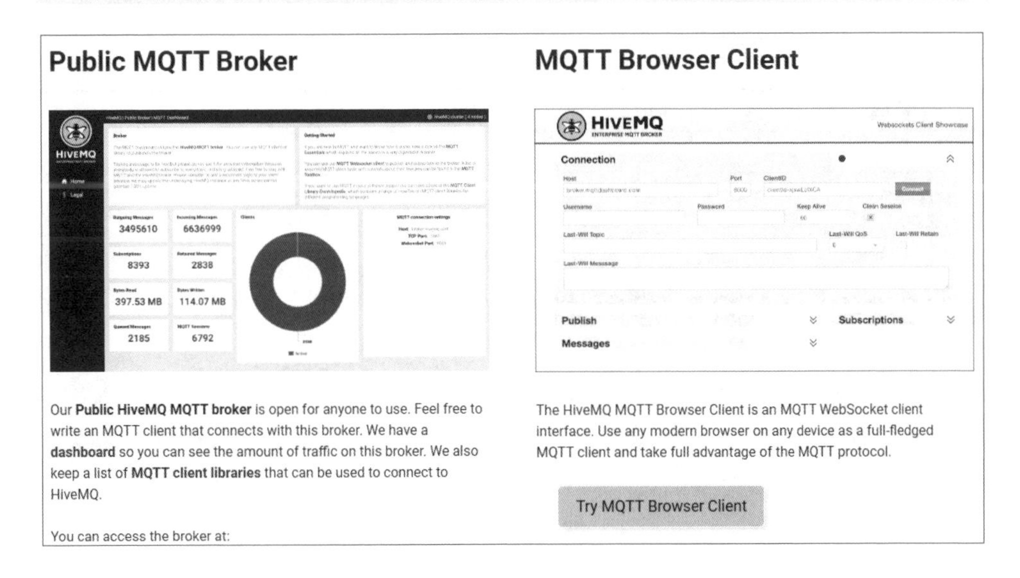

HiveMQ MQTT 公開代理人的相關資訊，如下表所示：

主機名稱	broker.hivemq.com
TCP 埠號	1883
Websocket 埠號	8000

MQTT 公開代理人：Eclipse IoT

Eclipse IoT 的 MQTT 公開代理人是使用開放原始碼的 Mosquitto 專案，其官方網址如下所示：

```
https://iot.eclipse.org/projects/sandboxes/
```

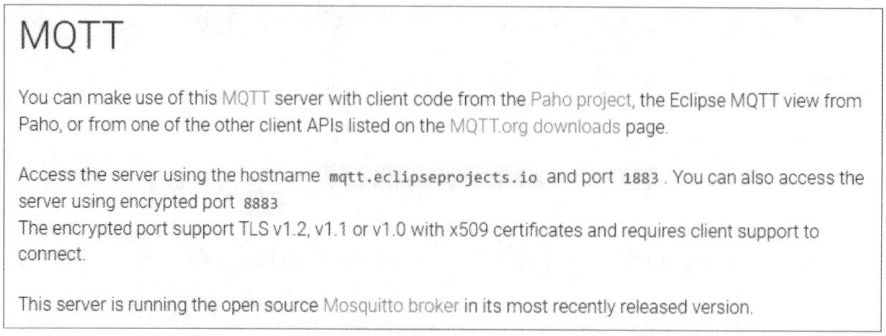

MQTT

You can make use of this MQTT server with client code from the Paho project, the Eclipse MQTT view from Paho, or from one of the other client APIs listed on the MQTT.org downloads page.

Access the server using the hostname `mqtt.eclipseprojects.io` and port `1883`. You can also access the server using encrypted port `8883`
The encrypted port support TLS v1.2, v1.1 or v1.0 with x509 certificates and requires client support to connect.

This server is running the open source Mosquitto broker in its most recently released version.

Eclipse IoT MQTT 公開代理人的相關資訊，如下表所示：

主機名稱	mqtt.eclipseprojects.io
無加密埠號	1883
加密埠號	8883

≫ 12-2-2　MQTT 客戶端

MQTT 客戶端（MQTT Client）是訊息的出版者，也是接收者，我們可以使用 MQTT 客戶端出版指定主題的訊息至 MQTT 代理人，也可以從 MQTT 代理人接收訂閱主題的訊息。

基本上，任何 IoT 裝置或電腦上執行的工具程式或函式庫，可以透過網路使用 MQTT 通訊協定連接 MQTT 代理人來交換訊息，就是一個 MQTT 客戶端。例如：在第 12-3-2 節和第 12-4-1 節是使用 MicroPython 程式來建立 MQTT 客戶端。

在這一節我們準備使用現成客戶端工具來連線第 12-2-1 節的 MQTT 公開代理人：HiveMQ。

MQTT 客戶端：HiveMQ Browser Client

HiveMQ Browser Client 瀏覽器是使用 Websocket 連線的 MQTT 客戶端工具，我們可以使用網頁介面工具來測試 MQTT 訊息的傳遞，其 URL 網址如右所示：

```
http://www.hivemq.com/demos/websocket-client/
```

HiveMQ Browser Client 工具的使用，其步驟如下所示：

Step 1 請在【Host】欄輸入 broker.hivemq.com，【Port】欄輸入 Websocket 埠號 8000，按【Connect】鈕連線 MQTT 代理人。

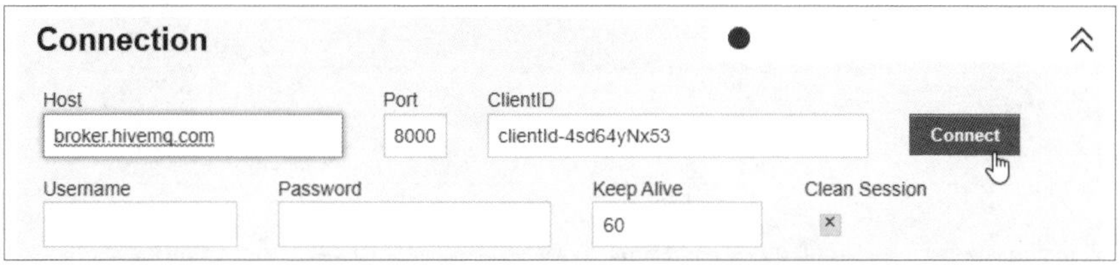

Step 2 當成功連線，可以看到 connected 文字，在右邊「Subscriptons」框按【Add New Topic Subscription】鈕訂閱主題。

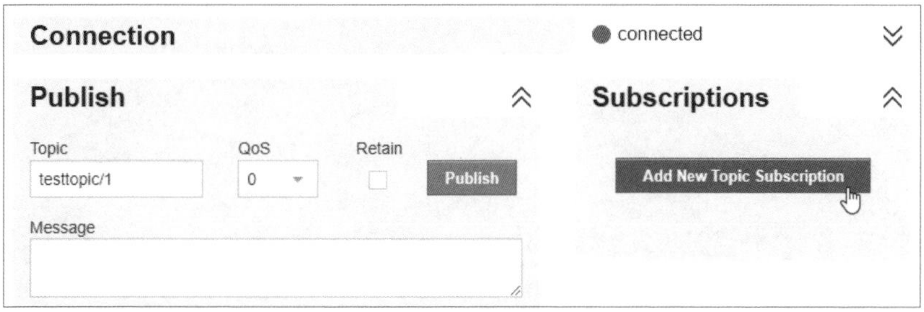

Step 3 請在【Topic】欄位輸入 sensors/livingroom/temp 主題後，按【Subscribe】鈕訂閱，可以看到訂閱的主題。

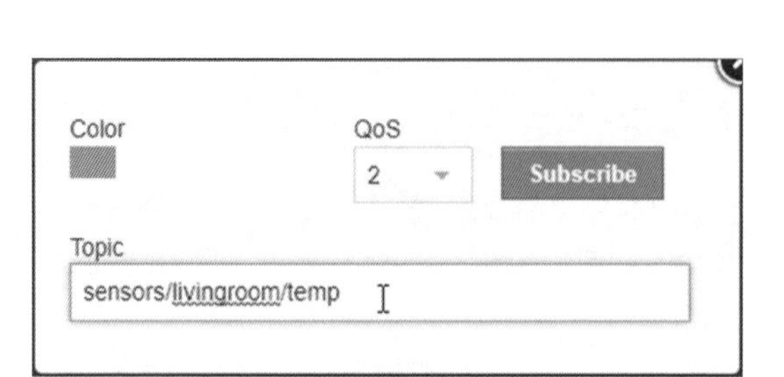

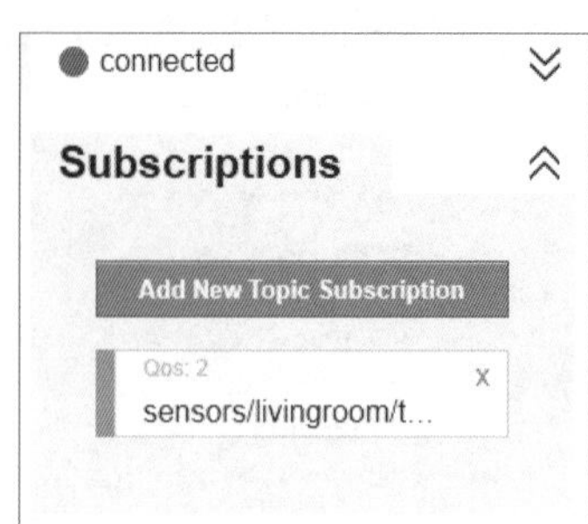

Step 4 在「Publish」框的【Topic】欄位輸入 sensors/livingroom/temp 主題後，在下方【Message】欄輸入訊息後，按【Publish】鈕出版訊息。

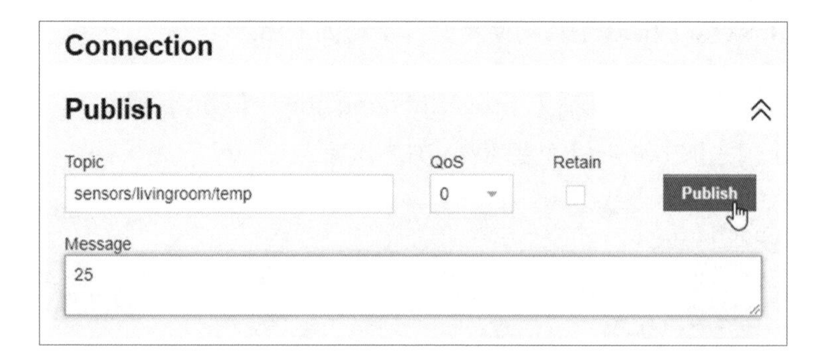

Step 5 可以在下方收到 MQTT 代理人送出的出版訊息，如下圖所示：

Messages

2022-08-16 16:31:17 Topic: sensors/livingroom/temp Qos: 0

25

MQTT 客戶端：MQTTLens

在 Chrome 瀏覽器可以安裝 MQTTLens 客戶端工具來測試 MQTT 訊息的傳遞。請啟動 Chrome 瀏覽器輸入 MQTTLens 關鍵字來搜尋後，可以在應用程式商店看到 MQTTLens，如下所示：

```
https://chrome.google.com/webstore/detail/mqttlens/hemojaaeigabkbcookmlgmdi
gohjobjm
```

按【加到 Chrome】鈕安裝擴充功能後，就可以使用 MQTTLens，其步驟如下所示：

Step 1 請啟動 Chrome 瀏覽器輸入：chrome://apps/，可以看到安裝的應用程式清單，點選【MQTTLens】啟動 MQTTLens。

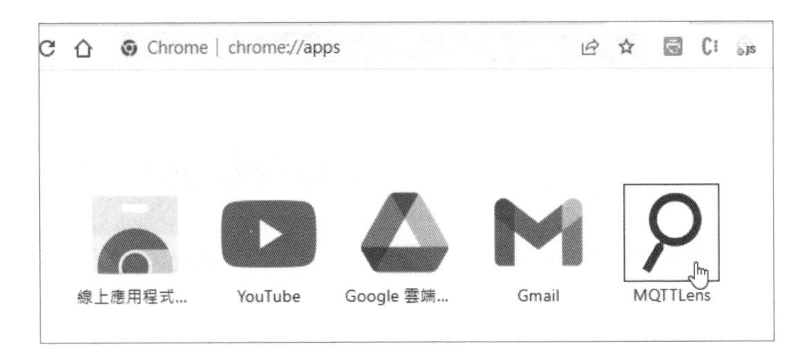

Step 2 可以看到 MQTTLens 應用程式的執行畫面。

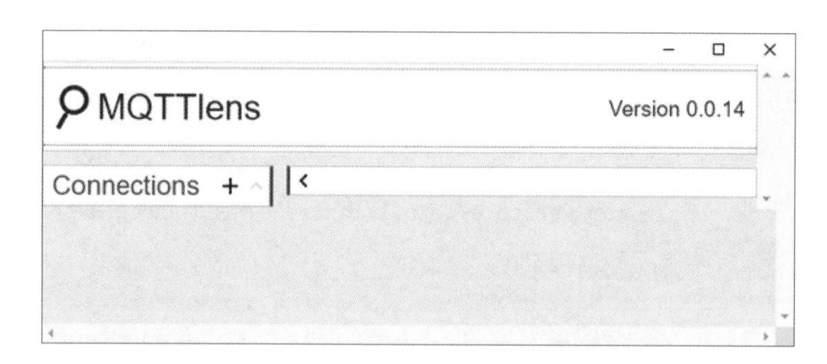

Step 3 按 Connections 後的【+】鈕新增 MQTT 代理人，請在【Connection name】欄輸入名稱 HiveMQ，【Hostname】欄選【tcp://】(TCP 連線)，在之後輸入 broker.hivemq.com，埠號是預設 1883，請向下捲動，按【CREATE CONNECTION】鈕新增 MQTT 代理人。

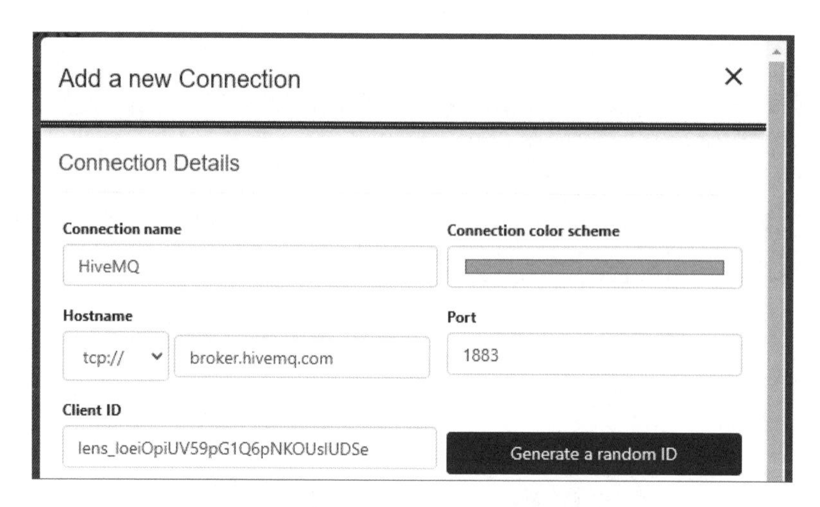

Step 4 在「Subscribe」區段的欄位輸入 sensors/livingroom/temp 主題，選 QoS 是 0，按【SUBSCRIBE】鈕訂閱主題。

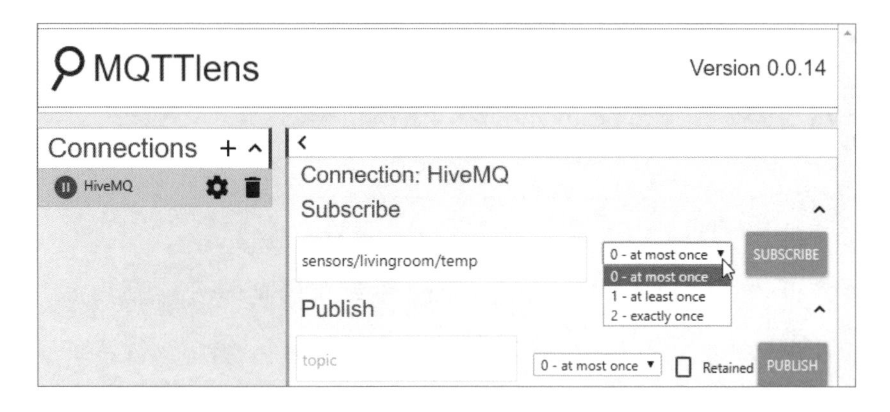

Step 5 可以在下方看到訂閱的主題，如下圖所示：

Step 6 在「Publish」區段後輸入主題、選擇 QoS 和勾選是否保留（Retained），然後在下方【Message】欄輸入訊息，按【PUBLISH】鈕出版訊息。

Step 7 因為 MQTT 客戶端有訂閱此主題，可以在下方看到收到的訊息。

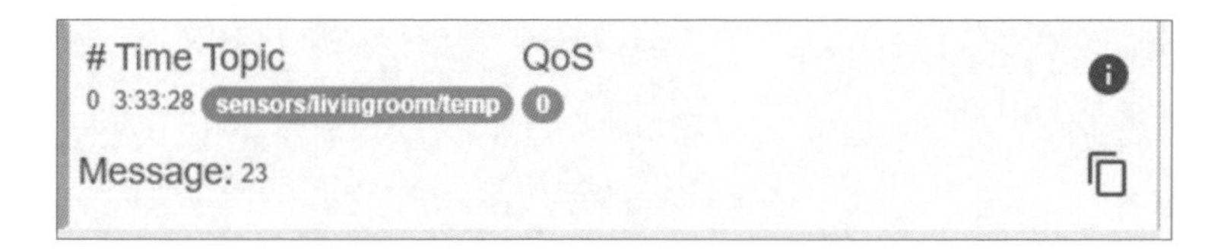

Step 8 MQTT 訊息也可以是 JSON 資料，請在下方【Message】欄輸入 JSON 訊息後，按【PUBLISH】鈕，如下所示：

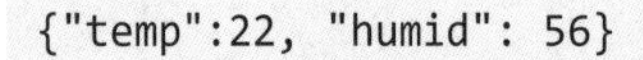

```
{"temp":22, "humid": 56}
```

Step 9 在最下方可以看到收到的 JSON 訊息。

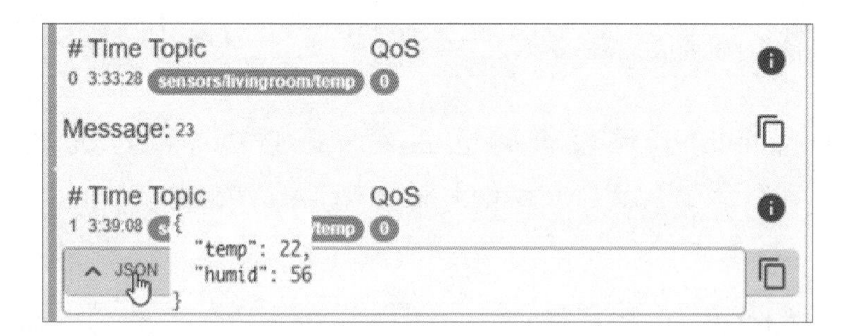

因為 HiveMQ Browser Client 也訂閱此主題，所以一樣可以收到這 2 則訊息，如下圖所示：

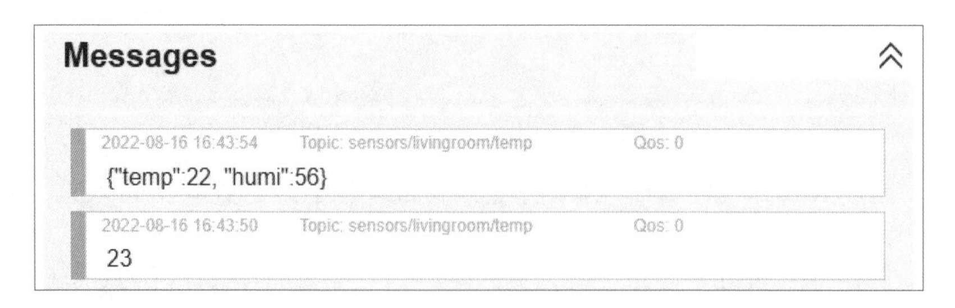

12-3 使用 Adafruit.IO 的 MQTT 代理人

Adafruit.IO 支援 MQTT 代理人，因為主題需綁定 FEED，所以，我們需要先新增名為 lights 的 FEED 後，才能使用 MQTT 出版訊息。

≫ 12-3-1 新增名為 lights 的 FEED

請繼續第 11-3 節在 Adafruit.IO 新增名為 lights 的 FEED，其步驟如下所示：

Step 1 請啟動瀏覽器進入官方首頁：https://io.adafruit.com/，點選右上方【Sign In】進行登入。

Step 2 在上方點選【IO > Feeds】標籤。

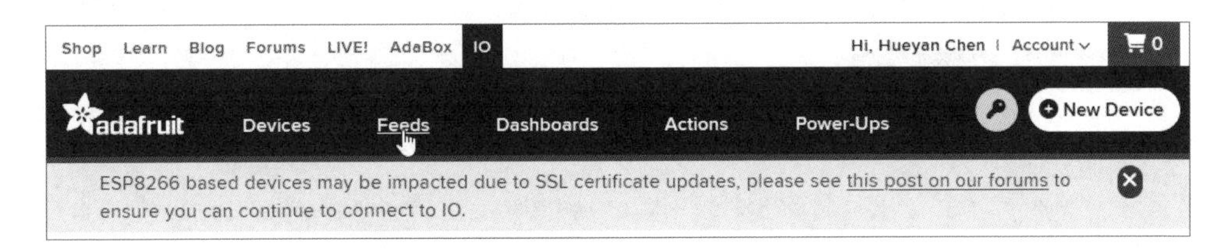

Step 3 再按【New Feed】鈕新增 FEED。

hueyanchen2022 / Feeds

Help

New Feed　New Group

Default

Feed Name	Key	Last value	Recorded
Humidity	humidity	60	about 4 hours a...
Temperature	temperature	30.52	about 4 hours a...
Welcome Feed	welcome-feed		about 5 hours a...

Step 4 在【Name】欄位輸入名稱【lights】，按【Create】鈕建立 FEED。

Create a new Feed ×

Name

lights

Maximum length: 128 characters. Used: 6

Description

Cancel Create

Step 5 可以看到新增的 FEED，lights 是 Feed Name 和 Key。

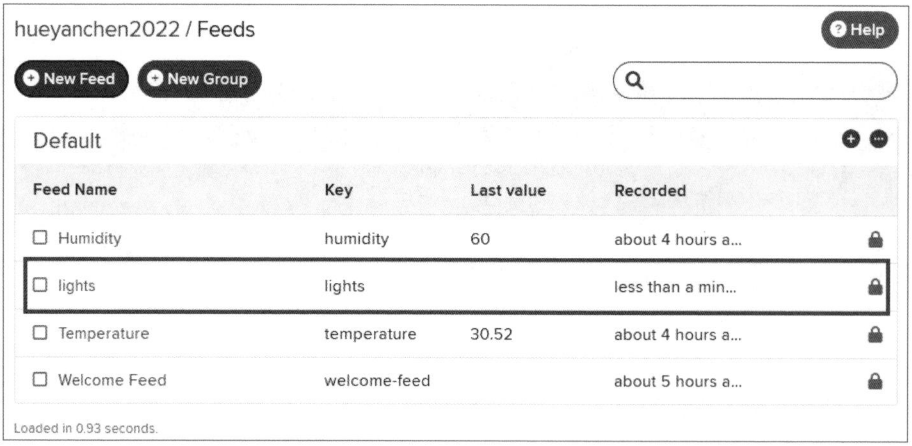

hueyanchen2022 / Feeds

Help

New Feed New Group

Default

Feed Name	Key	Last value	Recorded
Humidity	humidity	60	about 4 hours a...
lights	lights		less than a min...
Temperature	temperature	30.52	about 4 hours a...
Welcome Feed	welcome-feed		about 5 hours a...

Loaded in 0.93 seconds.

⫸ 12-3-2　使用 Adafruit.IO 的 MQTT 代理人

在 Adafruit.IO 新增 FEED 後，我們就可以建立 MicroPython 程式的 MQTT 客戶端來連線 MQTT 代理人，並且訂閱主題和發送訊息，然後在接收訊息後進行相關處理。Adafruit.IO MQTT 代理人的連線相關資訊，如右圖所示：

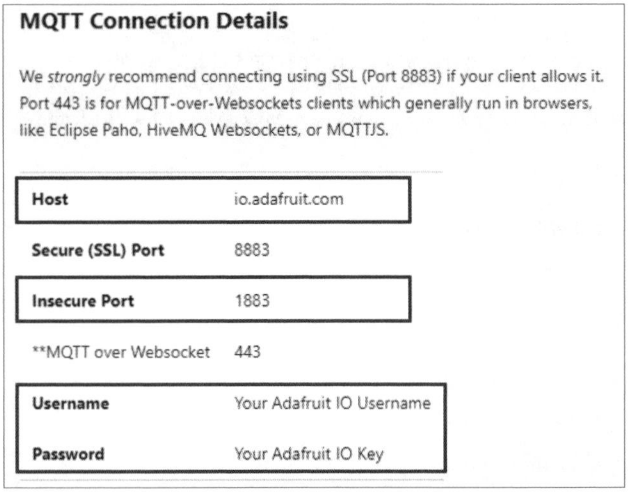

MQTT Connection Details

We *strongly* recommend connecting using SSL (Port 8883) if your client allows it. Port 443 is for MQTT-over-Websockets clients which generally run in browsers, like Eclipse Paho, HiveMQ Websockets, or MQTTJS.

Host	io.adafruit.com
Secure (SSL) Port	8883
Insecure Port	1883
**MQTT over Websocket	443
Username	Your Adafruit IO Username
Password	Your Adafruit IO Key

上述 Host 是 MQTT 代理人的主機名稱，非保密埠號是 1883，MQTT 代理人需要使用者名稱和密碼才能建立連線。Adafruit.IO 的 MQTT 主題有專屬格式，如下所示：

```
<username>/feeds/<feed key>
```

上述主題是 Adafruit.IO 使用者名稱開頭，中間是 "/feeds/"，最後是 FEED 名稱。

使用 Adafruit.IO 的 MQTT 代理人來控制 LED | ch12-3-2.py

在 MicroPython 程式需要匯入 MQTTClient 類別來建立 MQTT 客戶端，以便讓 MicroPython 程式可以連線 MQTT 代理人，如下所示：

```
from machine import Pin
from umqtt.simple import MQTTClient
import utime, xtools

xtools.connect_wifi_led()
ledG = Pin(12, Pin.OUT)
ledG.value(0)
```

上述程式碼從 umqtt.simple 模組匯入 MQTTClient 類別，然後依序連線 WiFi 和建立 Pin 物件。在下方變數依序是 MQTT 客戶端所需的使用者名稱（Adafruit.IO 使用者名稱）和密碼（Adafruit.IO 的 AIO KEY），FEED 名稱是 lights，如下所示：

```
ADAFRUIT_IO_USERNAME = "<USERNAME>"
ADAFRUIT_IO_KEY = "<AIO KEY>"
FEED = "lights"

# MQTT 客戶端
client = MQTTClient (
    client_id = xtools.get_id(),
    server = "io.adafruit.com",
    user = ADAFRUIT_IO_USERNAME,
    password = ADAFRUIT_IO_KEY,
    ssl = False,
)
```

上述程式碼建立 MQTTClient 物件（即 MQTT 客戶端），相關參數的說明，如下所示：

- client_id 參數：MQTT 客戶端編號，一定需要是唯一值，所以呼叫 xtools.get_id() 函式取得 MAC 地址的唯一值。
- server 參數：Adafruit.IO 的 MQTT 代理人主機名稱。
- user 參數：使用者名稱，即 Adafruit.IO 使用者名稱。
- password 參數：使用者密碼，即 Adafruit.IO 的 AIO KEY。
- ssl 參數：是否加密，False 是沒有加密。

在下方 sub_cb() 函式是 MQTT 客戶端收到訊息時呼叫的回撥函式，參數依序是 MQTT 主題和訊息，如下所示：

```
def sub_cb(topic, msg):
    global ledG
    print("收到訊息: ", msg.decode())
```

```
    if msg.decode() == "ON":
        ledG.value(1)
    if msg.decode() == "OFF":
        ledG.value(0)
```

上述 sub_cb() 函式的 msg 參數因為是位元組字串，所以 2 個 if 條件呼叫 decode() 方法解碼後，才和 "ON" 和 "OFF" 字串進行比較，收到 "ON" 訊息，就點亮 LED；收到 "OFF" 訊息，就熄滅 LED。

在下方呼叫 set_callback() 方法指定回撥函式是 sub_cb，接著呼叫 connect() 方法連線 MQTT 代理人，如下所示：

```
client.set_callback(sub_cb)    # 指定回撥函數來接收訊息
client.connect()               # 連線
```

然後，在下方建立 MQTT 主題 topic 字串，和呼叫 subscribe() 方法來訂閱主題，如下所示：

```
topic = ADAFRUIT_IO_USERNAME + "/feeds/" +FEED
print(topic)
client.subscribe(topic)       # 訂閱主題

while True:
    print("送出訊息: ON")
    client.publish(topic, "ON")
    utime.sleep(2)
    client.check_msg()
    print("送出訊息: OFF")
    client.publish(topic, "OFF")
    utime.sleep(2)
    client.check_msg()
```

上述 while 無窮迴圈首先呼叫 publish() 方法發送訊息 "ON"，第 1 個參數是主題，第 2 個參數是訊息，在等待 2 秒鐘後，呼叫 check_msg() 方法檢查是否有收到訂閱的訊息，如果有，就呼叫 sub_cb() 回撥函式來處理收到的訊息。

接著呼叫 publish() 方法發送訊息 "OFF"，在等待 2 秒鐘後，呼叫 check_msg() 方法檢查是否有收到訊息。其執行結果可以看到間隔 2 秒鐘來閃爍綠色 LED。

12-4 使用 MQTT 遠端控制 LED

MicroPython 程式可以透過 MQTT 訊息來遠端控制 LED，我們準備使用 Adafruit.IO 儀表板的切換按鈕介面來進行遠端控制，然後改用智慧型手機的 MQTT Dash App 進行遠端控制。

≫ 12-4-1 使用 Adafruit.IO 儀表板遠端控制 LED

在 Adafruit.IO 新增名為 lights 的 FEED 後，就可以新增儀表板來新增切換按鈕（Toggle Button）區塊，建立遠端控制所需的使用介面。

在 Adafruit.IO 建立儀表板和新增切換按鈕

在成功新增 FEED 後，我們就可以新增儀表板和切換按鈕區塊，其步驟如下所示：

Step 1 首先請點選【IO＞Dashboards】標籤，即可按【New Dashboard】鈕來新增儀表板。

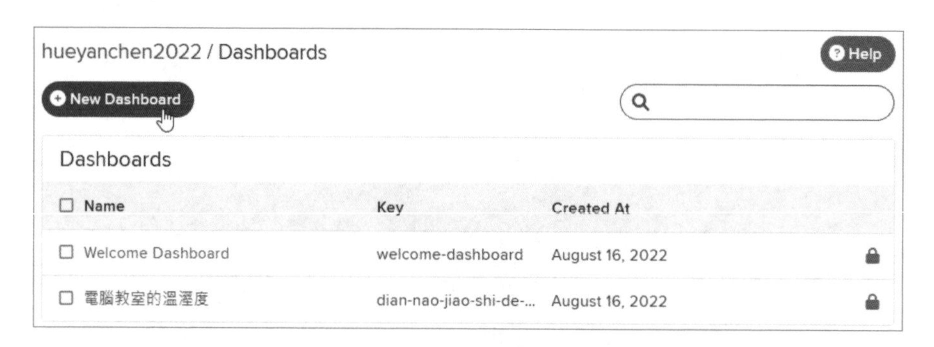

Step 2 在【Name】欄位輸入儀表板名稱（可用中文），按【Create】鈕建立儀表板。

Create a new Dashboard ×

Name

切換紅色LED

Description

Cancel Create

Step 3 可以看到新增的儀表板，請點選儀表板的超連結來新增區塊。

Dashboards

Name	Key	Created At	
Welcome Dashboard	welcome-dashboard	August 16, 2022	
切換紅色LED	qie-huan-hong-se-led	August 16, 2022	
電腦教室的溫溼度	dian-nao-jiao-shi-de-...	August 16, 2022	

Loaded in 0.24 seconds.

Step 4 請先點選右方的向上箭頭圖示，再點選【Create New Block】新增區塊。

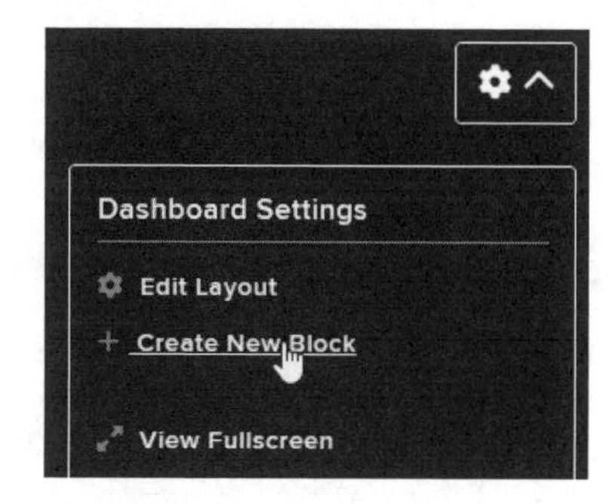

Step 5 點選【Toggle】區塊的切換開關。

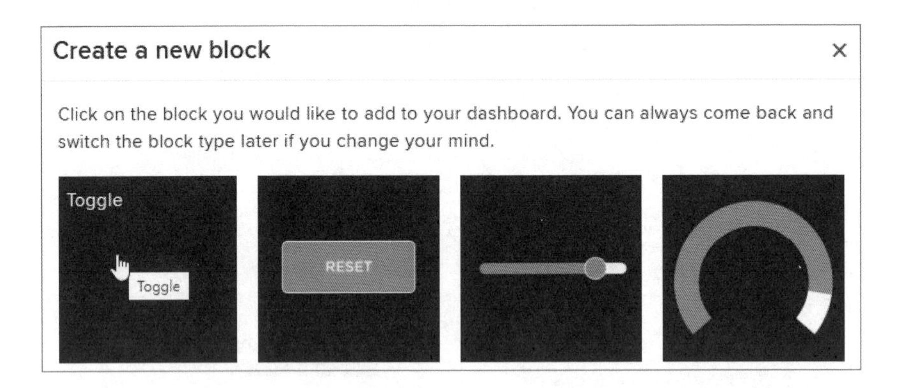

Step 6 勾選 lights 連接此 FEED 至區塊後，按【Next step】鈕。

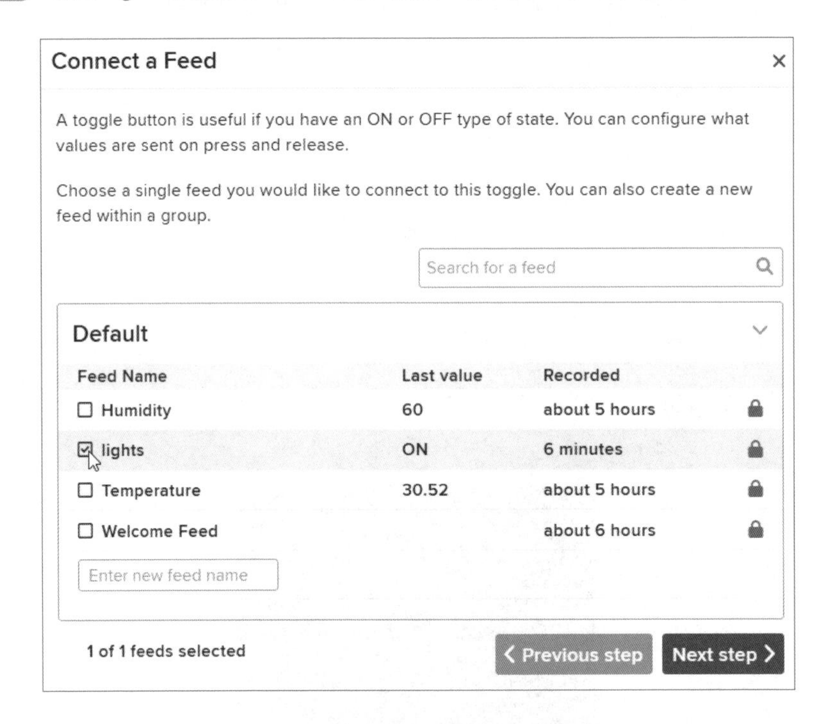

Step 7 在【Block Title】輸入標題名稱，下方的 Button On Text 和 Button Off Text 欄位分別是切換按鈕送出的 MQTT 訊息，請按下方【Create block】鈕新增區塊。

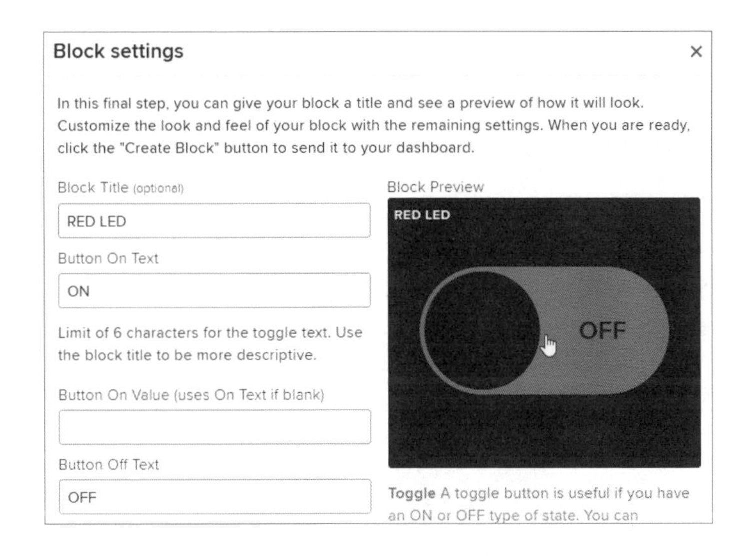

Step 8 可以在儀表板看到新增的切換開關區塊。

使用 MicroPython 程式遠端控制 LED | ch12-4-1.py

繼電器（Relay）是使用數位輸出來進行控制，這是使用較小電流來控制較大電流的「自動開關」，如下圖所示：

上述圖例是繼電器，其數位輸出：0 是打開；1 是關閉。我們準備使用 LED（數位輸出）來模擬繼電器的使用，假設 LED 就是使用繼電器連接控制的燈泡，我們可以在 Adafurit.IO 儀表板，使用切換開關來遠端點亮或熄滅紅色 LED，如下所示：

```
from machine import Pin
from umqtt.simple import MQTTClient
import utime, xtools

xtools.connect_wifi_led()
ledR = Pin(15, Pin.OUT)
ledR.value(0)

ADAFRUIT_IO_USERNAME = "<USERNAME>"
ADAFRUIT_IO_KEY = "<AIO KEY>"
FEED = "lights"
```

上述程式碼連線 WiFi 後，建立紅色 LED 的 Pin 物件，然後是相關變數值。在下方建立 MQTTClient 物件，如下所示：

```
# MQTT 客戶端
client = MQTTClient (
    client_id = xtools.get_id(),
    server = "io.adafruit.com",
    user = ADAFRUIT_IO_USERNAME,
    password = ADAFRUIT_IO_KEY,
    ssl = False,
)

def sub_cb(topic, msg):
    if msg.decode() == "ON":
        ledR.value(1)
    elif msg.decode() == "OFF":
        ledR.value(0)
    print("收到訊息: ", msg.decode())
```

上述 sub_cb() 回撥函式依據訊息來切換點亮或熄滅紅色 LED。在下方指定回撥函式和連線 MQTT 代理人，如下所示：

```
client.set_callback(sub_cb)    # 指定回撥函數來接收訊息
client.connect()               # 連線

topic = ADAFRUIT_IO_USERNAME + "/feeds/" +FEED
print(topic)
client.subscribe(topic)       # 訂閱主題

while True:
    client.check_msg()
    utime.sleep(1)
```

上述程式碼建立主題和訂閱主題後，在 while 無窮迴圈呼叫 check_msg() 方法檢查訂閱主題是否有收到訊息，間隔 1 秒鐘檢查一次。在執行程式後，我們就可以在儀表板點選切換開關，遠端來控制紅色 LED 是點亮或熄滅，如下圖所示：

≫ 12-4-2　使用 Android 手機 App 遠端控制 LED

MQTT Dash 是支援 MQTT 通訊協定的 Android App，我們可以在 App 新增 MQTT 代理人後，再新增 Switch/button 元件來遠端控制 LED，其步驟如下所示：

Step 1 請在 Google Play 搜尋安裝 MQTT Dash 後，啟動 App，按右上角【 + 】鈕新增 MQTT 代理人，如下一頁所示。

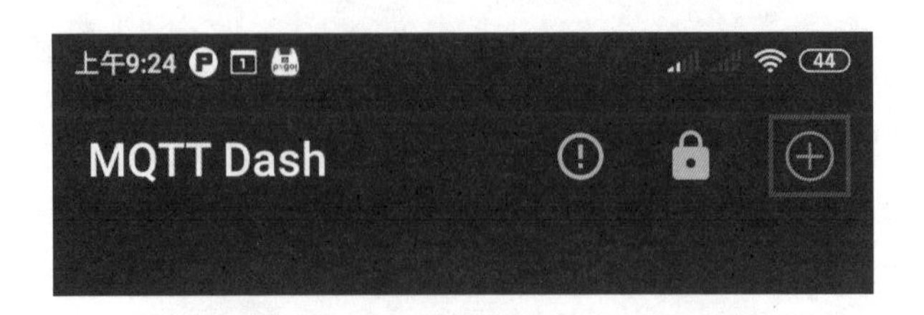

Step 2 請依序輸入 Name 欄位的名稱，Address 欄位是 MQTT 代理人的主機名稱，取消勾選加密，User name 欄是使用者名稱和 User Password 欄是使用者密碼後，按右上角磁碟片圖示的儲存鈕，儲存 MQTT 代理人設定。

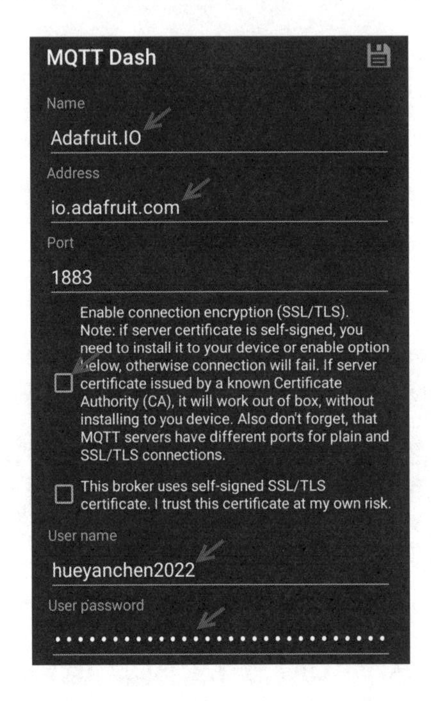

Step 3 可以看到新增的 MQTT 代理人 Adafruit.IO，請點選進行連線（長按可重新 Edit 編輯或 Delete 刪除）。

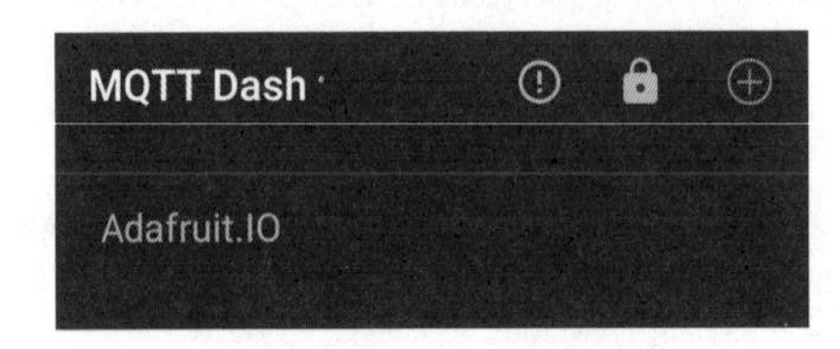

Step 4 當成功連線，可以看到標題成為 MQTT 代理人名稱，請按右上角【 + 】鈕新增元件類型。

Step 5 選【 Switch/button 】元件。

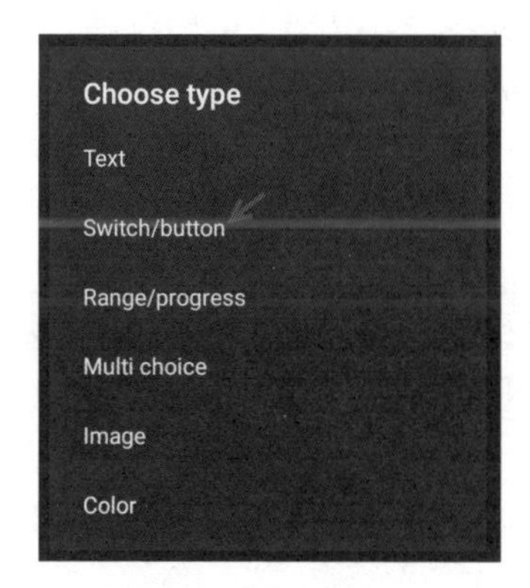

Step 6 在 Name 欄輸入元件名稱，Topic 是 MQTT 主題，On 欄是開啟送出的訊息 ON；Off 是關閉送出的訊息 OFF，按右上角磁碟片圖示的儲存鈕，儲存元件設定。

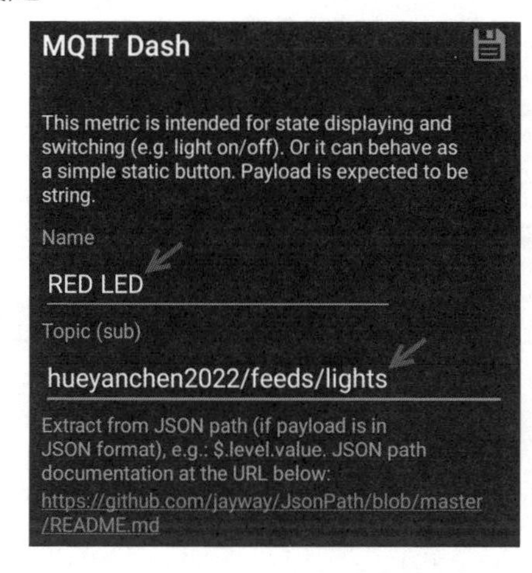

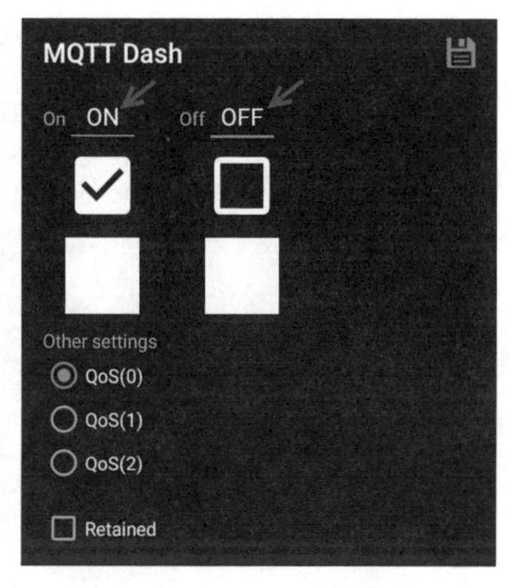

Step 7 可以看到我們新增的元件。

現在，請執行 MicroPython 程式：ch12-4-1.py 後，就可以點選 Switch/button 元件來切換點亮和熄滅紅色 LED。

12-5 整合應用：使用 MQTT 上傳資料至物聯網平台

一般來說，大部分的雲端物聯網平台都會支援 MQTT 通訊協定來上傳資料，本書的 ThingSpeak 和 Adafruito.IO 都支援 MQTT 上傳資料。

使用 MQTT 上傳資料至 ThingSpeak | ch12-5.py

ThingSpeak 需要新增 MQTT 裝置才能使用 MQTT 上傳資料至 ThingSpeak 頻道，其步驟如下所示：

Step 1 請登入 ThingSpeak 切換至 My Channels 後，點選【Devices>MQTT】，按【Add a new device】鈕新增 MQTT 裝置。

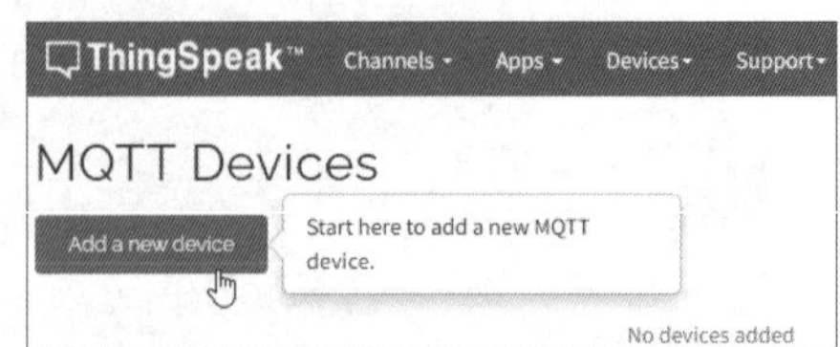

Step 2 在【Name】欄輸入裝置名稱（可自行命名）後，下方選擇和輸入頻道 ID，即可按【Add Device】鈕新增頻道，然後顯示認證資料 Client ID、Username 和 Password，請複製後按【Done】鈕。

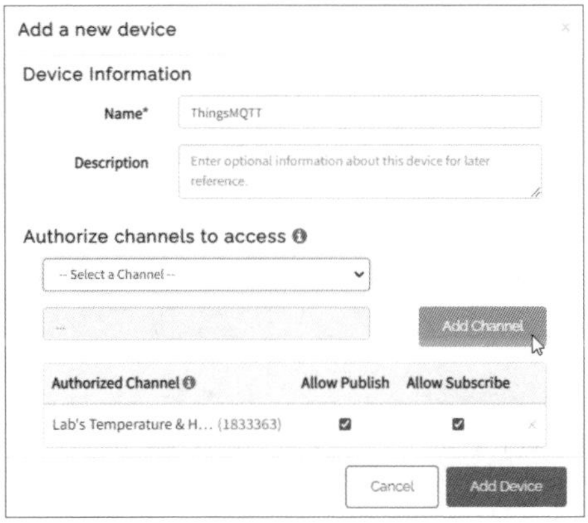

Add a new device
Device Information
Name* ThingsMQTT
Description Enter optional information about this device for later reference.
Authorize channels to access
-- Select a Channel --
Add Channel

Authorized Channel	Allow Publish	Allow Subscribe
Lab's Temperature & H... (1833363)	☑	☑

Cancel Add Device

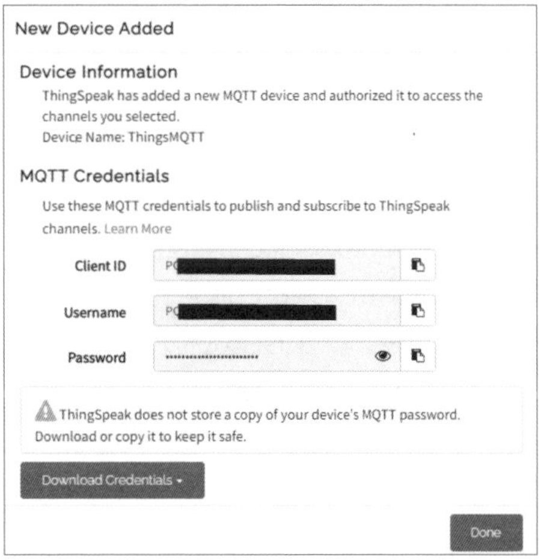

New Device Added
Device Information
ThingSpeak has added a new MQTT device and authorized it to access the channels you selected.
Device Name: ThingsMQTT
MQTT Credentials
Use these MQTT credentials to publish and subscribe to ThingSpeak channels. Learn More
Client ID
Username
Password
ThingSpeak does not store a copy of your device's MQTT password. Download or copy it to keep it safe.
Download Credentials
Done

Step 3 可以看到新增指定頻道的 MQTT 裝置。

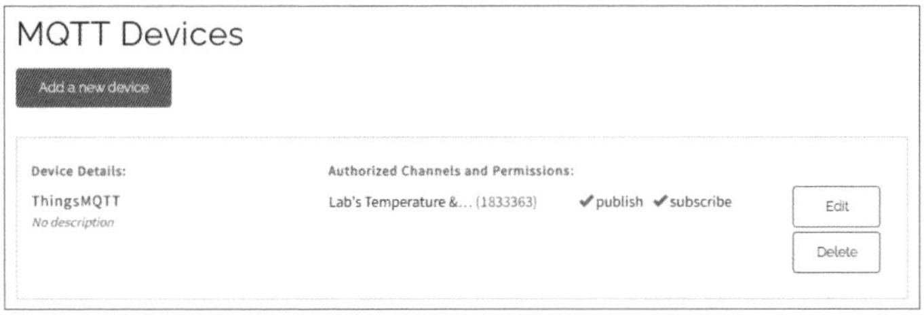

MQTT Devices
Add a new device
Device Details: ThingsMQTT No description
Authorized Channels and Permissions: Lab's Temperature &... (1833363) ✔publish ✔subscribe
Edit
Delete

ThingSpeak 上傳資料的 MQTT 主題格式，如下所示：

```
channels/<CHANNEL_ID>/publish
```

上述 <CHANNEL_ID> 是頻道編號。上傳資料就是出版 MQTT 訊息，其訊息格式如下所示：

```
field1=<temperature>&field2=<humidity>
```

上述 <temperature> 是 Field 1 欄位值，<humidity> 是 Field 2 欄位值。MicroPython 程式碼是在第 1～2 行匯入相關模組，如下所示：

```
01: from umqtt.simple import MQTTClient
02: import utime, xtools
03:
04: xtools.connect_wifi_led()
05:
06: HOST = "mqtt3.thingspeak.com"
07: CHANNEL_ID = "<CHANNEL ID>"
08: CLIENT_ID = "<CLIENT_ID>"
09: USERNAME = "<USERNAME>"
10: PASSWORD = "<PASSWORD>"
11:
12: topic = "channels/" + CHANNEL_ID + "/publish"
```

上述第 4 行連線 WiFi，第 6 行是 ThingSpeak MQTT 代理人的主機名稱，在第 7 行是頻道 ID，第 8～10 行是在之前取得 MQTT 裝置的認證資料，在第 12 行建立 MQTT 主題。在下方第 14～20 行建立 MQTTClient 物件，如下所示：

```
14: client = MQTTClient (
15:     client_id = CLIENT_ID,
16:     server = HOST,
17:     user = USERNAME,
18:     password = PASSWORD,
19:     ssl = False,
20: )
21:
22: while True:
23:     print("儲存溫度和濕度資料!")
24:     temp = xtools.random_in_range(10, 35)
25:     hum = xtools.random_in_range(60, 90)
26:     print(temp, hum)
27:     payload = "field1="+str(temp)+"&field2="+str(hum)
```

```
28:      client.connect()
29:      client.publish(topic, payload)
30:      client.disconnect()
31:      utime.sleep(15)
```

上述第 22～31 行的 while 無窮迴圈是在第 24～25 行使用亂數模擬產生溫度和溼度，第 27 行建立 MQTT 訊息，在第 28 行連線 MQTT 代理人，第 29 行出版訊息，第 30 行中斷連線 MQTT 代理人，最後在第 31 行延遲 15 秒鐘。

使用 MQTT 上傳資料至 Adafruit.IO | ch12-5a.py

Adafruit.IO 上傳資料至 FEED 的 MQTT 主題格式，如下所示：

```
<ADAFRUIT_IO_USERNAME>/feeds/<FEED1>
<ADAFRUIT_IO_USERNAME>/feeds/<FEED2>
```

MicroPython 程式碼是在第 1～2 行匯入相關模組，如下所示：

```
01: from umqtt.simple import MQTTClient
02: import utime, xtools
03:
04: xtools.connect_wifi_led()
05:
06: ADAFRUIT_IO_USERNAME = "<USERNAME>"
07: ADAFRUIT_IO_KEY = "<AIO KEY>"
08: FEED1 = "temperature"
09: FEED2 = "humidity"
```

上述第 4 行連線 WiFi，第 6～7 行是 Adafruit.IO MQTT 代理人的使用者名稱和密碼，在第 8～9 行是 2 個 FEED。在下方第 12～18 行建立 MQTTClient 物件，第 20～21 行建立 MQTT 主題，如下所示：

```
11: # MQTT 客戶端
12: client = MQTTClient (
13:     client_id = xtools.get_id(),
```

```
14:     server = "io.adafruit.com",
15:     user = ADAFRUIT_IO_USERNAME,
16:     password = ADAFRUIT_IO_KEY,
17:     ssl = False,
18: )
19:
20: topic1 = ADAFRUIT_IO_USERNAME + "/feeds/" +FEED1
21: topic2 = ADAFRUIT_IO_USERNAME + "/feeds/" +FEED2
22:
23: while True:
24:     print("儲存溫度和濕度資料!")
25:     temp = xtools.random_in_range(10, 35)
26:     hum = xtools.random_in_range(60, 90)
27:     print(temp, hum)
28:     client.connect()
29:     client.publish(topic1, str(temp))
30:     utime.sleep(5)
31:     client.publish(topic2, str(hum))
32:     utime.sleep(5)
33:     client.disconnect()
34:     utime.sleep(5)
```

上述第 23～34 行是 while 無窮迴圈，在第 25～26 行使用亂數模擬產生溫度和溼度，在第 28 行連線 MQTT 代理人，第 29 行和 31 行出版訊息，訊息是溫 / 溼度字串，第 33 行中斷連線 MQTT 代理人。

學習評量

1. 請使用圖例説明 MQTT 通訊協定？什麼是出版者？什麼是訂閱者？
2. 請簡單説明 MQTT 訊息和 MQTT 主題？
3. 請問什麼是 MQTT 客戶端和 MQTT 代理人？
4. 請參閱第 12-3-1 節新增名為 lightsB 的 FEED 後，參閱第 12-4-1 節的步驟，在 Adafruit.IO 儀表板再新增一個藍色的切換按鈕區塊，現在的儀表板共有紅色和藍色 2 個切換按鈕。
5. 請修改第 12-4-1 節的 MicroPython 程式新增訂閱 lightsB 的主題，可以使用 2 個切換按鈕分別控制紅色和藍色 LED，在 sub_cb() 回撥函式需處理 2 種主題，請先使用 if 條件判斷參數 topic 的主題後，再針對不同主題來處理收到的訊息。
6. 請修改第 11 章學習評量 6. 的 MicroPython 程式，改用 MQTT 來上傳讀取的光敏電阻值。

CHAPTER 13

雲端資料儲存：雲端試算表 +Firebase 即時資料庫

13-1 校正開發板的時間

ESP8266 開發板沒有內建時鐘，只有計時器，如果需要日期 / 時間資料，我們可以使用外部 RTC（Real Time Clock）模組，或使用 NTP 取得網路時間來校正開發板的日期 / 時間。

13-1-1 取得開發板的時間

MicroPython 時間模組是 utime，在 ESP8266 提供 ROM 記憶體來儲存 RTC 時間資料（重啟會保留，但拔掉電源就會消失），我們可以使用 RTC 類別來重設開發板的日期 / 時間。

取得開發板計時的秒數和日期 / 時間 | ch13-1-1.py

MicroPython 的 utime 模組可以使用 time() 方法，取得接上電源後到目前為止所經過的秒數，然後呼叫 localtime() 方法將目前秒數換成時間資料，這是從 2000 年開始起算的日期 / 時間，如下所示：

```
import utime

now = utime.time()
print(now)
local = utime.localtime(now)
print(local)
```

請注意！上述程式碼在 Thonny 執行顯示的是 Windows 開發電腦的時間，並非 ESP8266 開發板上的時間。

為了取得 ESP8266 開發板的時間，請使用 PuTTY 終端機工具（在 ESP8266Toolkit 工具箱有提供此工具）連線 ESP8266 開發板，請啟動 PuTTY 且「重新」連接 ESP8266 開發板後，選【Serial】，輸入埠號 COM5 和速度 115200，按【Open】鈕。

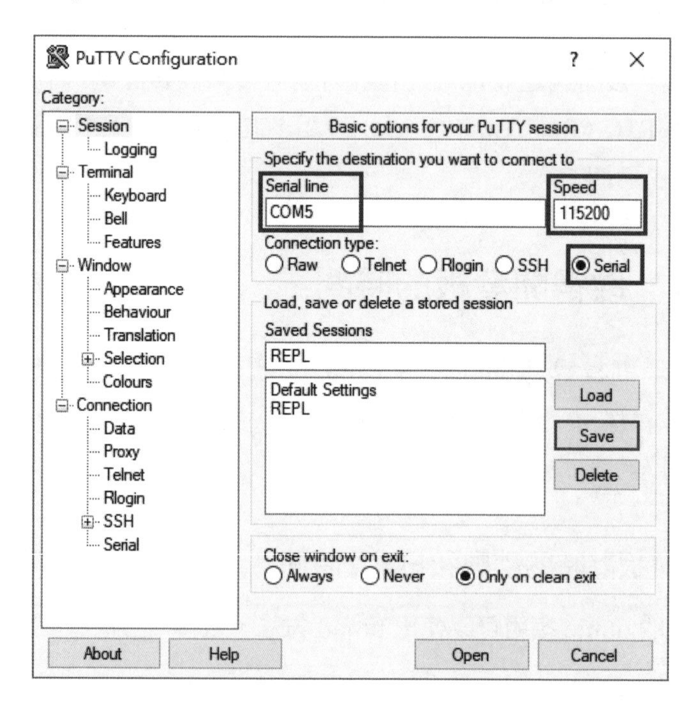

在看到終端機視窗後，按 Enter 鍵，可以看到提示符號「>>>」，請輸入 MicroPython 程式碼來取得開發板的時間，如下圖所示：

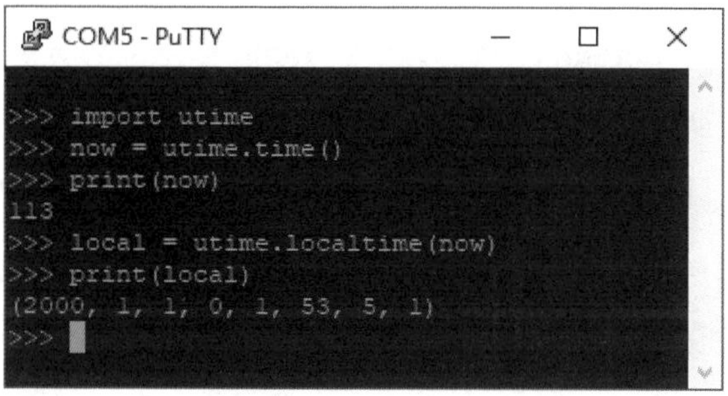

```
COM5 - PuTTY
>>> import utime
>>> now = utime.time()
>>> print(now)
113
>>> local = utime.localtime(now)
>>> print(local)
(2000, 1, 1, 0, 1, 53, 5, 1)
>>>
```

上述 113 是開發板接上電源後的秒數，(2000, 1, 1, 0, 1, 53, 5, 1) 元組是代表 113 秒轉換成的日期時間，即 2000 年 1 月 1 日 0 時 1 分 53 秒。

指定 RTC 的日期 / 時間 | ch13-1-1a.py

MicroPython 程式可以建立 RTC 物件，來指定開發板目前的日期 / 時間。首先匯入 RTC 類別，如下所示：

```
from machine import RTC

rtc = RTC()
rtc.datetime((2022,9,24,13,18,0,0,0))
print(rtc.datetime())
```

上述程式碼建立 RTC 物件後，呼叫 datetime() 方法指定 RTC 時間，如果沒有參數，就是顯示目前的日期 / 時間，其執行結果如下所示：

```
(2022, 9, 24, 5, 18, 0, 0, 0)
```

請注意！ ESP8266 開發板的計時器並不準確，誤差十分大，在實務上，我們需要使用網路 NTP 時間來校正開發板的日期 / 時間。

≫ 13-1-2　使用網路 NTP 校正開發板時間

在 MicroPython 程式可以使用 ntptime 模組來校正時間，這是連上網路取得 NTP 時間後，重設 ESP8266 開發板的日期 / 時間來校正時間。

使用網路 NTP 指定開發板時間　｜ ch13-1-2.py

在 ntptime 模組是呼叫 settime() 方法連上網路取得 NTP 時間來設定本地時間，首先匯入 ntptime 模組，如下所示：

```
import xtools, utime
from machine import RTC
import ntptime

xtools.connect_wifi_led()

rtc = RTC()
ntptime.settime()
print(rtc.datetime())
print(utime.localtime())
```

上述程式碼連線 WiFi 且建立 RTC 物件後，呼叫 ntptime.settime() 方法校正時間，同時也會更改 utime 時間，所以，我們可以使用 rtc.datetime() 或 utime.localtime() 方法來取得開發板校正後的日期 / 時間，如下所示：

```
(2022, 9, 24, 5, 2, 30, 41, 0)
(2022, 9, 24, 2, 30, 41, 5, 267)
```

上述執行結果可以看出時間資料的元組並不同，RTC 和 utime 如所示：

```
(年, 月, 日, 星期, 時, 分, 秒, 毫秒)
(年, 月, 日, 時, 分, 秒, 星期, 今年的第幾天)
```

上述星期值是 0~6，代表星期一至星期日。

調整成中原標準時間 | ch13-1-2a.py

因為 NTP 取得的是格林威治時間，台灣時區的時間（中原標準時間）需加上 8 小時，即加上 28800 秒，如下所示：

```
…
rtc = RTC()
ntptime.settime()
utc = utime.localtime()
print(utc)   # 目前的 UTC 時間
# UTC 加 8小時 = 台灣時間
local_time = utime.localtime(utime.mktime(utc)+28800)
print(local_time)
```

上述程式碼顯示 utime.localtime() 的 UTC 時間後，加上 28800 秒來顯示中原標準時間，其執行結果如下所示：

```
(2022, 9, 24, 2, 31, 24, 5, 267)
(2022, 9, 24, 10, 31, 24, 5, 267)
```

取得中原標準時間 | ch13-1-2b.py

當成功將格林威治時間調整成台灣的中原標準時間後，如果需要，我們可以取出日期 / 時間的年、月、日、時、分和秒，如下所示：

```
…
rtc = RTC()
ntptime.settime()
# UTC 加 8小時 = 台灣時間
utc = utime.mktime(utime.localtime())
year,month,day,hour,minute,second,week,days=utime.localtime(utc+28800)
print("年:", year)
print("月:", month)
print("日:", day)
```

```
print("時:", hour)
print("分:", minute)
print("秒:", second)
print(xtools.format_datetime(utime.localtime(utc+28800)))
```

上述程式碼因為回傳值是元組，可以依序取出年、月、日、時、分和秒，最後呼叫 xtools.format_datetime() 函式轉換成日期 / 時間字串，其執行結果如右所示：

```
年: 2022
月: 9
日: 24
時: 10
分: 32
秒: 6
2022-09-24 10:32:06
```

13-2 將感測器資料存入雲端試算表

Google Sheets 是 Google 推出的免費電子試算表，我們可以使用網路應用程式、Android、iOS、Windows 和 ChromeOS 應用程式來使用 Google Sheets，其檔案格式相容 Microsoft Excel 文件。

≫ 13-2-1 新增 IFTTT to Google Sheets 的 Applet

IFTTT 的 Applets 可以指定事件觸發時（條件成立），自動執行其他 App、服務或操作裝置（動作）。例如：當 HTTP 請求的事件觸發，就自動將資料存入 Google Sheets 試算表。

新增 IFTTT to Google Sheets 的 Applet

我們準備在 IFTTT 新增 Applet，可以使用 HTTP 請求的條件來自動執行存入 Google Sheets 雲端試算表的動作，其步驟如右所示：

Step 1 請進入 IFTTT 網頁點選右上角【Sign in】登入 IFTTT 後，切換至【My Applets】，按右上方【Create】鈕新增 Applet。

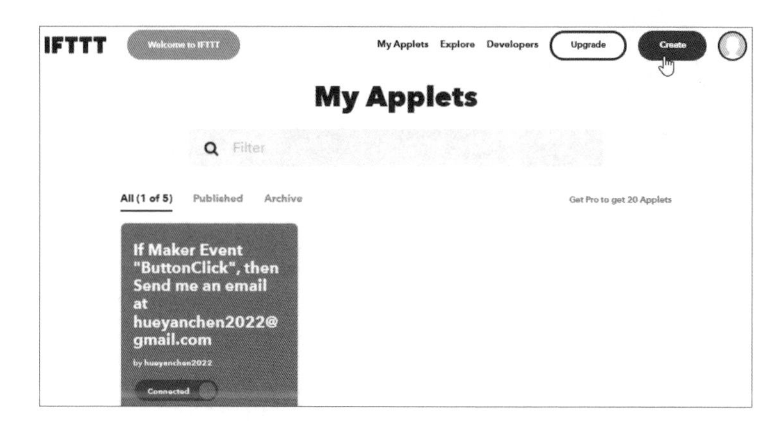

Step 2 按 If This 條件後的【Add】鈕新增觸發事件（即條件）。

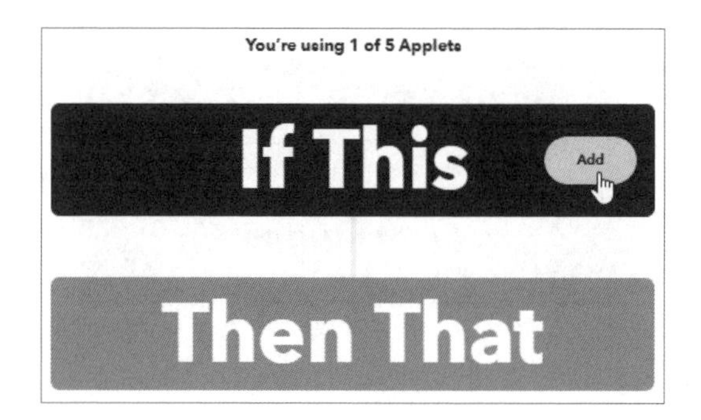

Step 3 選擇觸發事件的服務，請在欄位輸入【Webhook】找到 Webhooks 後，選【Webhooks】使用 HTTP 請求來觸發事件。

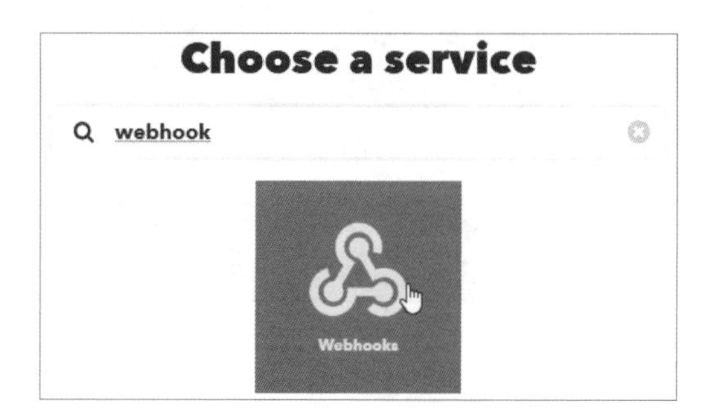

Step 4 選【Received a web request】觸發器，當收到 HTTP 請求就觸發事件。

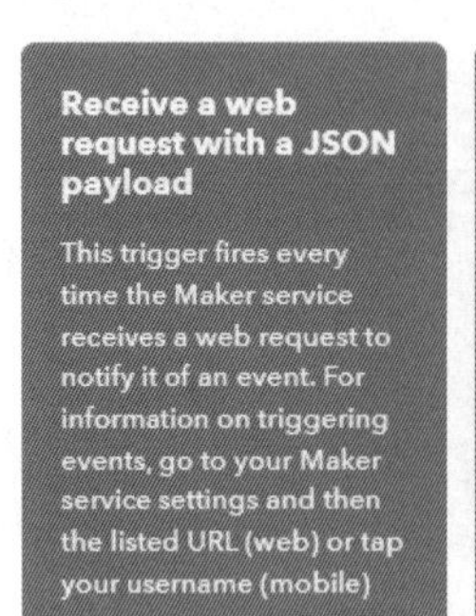

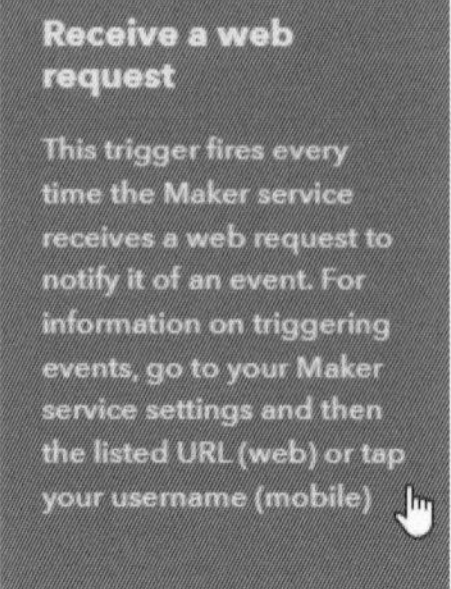

Step 5 然後在【Event Name】欄位輸入事件名稱【distance】，按【Create trigger】鈕建立觸發事件的觸發器。

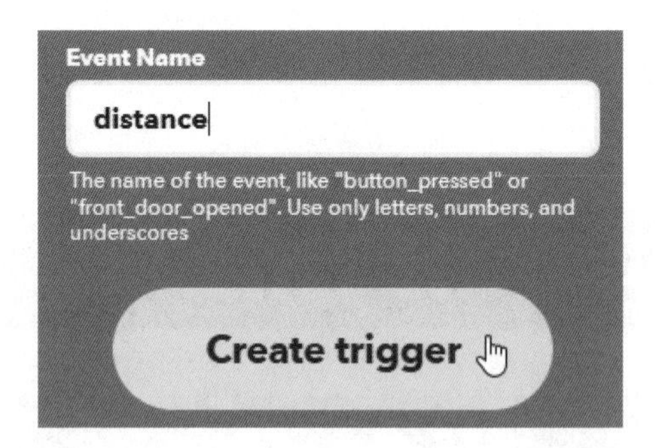

Step 6 接著指定 If 事件觸發後，Then That 執行的動作，請按下方 Then That 之後的【Add】鈕新增動作的 Web 服務。

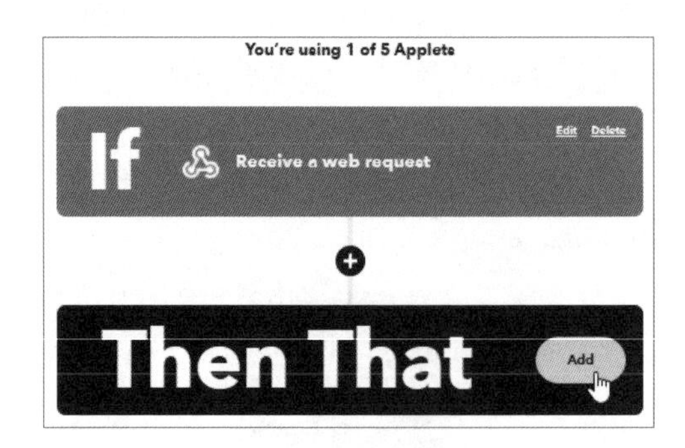

Step 7 因為準備存入 Google Sheets，請在欄位輸入【Sheets】，找到 Google Sheets 服務後，選【Google Sheets】服務。

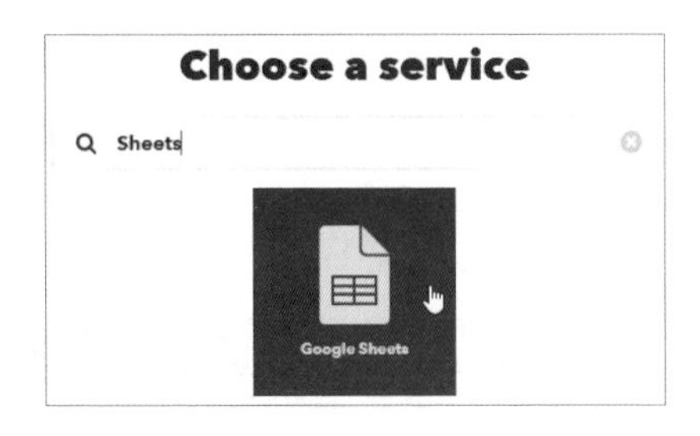

Step 8 在選擇動作畫面，選【Add row to spreadsheet】在試算表新增一列的動作。

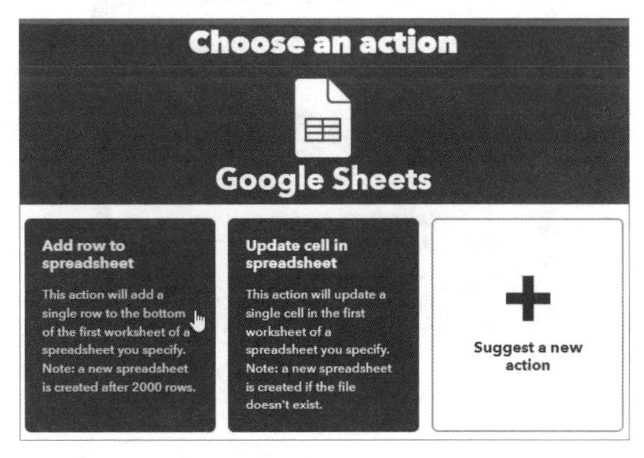

Step 9 按【Connect】鈕連接 Google Sheets 服務。

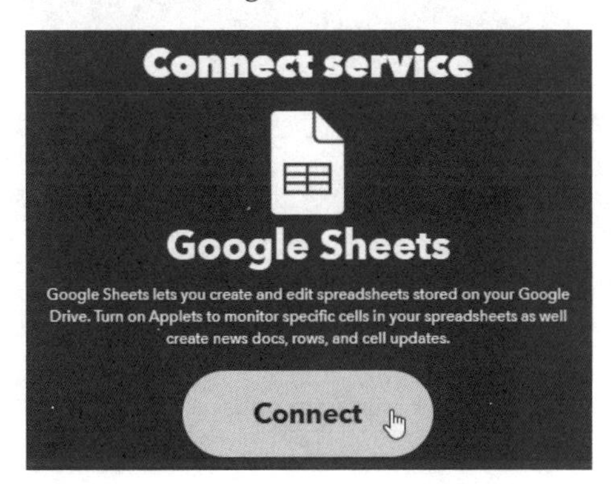

Step 10 請登入或選擇 Google 帳戶後，再按【允許】鈕同意授權。

Step 11 接著在【Spreadsheet name】和【Formatted row】框修改訊息內容是一列三欄（「|||」是欄位分隔符號），在輸入後，按下方【Create action】鈕建立動作。

```
{{OccurredAt}} ||| {{EventName}} ||| {{Value1}}
```

Step 12 按【Continue】鈕繼續。

Step 13 然後看到 Applet 內容，如果沒有問題，按【Finish】鈕完成建立。

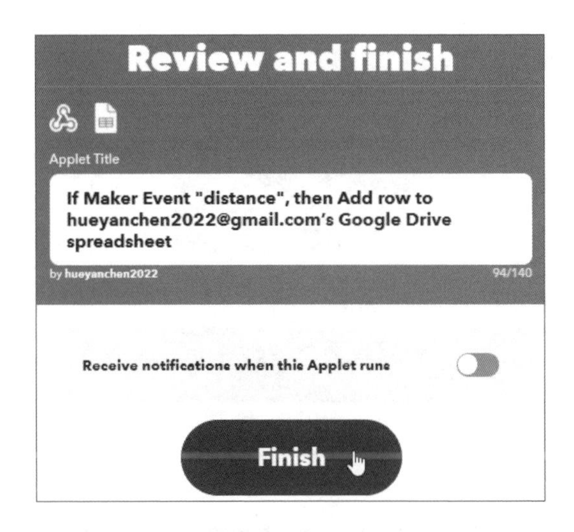

Step 14 最後可以看到新增的 Applet，Connected 表示已經成功連接。

在 Webhooks 服務取得 API 金鑰字串和測試服務

在完成 Applet 的建立後，我們還需要進入 IFTTT 的 Webhooks 服務網址來取得 API 金鑰字串，其步驟如下一頁所示：

Step 1 請點選 Applets 上方 Webhooks 服務圖示，或直接進入 https://ifttt.com/maker_webhooks 網址的服務網頁。

Step 2 按網頁中的【Documentation】鈕。

Step 3 在 Your key is: 下方的字串就是 API 金鑰字串。

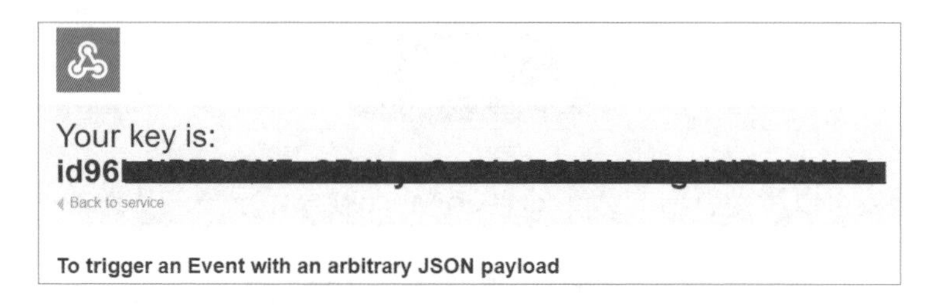

Webhooks 服務觸發事件的 URL 網址

IFTTT 的 Webhooks 服務觸發事件的 URL 網址語法，如下所示：

```
https://maker.ifttt.com/trigger/<Event_Name>/with/key/<API_KEY>/?value1=
<V1>&value2=<V2>&value3=<V3>
```

上述 <Event_Name> 是事件名稱，<API_KEY> 是 API 金鑰字串，<V1～3> 是在電子郵件內容顯示的 value1～3 值。

≫ 13-2-2　將感測器資料存入 Google Sheets

MicroPython 程式可以使用 urequests 模組的 get() 方法送出 HTTP 請求來觸發 IFTTT 服務，或 xtools 模組的 webhook_get() 函式送出 HTTP 請求來觸發事件，此函式如果有錯誤就會閃爍內建 LED。

將感測器資料存入 Google Sheets | ch13-2-2.py

當將手指放在光敏電阻上方時，依據位在光敏電阻上方的距離，可以取得不同光線亮度值，我們準備將光敏電阻值存入 Google Sheets 來模擬距離值（在第 16-2 節的超音波感測器模組可以真正測量距離值），IFTTT 是使用 xtools 模組的 webhook_get() 函式送出 HTTP 請求來觸發事件，如下所示：

```
import xtools, utime
from machine import ADC

xtools.connect_wifi_led()
adc = ADC(0)
```

上述程式碼匯入相關模組後，呼叫 connect_wifi_led() 函式建立 WiFi 連線，然後建立 ADC 物件。在下方依序是 API 金鑰和事件名稱，如下所示：

```
API_KEY = "<API金鑰>"
EVENT_NAME = "distance"
WEBHOOK_URL="https://maker.ifttt.com/trigger/" + EVENT_NAME
WEBHOOK_URL+="/with/key/" + API_KEY + "/?value1="
```

上述程式碼建立 Webhooks 的 URL 網址。在下方 while 無窮迴圈呼叫 read() 方法讀取類比輸入值，即光敏電阻值，如下所示：

```
while True:
    print("儲存距離資料!")
    distance = adc.read()
    xtools.webhook_get(WEBHOOK_URL + str(distance))
    utime.sleep(5)
```

上述程式碼呼叫 webhook_get() 函式送出 HTTP 請求，參數 URL 網址的最後是變數 distance，即 value1 參數值。其執行結果是每 5 秒將最新的光敏電阻值存入 Google Sheets 試算表。

請在 Google 雲端硬碟開啟位在「IFTTT/MakerWebooks/distance」目錄的試算表檔案【記錄距離】，可以看到存入試算表的距離資料，如下圖所示：

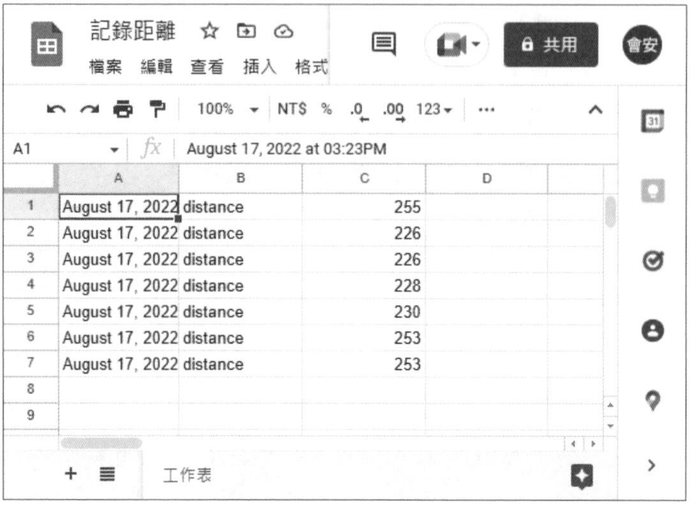

	A	B	C	D
1	August 17, 2022	distance	255	
2	August 17, 2022	distance	226	
3	August 17, 2022	distance	226	
4	August 17, 2022	distance	228	
5	August 17, 2022	distance	230	
6	August 17, 2022	distance	253	
7	August 17, 2022	distance	253	

13-3 申請與使用 Firebase 即時資料庫

Firebase 支援 Android、iOS 和網頁 App，可以協助 App 開發者在雲端快速建置後端所需的即時資料庫，Firebase 即時資料庫是 NoSQL 資料庫，資料可以在所有客戶端之間即時同步。

Firebase 即時資料庫的資料是 JSON 格式，可以即時同步到每一個連接的客戶端，所有客戶端都共享同一個即時資料庫，和自動接收最新的資料更新。

申請 Firebase 即時資料庫

我們只需擁有 Google 帳號，就可以建立專案來使用 Firebase 即時資料庫，其步驟如右所示：

Step 1 請啟動瀏覽器進入 https://firebase.google.com/，按【Get started】鈕。

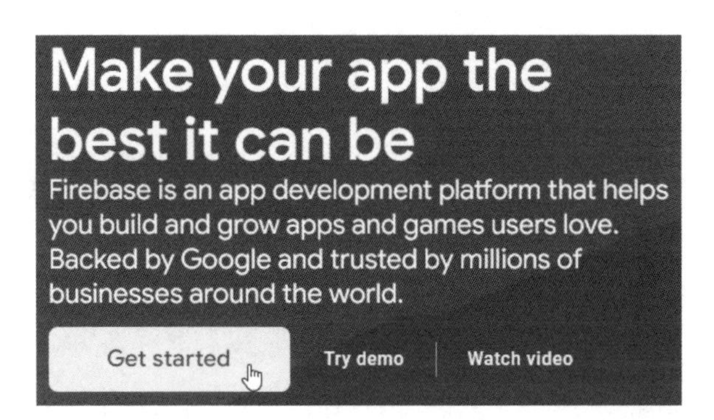

Step 2 在輸入電郵地址和密碼登入 Google 帳戶後，按【建立專案】鈕建立專案。

Step 3 輸入專案名稱，如果已有同名專案，在下方的專案名稱會自動在名稱後加上隨機字串的字尾，勾選 2 個核取方塊接受條款，按【繼續】鈕。

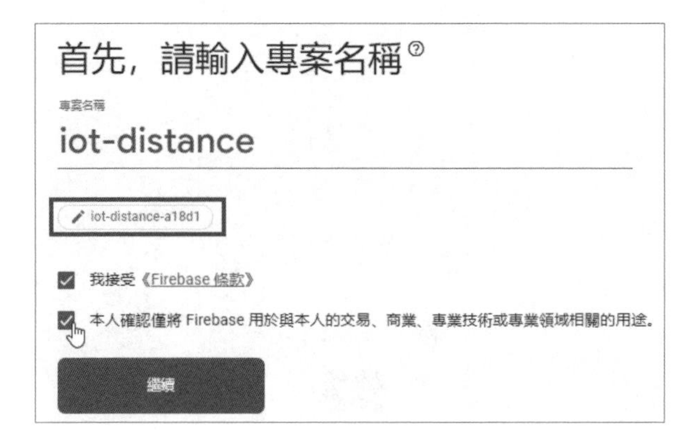

Step 4 啟用專案的分析功能後，按【繼續】鈕。

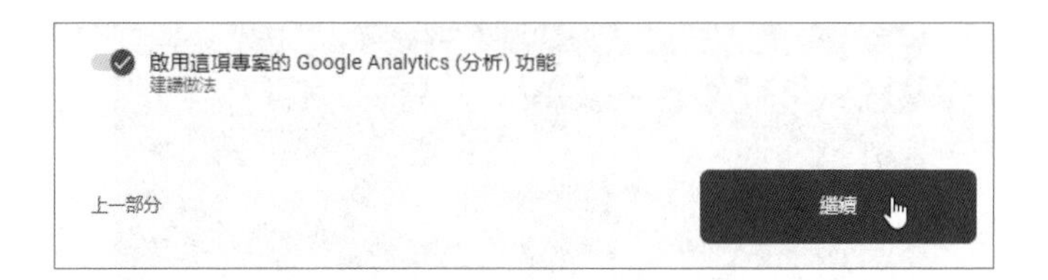

Step 5 在數據分析位置選【台灣】，勾選【我接受 Google Analytics（分析）的條款】，按【建立專案】鈕建立專案。

Step 6 請稍等一下，等到專案建立後，按【繼續】鈕。

新增 Firebase 即時資料庫

在 Firebase 新增專案後，我們就可以新增 Firebase 即時資料庫，其步驟如下所示：

Step 1 在左邊展開【建構】，選【Realtime Database】，在右邊按【建立資料庫】鈕。

Step 2 設定資料庫位置，預設是美國，不用更改，按【下一步】鈕。

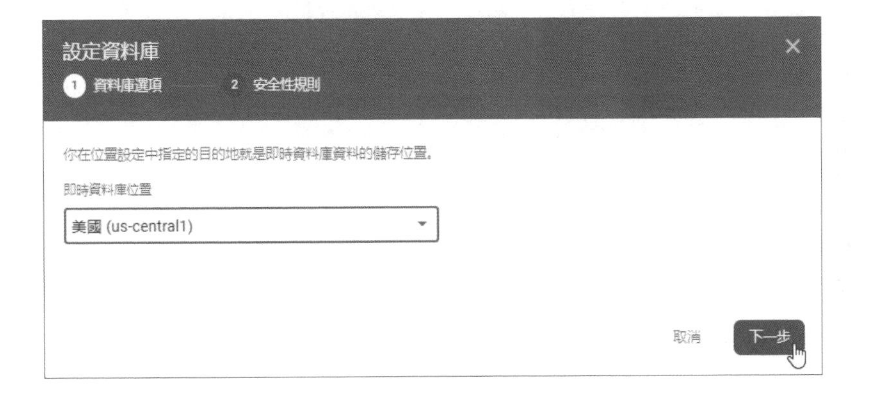

Step 3 選【以測試模式啟動】，按【啟用】鈕。

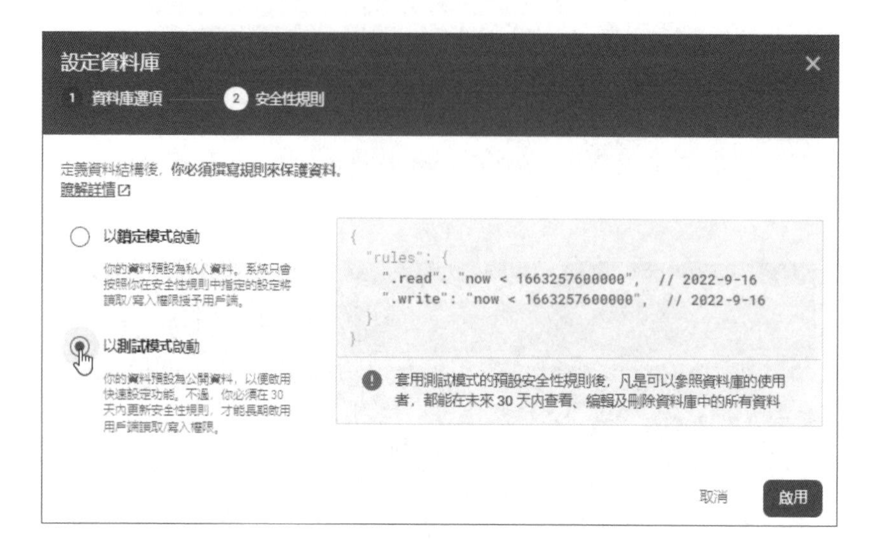

Step 4 稍等一下，成功啟用即時資料庫後，可以看到主控台，在【資料】標籤看到的是 Firebase 即時資料庫的網址：iot-distance-???-default-rtdb。

Step 5 選【規則】標籤，將 .read 和 .write 規則都改成 true 後，按上方【發布】鈕，可以看到已經成功發布規則。

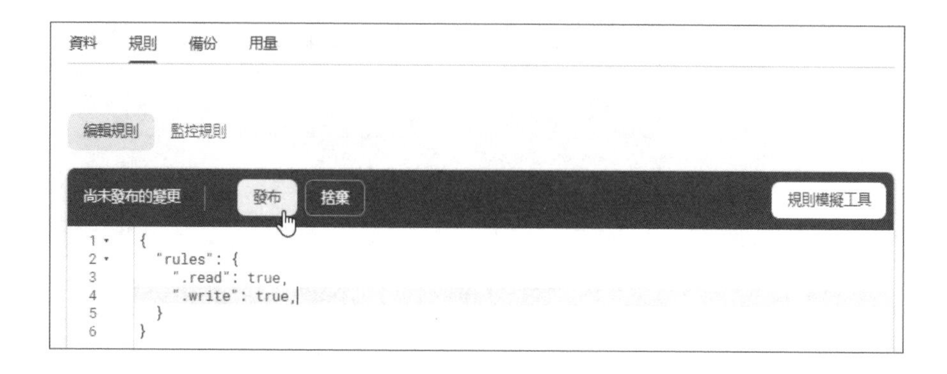

使用 Firebase 即時資料庫

現在，我們已經成功建立 Firebase 即時資料庫，請切換至【資料】標籤來使用 Firebase 即時資料庫。Firebase 即時資料庫儲存的資料是 JSON 物件，這是使用大括號括起的鍵值資料，例如：儲存姓名的 JSON 物件，如下所示：

```
{ "name" : "Peter" }
```

JSON 物件也可以是巢狀結構，有很多層，如下所示：

```
{
  "profile" : {
      "name" : "Peter",
      "email" : { "address" : "pete@demo.com",
                  "verified" : true }
  }
}
```

上述巢狀結構是一棵 JSON 樹，如同檔案的階層結構，我們可以將各層的鍵（Keys）抽出建立成鍵路徑，如下所示：

```
/profile/email/address
/profile/email/verified
```

■ 新增資料：選【+】號輸入鍵和值後，按【新增】鈕新增資料，如下圖所示：

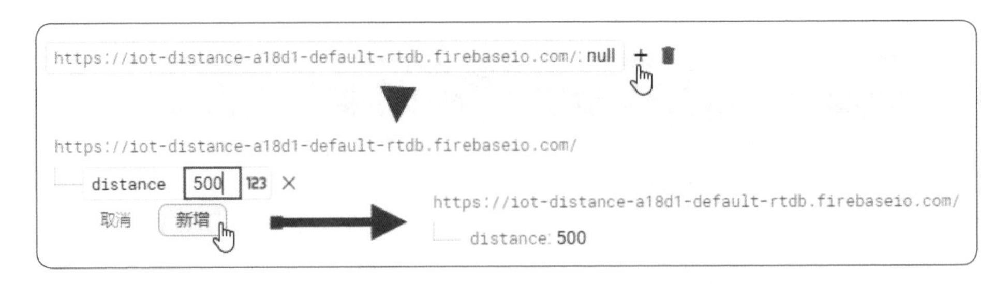

■ 新增階層資料：選【+】號輸入鍵，不用輸入值，直接選【+】號新增下一層的鍵和值後，按【新增】鈕新增子階層的資料，如下圖所示：

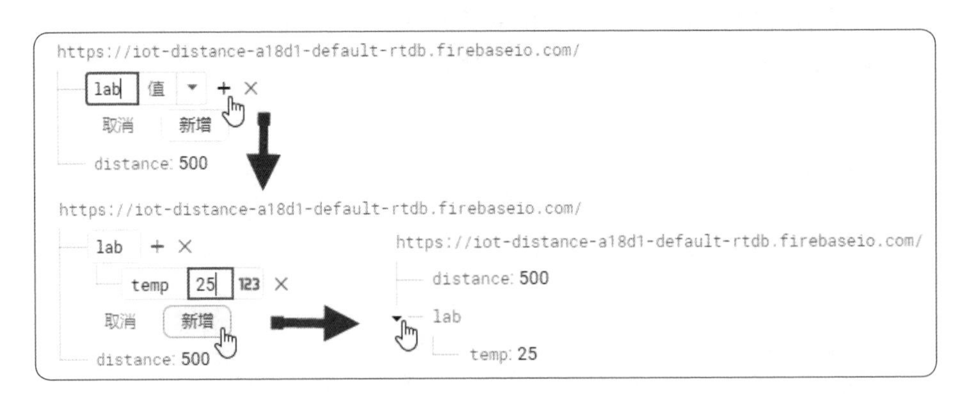

■ 編輯修改資料：直接點選值，就可以修改資料。

■ 刪除資料：按【垃圾桶】圖示，再按【刪除】鈕確認後，即可刪除資料，如下所示：

13-4 將感測器資料存入 Firebase 即時資料庫

MicroPython 程式可以使用 REST API 呼叫將資料存入 Firebase 即時資料庫。REST API 的基礎 URL 網址，如右所示：

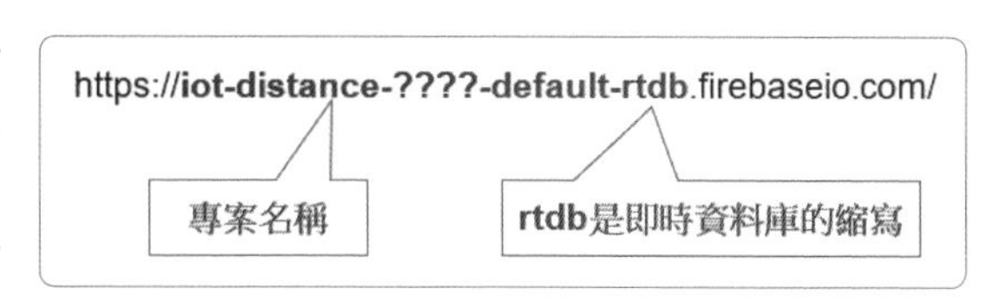

13-4-1 使用 RestMan 呼叫 REST API 將資料存入 Firebase 即時資料庫

我們準備使用第 9-4-3 節 Chrome 瀏覽器的 RestMan 擴充功能，直接呼叫 REST API 來新增、更新、刪除和讀取 Firebase 即時資料庫的資料。

匯入 JSON 資料：members.json

Firebase 即時資料庫可以直接匯入 JSON 資料檔 members.json，其步驟如下所示：

Step 1 請在【資料】標籤的主控台，點選右上角垂直 3 點的圖示「⋮」後，執行【匯入 JSON】命令（【匯出 JSON】命令可以匯出資料）。

Step 2 點選【瀏覽】選擇「\ch13\members.json」檔案後，按【匯入】鈕匯入 JSON 資料。

Step 3 匯入 JSON 資料會覆寫所有資料，在展開後，可以看到匯入的資料。

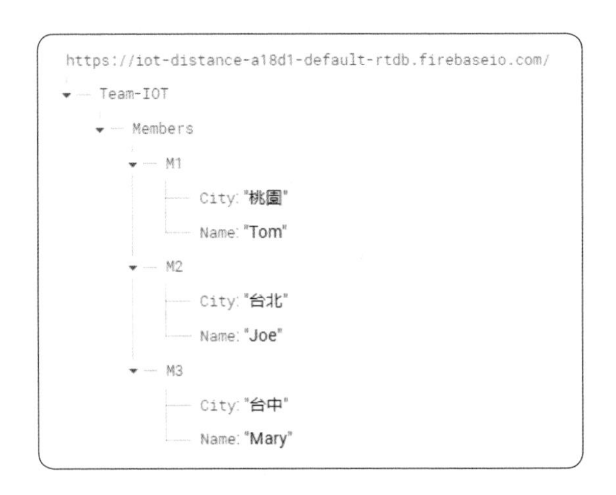

新增資料：PUT 方法

PUT 方法是新增資料，例如：新增 Members 下的 M4，鍵路徑是：Team-IOT/Members/M4，新增的 JSON 物件，如下所示：

```
{
    "City": "高雄",
    "Name": "Jane"
}
```

完整的 URL 網址，如下所示：

```
https://<rtdb名稱>.firebaseio.com/Team-IOT/Members/M4.json
```

RestMan 是選【PUT】方法，在後方輸入 URL 網址後，展開 Body，在【RAW】標籤輸入 JSON 物件，即可送出 HTTP PUT 請求，如下圖所示：

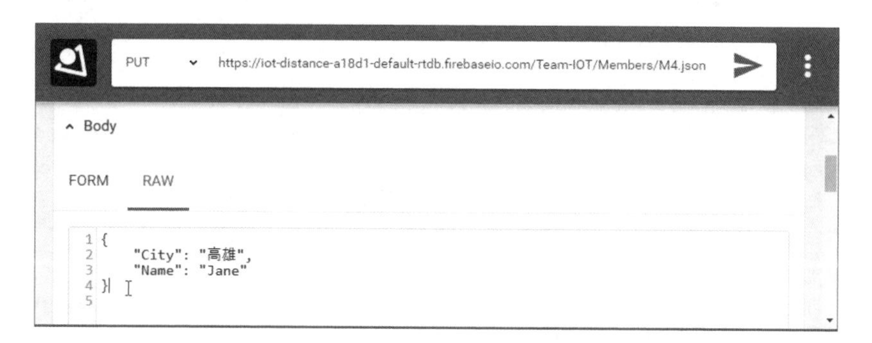

在 Firebase 即時資料庫可以看到最後新增的 M4，如下圖所示：

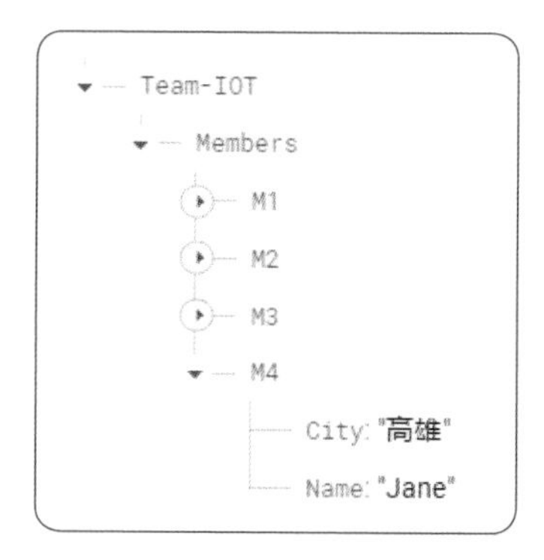

讀取資料：GET 方法

GET 方法是讀取 Firebase 即時資料庫的 JSON 資料，例如：讀取 M3 的 JSON 物件，鍵路徑是：Team-IOT/Members/M3。其完整的 URL 網址，如下所示：

```
https://<rtdb名稱>.firebaseio.com/Team-IOT/Members/M3.json
```

RestMan 是選【GET】方法，在後方輸入 URL 網址，即可送出 HTTP GET 請求，可以在 Response 區段看到回傳的 M3 資料，如下圖所示：

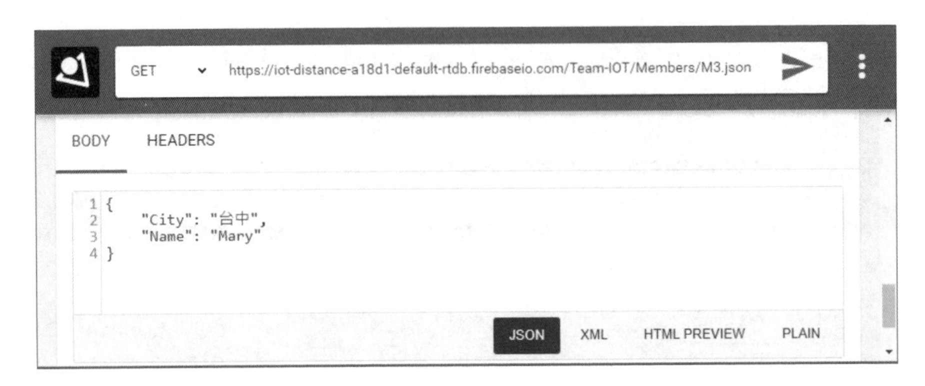

更新資料：PATCH 方法

PATCH 方法是更新資料，例如：更新 M1 的 City 鍵，從桃園改成新竹，鍵路徑是：Team-IOT/Members/M1，更新的 JSON 物件，如下所示：

```
{ "City":"新竹" }
```

完整的 URL 網址，如下所示：

```
https://<rtdb名稱>.firebaseio.com/Team-IOT/Members/M1.json
```

RestMan 是選【PATCH】方法，在後方輸入 URL 網址後，展開 Body，在【RAW】標籤輸入更新的 JSON 物件，即可送出 HTTP PATCH 請求，如下圖所示：

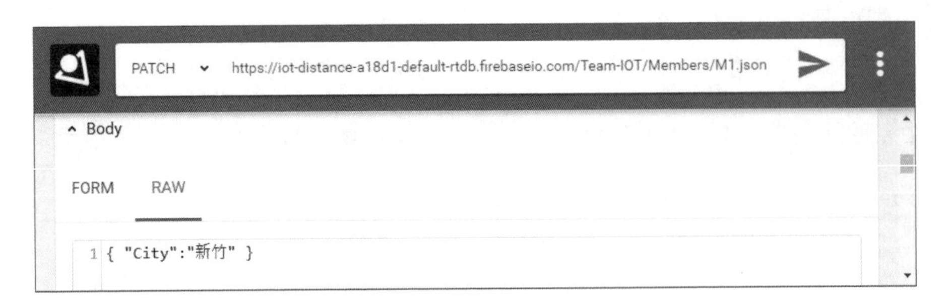

在 Firebase 即時資料庫可以看到 M1 已經更新 City 資料，如下圖所示：

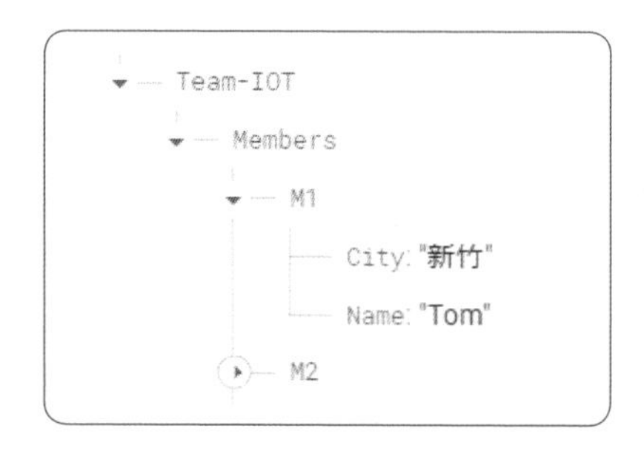

刪除資料：DELETE 方法

DELETE 方法是刪除資料，例如：刪除之前新增的 M4，鍵路徑是：Team-IOT/Members/M4，完整的 URL 網址，如下所示：

```
https://<rtdb名稱>.firebaseio.com/Team-IOT/Members/M4.json
```

RestMan 是選【DELETE】方法，在後方輸入 URL 網址，即可送出 HTTP DELETE 請求，如下圖所示：

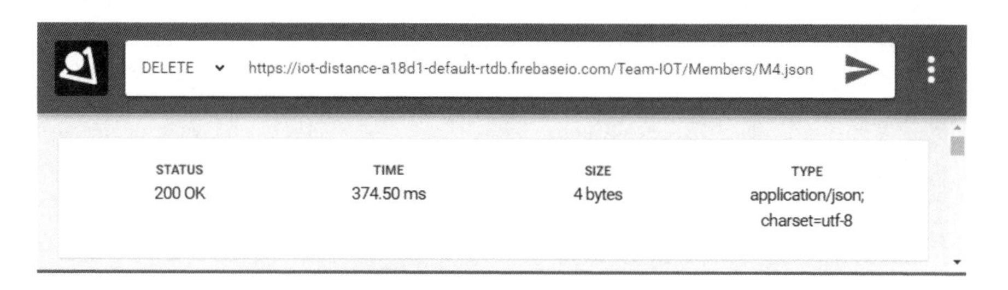

在 Firebase 即時資料庫可以看到最後的 M4 已經刪除。

新增自動產生鍵的資料：POST 方法

POST 方法可以在鍵路徑下，新增擁有自動產生鍵的 JSON 資料，例如：新增 M1～M3 的 Scores 分數資料，鍵路徑是：Team-IOT/Scores，新增的 JSON 物件，如下一頁所示：

```
{
  "M1":89,
  "M2":78,
  "M3":68
}
```

完整的 URL 網址，如下所示：

```
https://<rtdb名稱>.firebaseio.com/Team-IOT/Scores.json
```

RestMan 是選【POST】方法，在後方輸入 URL 網址後，展開 Body，在【RAW】標籤輸入 JSON 物件，即可送出 HTTP POST 請求，如下圖所示：

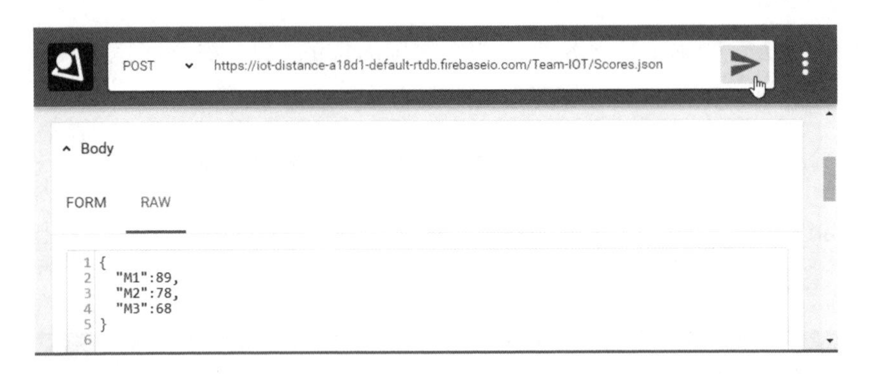

在 Firebase 即時資料庫可以看到在 Scroes 下新增自動產生的鍵後，在之下才是我們新增的 JSON 物件，如下圖所示：

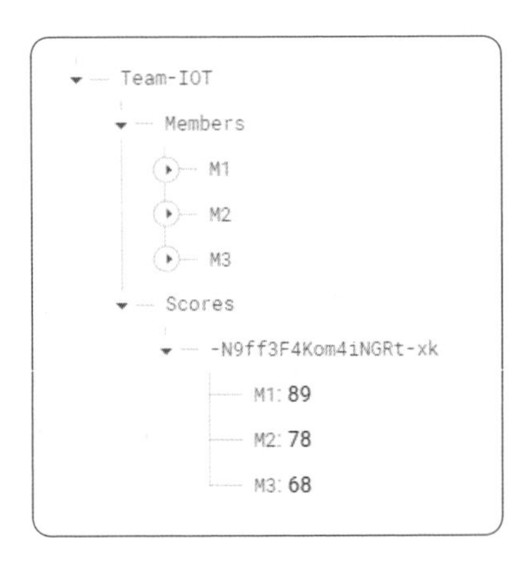

在 RestMan 再執行一次 HTTP POST 請求，可以看到新增第 2 筆不同鍵的資料，如下圖所示：

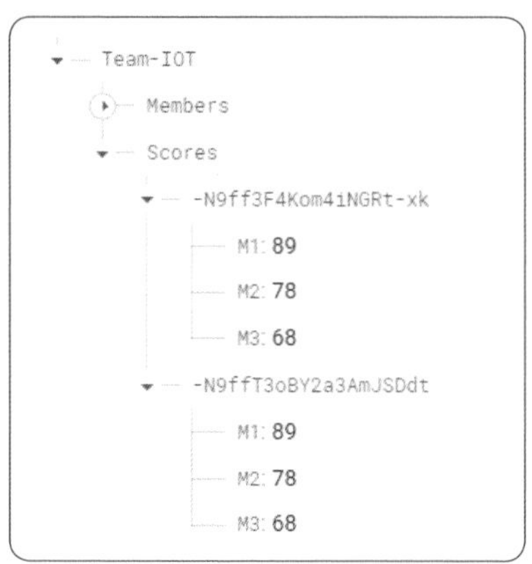

≫ 13-4-2 使用 MicroPython 程式將感測器資料存入 Firebase 即時資料庫

MicorPython 程式可以使用 urequests 模組的 put() 方法來新增或更新單一資料；post() 方法新增成清單的多筆資料。

使用 PUT 方法新增或更新單一資料 | ch13-4-2.py

Firebase 即時資料庫可以使用 PUT 請求來新增或更新單一資料，其 URL 網址如下所示：

```
https://iot-distance-????-default-rtdb.firebaseio.com/Team-IOT/data.json
```

上述網址可以在根目錄下新增 Team-IOT 鍵，然後在之下新增 data 鍵，最後的 .json 表示新增 JSON 物件，如下所示：

```
from machine import ADC, Pin
import utime, urequests, xtools
from machine import RTC
import ntptime
```

```
xtools.connect_wifi_led()
adc = ADC(0)
rtc = RTC()
ntptime.settime()

DB = "iot-distance-?????-default-rtdb"
URL = "https://"+DB+".firebaseio.com/Team-IOT/data.json"
```

上述程式碼匯入相關模組且連線 WiFi 後，使用 NTP 校正時間，然後指定 DB 變數的資料庫名稱來建立 URL 網址。在下方 while 無窮迴圈可以間隔 5 秒來存入日期 / 時間和距離資料，如下所示：

```
while True:
    print("儲存距離資料!")
    utc = utime.mktime(utime.localtime())
    current=utime.localtime(utc+28800)
    distance = adc.read()
    data = {"datetime": xtools.format_datetime(current),
            "distance": distance}
    r = urequests.put(URL, json=data)
    print(r.text)
    utime.sleep(5)
```

上述程式碼取得類比輸入的光敏電阻值後，建立 data 的 JSON 物件，鍵 datetime 的值是目前的日期 / 時間；distance 鍵的值是光敏電阻值，然後呼叫 urequests.put() 方法送出 PUT 請求，json 參數是存入的 JSON 物件。

在 Firebase 即時資料庫的主控台，可以看到持續更新 Team-IOT/data 鍵路徑的 datetime 和 distance 鍵的值，如右圖所示：

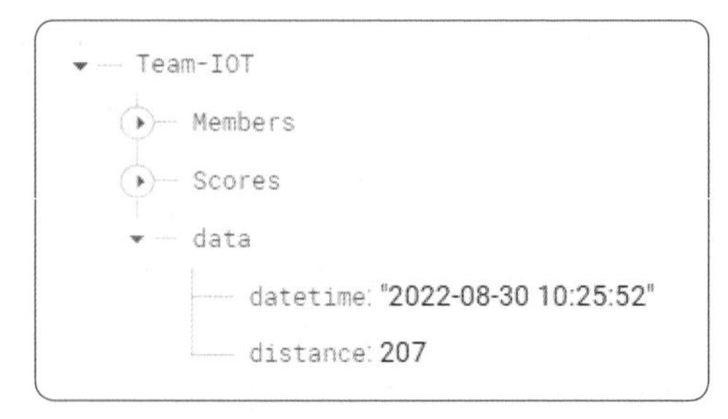

使用 POST 方法新增成清單的多筆資料 | ch13-4-2a.py

PUT 請求只能新增或更新單一資料，如果需要保留每一次的新增資料，請使用 POST 方法送出請求，如此 Firebase 即時資料庫會自動替每次存入的資料新增一個隨機的鍵值，如下所示：

```
…
DB = "iot-distance-?????-default-rtdb"
URL = "https://"+DB+".firebaseio.com/Team-IOT/list.json"

while True:
    print("儲存距離資料!")
    utc = utime.mktime(utime.localtime())
    current=utime.localtime(utc+28800)
    distance = adc.read()
    data = {"datetime": xtools.format_datetime(current),
            "distance": distance}
    r = urequests.post(URL, json=data)
    print(r.text)
    utime.sleep(5)
```

上述程式碼呼叫 urequests.post() 方法送出 POST 請求，json 參數是存入的 JSON 物件。在 Firebase 即時資料庫的主控台，可以看到持續新增 Team-IOT/list 鍵路徑下的隨機鍵值，在之下才是 datetime 和 distance 鍵的 JSON 物件，如右圖所示：

13-5 使用 Timer 計時器

對於感測器模組來說，能夠定時量測感測器的值是一項非常重要的工作。MicroPython 的 Timer 模組提供計時器功能，可以讓 ESP8266 開發板定時量測感測器值後，將資料存入 Google Sheets 試算表或儲存至 Firebase 即時資料庫。

使用 Timer 計時器 | ch13-5.py

MicroPython 程式首先需要匯入 Timer 類別，如下所示：

```
from machine import Timer
```

然後建立 msg() 函式，參數是 Timer 物件 t，這是計時器定時呼叫的回撥函式（Callback Function），在 msg() 函式可以存取全域變數 count，和將 count 變數加一後顯示計數值，如下所示：

```
count = 0

def msg(t):
    global count
    count = count + 1
    print("計數: ", count)

t = Timer(0)
t.init(period=1000, mode=Timer.PERIODIC, callback=msg)
```

上述程式碼建立 Timer 物件 t 後，呼叫 init() 方法初始和啟動計時器，period 參數是毫秒數，1000 是 1 秒，callback 參數是定時呼叫的回撥函式（只需函式名稱），mode 參數是指定定時方式，如下所示：

- Timer.ONE_SHOT：只呼叫一次 callback 參數的函式。
- Timer.PERIODIC：週期性循環執行，以 period 參數的間隔時間來呼叫 callback 參數的函式。

MicroPython 程式的執行結果可以看到定時顯示計數值（如同一個無窮迴圈，我們需要按【停止 / 重新啟動 後端程式】鈕來中斷程式的執行），如下所示：

```
>>> 計數:  1
  計數:  2
  計數:  3
  計數:  4
  計數:  5
  計數:  6
  計數:  7
```

使用 Timer 計時器閃爍內建 LED | ch13-5a.py

在了解 Timer 計時器的使用後，我們就可以使用計時器取代無窮迴圈來閃爍內建 LED，如下所示：

```
from machine import Pin, Timer

def blink(t):
    led2.value(not led2.value())

led2 = Pin(2, Pin.OUT)
led2.value(0)

t = Timer(0)
t.init(period=1000, mode=Timer.PERIODIC, callback=blink)
```

上述 blink() 函式是計時器呼叫的回撥函式，可以切換點亮和熄滅 LED，計時器是每一秒切換一次。

13-6 整合應用：使用 Timer 計時器建立跑馬燈

因為 Timer 計時器可以取代無窮迴圈，在實務上，我們可以改用 Timer 計時器建立跑馬燈，執行結果可以看到依序間隔 1 秒來循環切換紅、綠和藍色 LED。MicroPython 程式碼是在第 1 行匯入相關模組，如下所示：

```
01: from machine import Pin, Timer
02:
03: ledR = Pin(15, Pin.OUT, 0)
04: ledG = Pin(12, Pin.OUT, 0)
05: ledB = Pin(13, Pin.OUT, 0)
06: leds = [ledR, ledG, ledB]
07:
08: MAX = 3
09: index = 0
```

上述第 3～5 行建立 Pin 物件，第 6 行是 Pin 物件串列 leds，第 8 行是 LED 數 3，變數 index 記錄顯示第幾個索引的 LED。在下方 marquee() 函式的第 13～16 行使用 if/else 條件判斷索引是否是 0，然後使用 pre_index 變數記錄前一個 LED 的索引，0 就是 MAX-1；不是 0 就是 index-1，如下所示：

```
11: def marquee(t):
12:     global index, MAX
13:     if index == 0:
14:         pre_index = MAX-1
15:     else:
16:         pre_index = index-1
17:     leds[pre_index].value(0)
18:     leds[index].value(1)
19:     index = index + 1
20:     if index == MAX:
21:         index = 0
```

上述第 17 行熄滅前一個 LED，第 18 行點亮目前的 LED，在第 19 行將索引值加一，第 20～21 行的 if 條件當索引等於 MAX 時，就重設為 0。在下方第 23 行建立 Timer 物件，如下所示：

```
23: t = Timer(0)
24: t.init(period=1000, mode=Timer.PERIODIC, callback=marquee)
```

上述第 24 行呼叫 init() 方法來初始和啟動計時器，可以間隔 1 秒鐘來定時呼叫 marquee() 函式。

13-7 整合應用：使用 Timer 計時器定時存入感測器資料

相同技巧，我們可以修改第 13-2-2 節的 ch13-2-2.py，改用 Timer 計時器來定時存入感測器資料。MicroPython 程式碼改用第 12～16 行的 add_row() 函式送出 HTTP 請求，可以將距離資料存入 Google Sheets 試算表，如下所示：

```
01: import xtools, utime
02: from machine import ADC, Timer
03:
04: xtools.connect_wifi_led()
05: adc = ADC(0)
06:
07: API_KEY = "<API金鑰>"
08: EVENT_NAME = "distance"
09: WEBHOOK_URL="https://maker.ifttt.com/trigger/" + EVENT_NAME
10: WEBHOOK_URL+="/with/key/" + API_KEY + "/?value1="
11:
12: def add_row(t):
13:     global adc, WEBHOOK_URL
14:     print("儲存距離資料!")
```

```
15:     distance = adc.read()
16:     xtools.webhook_get(WEBHOOK_URL + str(distance))
17:
18: t = Timer(0)
19: t.init(period=5000, mode=Timer.PERIODIC, callback=add_row)
```

上述第 18 行建立 Timer 物件，第 19 行呼叫 init() 方法初始和啟動計時器，可以間隔 5 秒來定時呼叫 add_row() 回撥函式。

學習評量

1. 請問如何校正 ESP8266 開發板的日期 / 時間？何謂網路 NTP 時間？
2. 請問 RTC 和 utime 日期 / 時間元組的差異為何？
3. 請問什麼是 Google Sheets 和 Firebase 即時資料庫？在本書是如何將資料存入 Google Sheets 和 Firebase 即時資料庫？
4. 請修改第 8-5-1 節的 MicroPython 程式：ch8-5-1a.py，改用 Timer 計時器來讀取類比輸入的光敏電阻值。
5. 請修改第 11-3-2 節的 MicroPython 程式，改用 Timer 計時器來上傳資料至 Adafruit.IO。
6. 請修改第 11-1-2 節的 MicroPython 程式，將上傳至 ThingSpeak 的模擬溫 / 溼度資料改成存入 Firebase 即時資料庫。

CHAPTER 14

Socket 程式設計：建立 Web 伺服器

14-1 認識網路程式設計

網路程式設計（Network Programming）就是透過 UDP 和 TCP 通訊協定的基礎來進行網路服務的應用程式設計，如下所示：

- Web 伺服器：Apache、IIS 等。
- 網頁服務的瀏覽器：Firefox、Edge、Chrome 等。
- 檔案傳輸：FileZilla、CuteFTP 等。
- 遠端登入：PCMan、PuTTY、telnet 等。
- 網路遊戲：Facebook 遊戲、Google 地圖、RPG 遊戲等。

Socket 程式設計

網路程式設計基本上就是一種 Socket 程式設計，Socket 是在網路上執行的兩個應用程式透過 IP 位址進行連線時，位在雙向通訊連線的 2 個端點（Endpoint），分為客戶端 Socket 和伺服器 Socket 兩種，如下圖所示：

Socket = IP位址+埠號

上述 Socket 需要綁定埠號，伺服器會傾聽等待客戶端的連線請求，當伺服器接收請求即可建立連線。簡單的說，兩個網路應用程式就是透過 IP 位址與通訊埠（Port）來定址出對方的通訊對象。

雖然只需使用 IP 位址就可以定位網路上的電腦主機，但是因為同一台電腦主機可以執行多種不同的網路應用程式，所以 Socket 需要綁定通訊埠號（Port）來區分出通訊對象是哪一個網路應用程式（0～1024 是系統保留埠號，1025～65535 是可自由使用的埠號）。

UDP 和 TCP 通訊協定

Socket 程式設計就是使用 UDP 和 TCP 通訊協定，在兩個端點之間傳送和接收資料，如下所示：

- UDP 通訊協定：UDP 是使用串流方式傳送資料，在發送端不會等待接收端的確認信號，就會持續不斷的發送封包，幾乎沒有錯誤修正功能。我們只需要在兩台主機各自建立一個 Socket，不需先建立連線，就能在電腦之間傳送和接收資料，因為沒有錯誤修正和確認信號，所以傳輸速度比 TCP 通訊協定快，通常是使用在串流媒體、VoIP 語音和網路遊戲等。

- TCP 通訊協定：在使用 TCP 通訊的雙方端點包含 IP 位址和通訊埠號，等到建立連線後，就成為一對手動繫結的兩個 Socket 來傳送和接收資料。每一個 TCP 封包會分配唯一識別碼和序號，以便接收端判斷封包的完整性和順序，和傳送信號回應確認收到封包，所以支援錯誤修正，可以保證發送資料完整送達目的地。在本章的 Socket 程式設計主要是使用 TCP 通訊協定。

14-2 建立 Telnet 工具程式

Telnet 是一種 TCP/IP 的應用層協定，使用系統保留埠號 23，可以讓本地主機透過帳號和密碼登錄遠端主機來進行遠端遙控。MicroPython 在 TCP 傳輸層提供 socket 物件來處理傳輸的基本操作。

MicroPython 的 Telnet 程式 | ch14-2.py

我們準備使用 MicroPython 程式建立 Socket 來使用 telent 連接遠端主機 india.colorado.edu，埠號是 13，可以取得日期 / 時間資料，請注意！雖然系統保留埠號 23 給 Telnet，不過，大部分 Telnet 伺服器並不是使用預設埠號 23。

在 MicroPython 程式首先匯入 socket 模組和連線 WiFi，如下所示：

```
import socket
import xtools

xtools.connect_wifi_led()

HOST = "india.colorado.edu"
s = socket.socket()
addr = socket.getaddrinfo(HOST, 13)
print(addr)
```

上述程式碼使用 socket.socket() 建立 socket 物件後，呼叫 socket.getaddrinfo() 方法轉換主機的網域名稱和埠號成為只有 1 個元組元素的串列，內含連線服務所需參數，如下所示：

```
[(2, 1, 0, '', ('128.138.140.44', 13))]
```

上述串列只有一個元組，元組的最後 1 個元素是 (IP 位址 , 埠號) 元組，我們可以使用 addr[0][-1] 取出此元組，如下所示：

```
print(addr[0][-1])
```

上述程式碼的第 1 個 [0] 索引取出串列的第 1 個元素，[-1] 就是最後 1 個元組，其執行結果如下所示：

```
('128.138.140.44', 13)
```

上述元組內容是 IP 位址字串和埠號。在下方呼叫 socket 物件的 connect() 方法進行連線（客戶端 socket 的專屬方法），參數就是上述元組的連線服務參數，如下所示：

```
s.connect(addr[0][-1])
data = s.recv(500)
print(str(data,'utf8'), end='')
```

上述程式碼呼叫 recv() 方法來接收資料，參數是最大資料量的緩衝區尺寸，然後轉換成 utf-8 編碼來顯示，可以看到取得的日期 / 時間資料，如下圖所示：

```
59809 22-08-18 04:56:06 50 0 0 476.4 UTC(NIST) *
```

基本上，網路上的 Telnet 伺服器大多是動畫、遊戲和 BBS 等相關應用，我們可以使用 Google 搜尋「List of Telnet Servers」來取得相關 Telnet 伺服器的主機名稱和埠號。例如：freechess.org（埠號 5000）是一個西洋棋遊戲（Python 程式：ch14-2a.py），如下圖所示：

14-3 建立 Web 伺服器

Web 伺服器是一種 TCP/IP 的應用層協定，使用系統保留埠號 80，可以讓遠端客戶端瀏覽器下載 Web 伺服器的資源。

⪢ 14-3-1 WWW 與 HTTP 通訊協定的基礎

「WWW」(World Wide Web，簡稱 Web）全球資訊網是 1989 年歐洲高能粒子協會一個研究小組開發的 Internet 網際網路服務，WWW 能夠在網路上傳送圖片、文字、影像和聲音等多媒體資料，這是 Tim Berners Lee 領導的小組所開發的主從架構和分散式網路服務系統。

WWW 是目前 Internet 網際網路的熱門服務之一，之所以熱門的原因，就是因為打破了距離障礙，使用者只需在家中，就可以透過瀏覽器，輕鬆存取全世界各角落的資源，這是架構在 Internet 網際網路的一種主從架構應用程式，在主從端間使用 HTTP 通訊協定來交換資料。

HTTP 通訊協定（Hypertext Transfer Protocol）

HTTP 通訊協定是一種在伺服端（Server）和客戶端（Client）之間交換資料的通訊協定，如下圖所示：

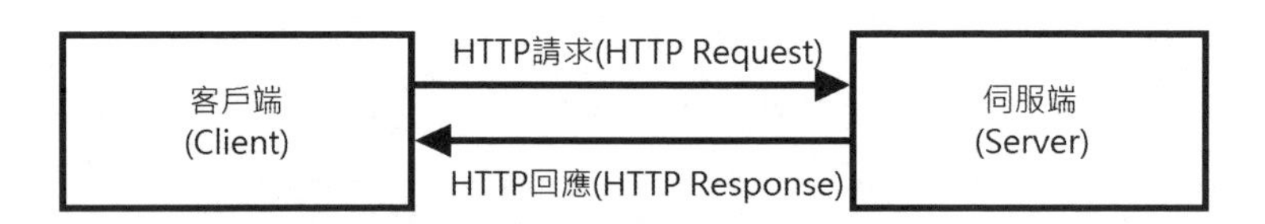

上述使用 HTTP 通訊協定的應用程式是一種主從架構（Client-Server Architecture）應用程式，在客戶端使用 URL（Uniform Resource Locations）萬用資源定位器指定連線的伺服端資源，在連線後，傳送 HTTP 訊息（HTTP Message）進行溝通，可以請求指定的資源，資源可能是 HTML 檔案、圖片和相關程式檔案，其過程如下所示：

Step 1 客戶端要求連線伺服端。

Step 2 伺服端允許客戶端的連線。

Step 3 客戶端送出 HTTP 請求訊息，內含 GET 指令請求取得伺服端的指定資源。

Step 4 伺服端以 HTTP 回應訊息來回應客戶端的請求，傳回訊息包含請求的資源內容。

WWW 架構

WWW 全球資訊網是一種主從架構，在主從架構的主端是指伺服端（Server）的 Web 伺服器，儲存 HTML 網頁、圖片和相關檔案，從端是客戶端（Client），也就是使用者執行瀏覽器的電腦，負責和伺服器溝通和讀取伺服器的資源，如右圖所示：

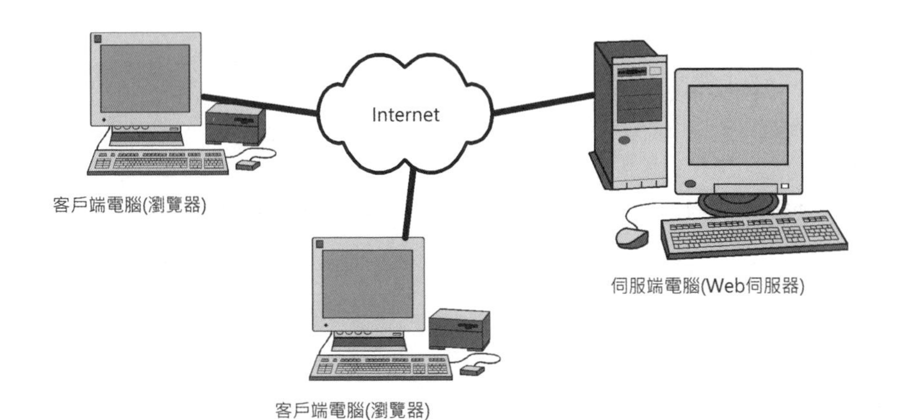

上述圖例的網路資源是儲存在 Web 伺服器，從端使用瀏覽器取得與顯示伺服端提供的資源，即 HTML 網頁、圖檔等相關資源。基本上，Web 伺服器是處於被動角色，等待使用者藉著瀏覽器提出 HTTP 請求，然後針對請求進行檢查，沒有問題就開始傳輸資源，換句話說，就是從 Web 伺服器下載相關資源檔案。

當客戶端使用瀏覽器接收到檔案資源後，即直譯 HTML 網頁和樣式後將內容顯示出來，這就是我們在網站看到的網頁內容。

≫ 14-3-2　Socket 模組建立 Web 伺服器

MicroPython 的 socket 物件除了可以在第 14-2 節建立客戶端 Socket 外，我們也可以建立伺服器，這一節就是建立 Web 伺服器。

建立 Web 伺服器回應 HTML 字串　| ch14-3-2.py

MicroPython 程式可以使用 socket 物件建立 Web 伺服器來回應 HTML 字串。首先匯入 socket 和 xtools 模組，如下所示：

```
import socket
import xtools
```

```
ip_address = xtools.connect_wifi_led()
html = """
<html>
<head>
   <meta name="viewport" content="width=device-width,initial-scale=1">
</head>
<body>
   <h1>Hello World</h1>
</body>
</html>"""
```

上述程式碼連線 WiFi 且回傳 IP 位址後，建立回傳網頁內容的 HTML 標籤字串。在下方使用回傳 IP 位址呼叫 socket.getaddrinfo() 方法取得連線服務所需的地址元組 (IP 地址 , 埠號)，如下所示：

```
addr = socket.getaddrinfo(ip_address, 80)[0][-1]
print("Web伺服器地址: ", addr)
s = socket.socket()
s.setsockopt(socket.SOL_SOCKET, socket.SO_REUSEADDR, 1)
s.bind(addr)
s.listen(5)
```

上述程式碼建立 socket 物件後，呼叫 setsockopt() 方法設定 socket 位址可重複使用，然後呼叫 bind() 方法綁定地址元組 (IP 地址 , 埠號) 後，使用 listen() 方法啟用伺服器接受連線請求，參數值 5 是最大連線數。在下方 while 無窮迴圈處理客戶端的連線請求，如下所示：

```
while True:
    cs, addr = s.accept()
    print("客戶端連線地址: ", addr)
    cs.send(html)
    cs.close()
```

上述程式碼呼叫 accept() 方法接受客戶端請求，回傳值是客戶端 Socket 物件 cs 和地址元組 addr，即可呼叫 send() 方法回傳參數的 HTML 字串，close() 方法中斷連線。其執行結果可以看到 Web 伺服器的 IP 位址，如下所示：

```
Web伺服器地址:  ('192.168.1.103', 80)
```

在取得 Web 伺服器的 IP 位址後，接著請啟動瀏覽器輸入下列 URL 網址（IP 位址請改成讀者連線 WiFi 指派的 IP 位址），如下所示：

```
http://192.168.1.103/
```

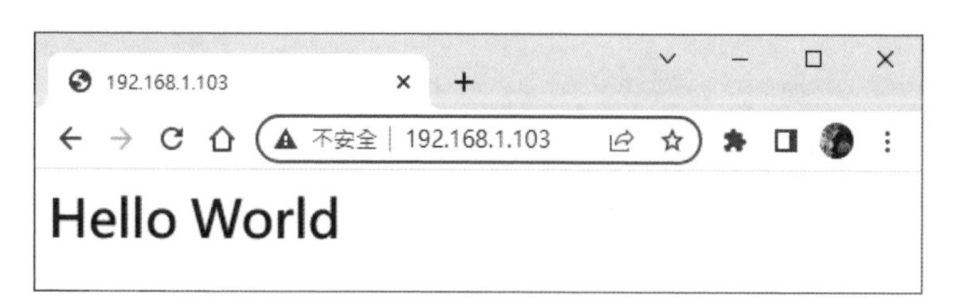

上述圖例顯示的網頁內容，就是 Web 伺服器回傳的 HTML 標籤字串。在 Thonny 的「互動環境」視窗可以看到客戶端連線的 IP 位址和埠號，如下所示：

```
Web伺服器地址:  ('192.168.1.103', 80)
客戶端連線地址:  ('192.168.1.106', 4837)
客戶端連線地址:  ('192.168.1.106', 4836)
```

建立 Web 伺服器回應 HTML 檔案內容 | ch14-3-2a.py

在第 10-1-2 節我們已經說明過文字檔案讀寫，所以 Web 伺服器的回應內容可以是外部檔案，即 index.html，也就是說，將 Web 伺服器改為回應 index.html 檔案內容。

MicroPython 程式首先連線 WiFi 且回傳 IP 位址後，呼叫 socket.getaddrinfo() 方法取得連線服務所需的地址元組 (IP 地址 , 埠號)，如下所示：

```
import socket
import xtools

ip_address = xtools.connect_wifi_led()

addr = socket.getaddrinfo(ip_address, 80)[0][-1]
print("Web伺服器地址: ", addr)
s = socket.socket()
s.setsockopt(socket.SOL_SOCKET, socket.SO_REUSEADDR, 1)
s.bind(addr)
s.listen(5)
```

上述程式碼建立 socket 物件後，呼叫 setsockopt() 方法設定 socket 位址可重複使用，然後呼叫 bind() 方法綁定地址元組 (IP 地址 , 埠號) 後，使用 listen() 方法啟用伺服器接受連線請求。在下方 while 無窮迴圈處理客戶端的連線請求，如下所示：

```
while True:
    cs, addr = s.accept()
    print("客戶端連線地址: ", addr)
    f = open("index.html", "r")
    html = f.read()
    f.close()
    cs.send(html)
    cs.close()
```

上述程式碼呼叫 accept() 方法接受客戶端請求後，呼叫 open() 函式和 read() 方法讀取 index.html 檔案內容，send() 方法回應的是 HTML 檔案內容。其執行結果和 ch14-3-2.py 相同，請注意！執行 MicroPython 程式前需要先上傳 index.html 至 ESP8266 開發板，如右圖所示：

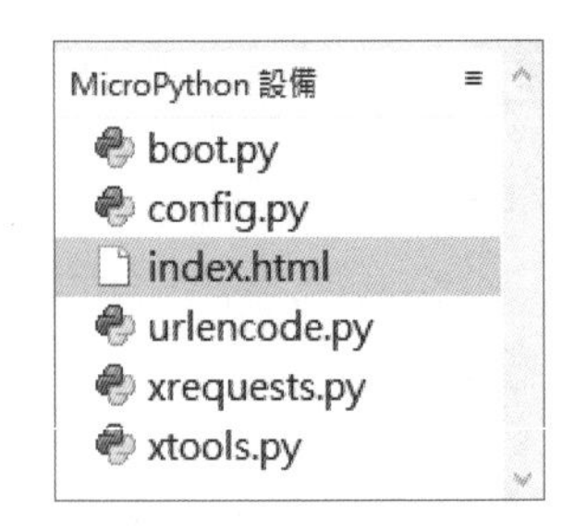

≫ 14-3-3　ESPWebServer 模組建立 Web 伺服器

ESPWebServer 模組是輕量級的 MicroPython 版 Web 伺服器，目前的版本只支援 HTTP GET/PUT/POST 請求。

下載安裝 ESPWebServer 模組

ESPWebServer 模組的 GitHub 下載網址，如下所示：

```
https://github.com/codemee/ESPWebServer/blob/master/ESPWebServer.py
```

請按【Raw】鈕，然後另存網頁成 ESPWebServer.py。安裝 ESPWebServer 模組就是上傳 ESPWebServer.py 檔案至開發版，如右圖所示：

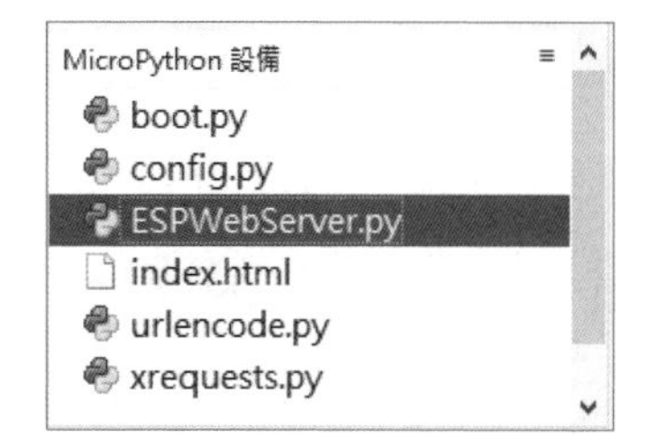

使用 ESPWebServer 模組

在 MicropPython 程式使用 ESPWebServer.py 模組的第 1 步是匯入模組，如下所示：

```
import ESPWebServer
```

上述程式碼在匯入模組後，就可以建立 MicroPython 版的 Web 伺服器，其步驟如下所示：

Step 1 建立函式來處理路由「/」、「/on」或「/off」等的 HTTP 請求，路由就是 URL 網址的路徑，例如：建立 handleRoot() 函式處理根路徑「/」，在函式中可以使用 ok() 或 err() 函式來回傳資料，如下所示：

- HTTP 請求成功：請求成功呼叫 ok() 函式，第 1 個參數是 socket 物件，第 2 個是 HTTP 請求的回應碼 200，第 3 個是 MIME 類型，沒有此參數預設是 "text/text" 一般文字，最後 1 個參數是回傳的字串，如下所示：

```
ESPWebServer.ok(socket, "200", "text/html", html)
```

- HTTP 請求失敗：請求失敗呼叫 err() 函式，第 1 個參數是 socket 物件，第 2 個是 HTTP 請求的回應碼 400，最後 1 個參數是回傳的訊息字串，如下所示：

```
ESPWebServer.err(socket, "400", "Bad Request")
```

Step 2 呼叫 begin() 函式啟動 Web 伺服器，參數是埠號（預設值 80），如下所示：

```
ESPWebServer.begin(80)
```

Step 3 呼叫 onPath() 函式註冊路由對應的處理函式，即 Step 1 建立的函式，例如：路由「/」對應 handleRoot() 函式，如下所示：

```
ESPWebServer.onPath("/", handleRoot)
```

Step 4 最後使用 while 無窮迴圈呼叫 handleClient() 函式來處理客戶端的 HTTP GET 請求，如下所示：

```
while True:
    ESPWebServer.handleClient()
```

建立 Web 伺服器回應 HTML 字串 | ch14-3-3.py

現在，我們就可以使用 ESPWebServer 模組來建立回應 HTML 字串的 Web 伺服器。MicroPython 程式首先匯入模組、連線 WiFi 和建立回應 HTML 字串的 html 變數，如下所示：

```
import ESPWebServer
import xtools

ip_address = xtools.connect_wifi_led()
html = """
<html>
<head>
   <meta name="viewport" content="width=device-width,initial-scale=1">
</head>
<body>
   <h1>ESPWebServer: Hello World</h1>
</body>
</html>"""

def handleRoot(socket, args):
    global html
    ESPWebServer.ok(socket, "200", "text/html", html)
```

上述 handleRoot() 函式是路由「/」的處理函式，函式的第 1 個參數是 socket 物件，第 2 個參數是 URL 網址參數的 Python 字典，在宣告全域變數 html 後，呼叫 ok() 函式回傳 html 變數的 HTML 標籤字串。

在下方呼叫 begin() 函式啟動 Web 伺服器後，使用 onPath() 函式指定路由「/」的處理函式是 handleRoot() 函式，如下所示：

```
ESPWebServer.begin(80)
ESPWebServer.onPath("/", handleRoot)
print("Web伺服器的 IP 位址: ", ip_address)
```

```
while True:
    ESPWebServer.handleClient()
```

上述程式碼使用 while 無窮迴圈呼叫 handleClient() 函式來處理客戶端的 HTTP GET 請求。其執行結果可以顯示 Web 伺服器的 IP 位址，然後請啟動瀏覽器，瀏覽下列 URL 網址（IP 位址請改成讀者連線 WiFi 指派的 IP 位址），如下所示：

```
http://192.168.1.103/
```

上述圖例的網頁內容，就是 Web 伺服器回傳的 HTML 標籤字串。

建立 Web 伺服器回應 HTML 檔案 | ch14-3-3a.py

ESPWebServer 模組支援使用 HTML 檔案路徑，可以直接回應位在路徑下的 HTML 檔案。請將「ch14」目錄下的「www」子目錄整個上傳至開發板，如右圖所示：

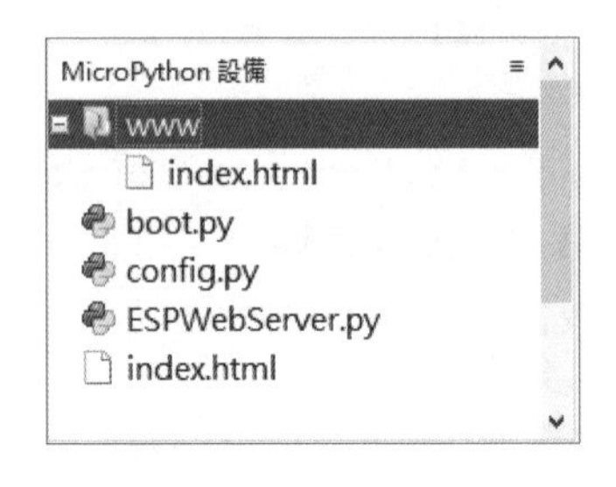

上述「www」目錄下有一個 index.html 的 HTML 網頁檔案，其內容是 HTML 標籤，如下所示：

```
<html>
<head>
    <meta charset="UTF-8">
    <meta name="viewport" content="width=device-width,initial-scale=1">
</head>
<body>
    <h1>www目錄: index.html</h1>
```

```
</body>
</html>
```

在 MicroPython 程式可以直接指定 HTML 檔案的目錄來回應位在目錄下的 HTML 檔案，如下所示：

```
import ESPWebServer
import xtools

ip_address = xtools.connect_wifi_led()

ESPWebServer.begin(80)
ESPWebServer.setDocPath("/www")
print("Web伺服器的 IP 位址: ", ip_address)

while True:
    ESPWebServer.handleClient()
```

上述程式碼呼叫 setDocPath() 函式指定目錄是「/www」。其執行結果可以顯示 Web 伺服器的 IP 位址，然後請啟動瀏覽器，瀏覽下列 URL 網址（IP 位址請改成讀者連線 WiFi 指派的 IP 位址，而且包含完整檔案路徑），如下所示：

```
http://192.168.1.103/index.html
```

上述圖例的網頁內容，就是 Web 伺服器回傳「/www」目錄下名為 index.html 的 HTML 檔案內容。

建立 Web 伺服器使用 HTML 範本檔案 | ch14-3-3b.py

ESPWebServer 模組支援使用 HTML 範本檔案來產生回應的 HTML 網頁內容。請將「ch14」目錄下的「www2」子目錄整個上傳至開發板，如下圖所示：

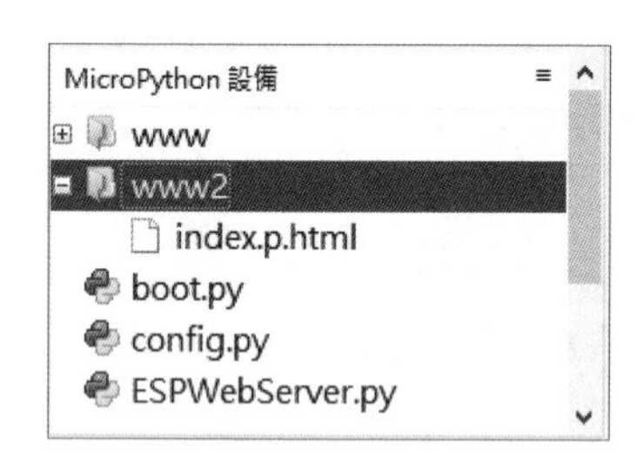

上述「www2」目錄下有一個 index.p.html 的 HTML 網頁檔案，這是 HTML 範本檔案（附檔名必需是 .p.html），其內容是 HTML 標籤，如下所示：

```
<html>
<head>
   <meta charset="UTF-8">
   <meta name="viewport" content="width=device-width,initial-scale=1">
</head>
<body>
   <h1>www2目錄: 狀態={status}</h1>
</body>
</html>
```

在上述 <h1> 標籤之中擁有範本變數 status，如下所示：

```
<h1>www2目錄: 狀態={status}</h1>
```

上述 {status} 是範本變數，我們可以使用 Python 字典的同名鍵來指定值，以便替換此位置來產生最後的 HTML 網頁內容。

在 MicroPython 程式可以指定範本變數的 Python 字典來套用到指定目錄下的 HTML 範本檔案，來產生最後回應的 HTML 網頁內容，如右頁所示：

```
import ESPWebServer
import xtools

ip_address = xtools.connect_wifi_led()

ESPWebServer.begin(80)
ESPWebServer.setDocPath("/www2")
data = {"status": "亮起LED"}
ESPWebServer.setTplData(data)
print("Web伺服器的 IP 位址: ", ip_address)

while True:
    ESPWebServer.handleClient()
```

上述程式碼呼叫 setDocPath() 函式指定目錄是「/www2」，在建立 Python 字典 data，status 鍵就是對應範本變數 status，然後呼叫 setTplData() 函式指定將參數的 Python 字典套用至範本變數值。

MicroPython 程式的執行結果可以顯示 Web 伺服器的 IP 位址，然後請啟動瀏覽器，瀏覽下列 URL 網址（IP 位址請改成讀者連線 WiFi 指派的 IP 位址，而且需包含完整檔案路徑），如下所示：

```
http://192.168.1.103/index.p.html
```

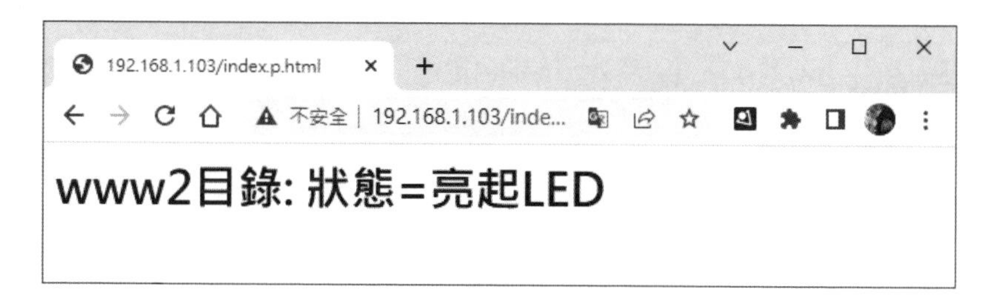

上述圖例的網頁內容，就是 Web 伺服器回傳「/www2」目錄下名為 index.p.html 範本檔案，最後回傳的是套用 Python 字典值後產生的 HTML 網頁內容。

14-4 連線 AP 模式的 WiFi 基地台

ESP8266 開發板的 AP 模式（Access Point）可以建立熱點的 WiFi 基地台，讓其他裝置使用 WiFi 連線至 ESP8266 開發板。

啟用 ESP8266 的 AP 模式 | ch14-4.py

在 MicroPython 程式啟用 AP 模式，首先匯入 network 模組，如下所示：

```
import network

ap = network.WLAN(network.AP_IF)
if not ap.active():
    print("WiFi基地台尚未啟用, 啟用中...")
    ap.active(True)

print("WiFi基地台已經啟用...")
```

上述程式碼使用 network.AP_IF 參數建立 WLAN 物件，if 條件判斷 AP 模式是否已經啟用，如果沒有啟用，呼叫 active(True) 方法啟用 AP 模式，可以看到 WiFi 基地台已經啟用的訊息文字，如右所示：

```
WiFi基地台已經啟用...
```

顯示 ESP8266 的 MAC 地址 | ch14-4a.py

因為 AP 模式的 WiFi 基地台名稱後 6 碼是 MAC 地址，所以筆者參考 ch9-1a.py 範例程式建立 MicroPython 程式來顯示 ESP8266 的 MAC 地址，如下所示：

```
import network
import ubinascii

mac = network.WLAN().config('mac')
print("MAC地址: ", mac)
```

```
mac=ubinascii.hexlify(mac).decode()
print("MAC地址: ", mac)
```

上述程式碼呼叫 config() 方法取得 MAC 地址的二進位值，接著呼叫 ubinascii.hexlify() 方法轉換二進位值成為 ASCII 碼，其執行結果可以顯示 MAC 地址，如右所示：

```
MAC地址:  b'<q\xbf9\x00\xc1'
MAC地址:  3c71bf3900c1
```

建立 Web 伺服器回應 HTML 字串 | ch14-4b.py

MicroPython 程式可以連線 AP 模式的 WiFi 基地台來建立 Web 伺服器，此時的 IP 位址固定為：192.168.4.1，如下所示：

```
import socket

html = """
<html>
<head>
    <meta name="viewport" content="width=device-width,initial-scale=1">
</head>
<body>
    <h1>Hello World</h1>
</body>
</html>"""
```

上述 html 變數是回傳的 HTML 標籤字串。在下方使用 IP 位址 192.168.4.1 呼叫 socket.getaddrinfo() 方法取得連線服務所需的地址元組 (IP 地址 , 埠號)，如下所示：

```
addr = socket.getaddrinfo("192.168.4.1", 80)[0][-1]
print("Web伺服器地址: ", addr)
s = socket.socket()
s.setsockopt(socket.SOL_SOCKET, socket.SO_REUSEADDR, 1)
s.bind(addr)
s.listen(5)
```

上述程式碼顯示 Web 伺服器的 IP 位址後，建立 socket 物件和呼叫 setsockopt() 方法設定 socket 位址可重複使用，接著呼叫 bind() 方法綁定地址元組後，使用 listen() 方法啟用伺服器接受連線請求。在下方 while 無窮迴圈處理客戶端的連線請求，如下所示：

```
while True:
    cs, addr = s.accept()
    print("客戶端連線地址: ", addr)
    cs.send(html)
    cs.close()
```

上述程式碼呼叫 accept() 方法接受客戶端請求，回傳值是客戶端 Socket 物件 cs 和地址元組 addr，即可呼叫 send() 方法回傳參數的 HTML 字串，close() 方法中斷連線。其執行結果可以看到 Web 伺服器的 IP 位址，如下所示：

```
Web伺服器地址:  ('192.168.4.1', 80)
```

因為已經執行 ch14-4.py 啟用 AP 模式，請使用筆記型電腦或智慧型手機使用 WiFi 連線 ESP8266 的 AP 基地台，AP 基地台的 SSID 和密碼，如下所示：

- SSID：SSID 名稱格式是 MicroPython-xxxxxx，xxxxxx 是 MAC 位址的後 6 碼，以筆者使用智慧型手機連線為例的名稱是 MicroPython-3900c1，如下圖所示：

- 密碼：預設密碼是【micropythoN】（請注意！最後 1 個字元是大寫 N）。

然後，請啟動智慧型手機的瀏覽器，輸入下列 URL 網址（IP 位址是 192.168.4.1），就可以顯示網頁內容，如下所示：

```
http://192.168.4.1/
```

14-5 整合應用：使用 HTML 網頁遠端控制 LED

在了解如何使用 MicroPython 的 ESPWebServer 模組建立 Web 伺服器後，我們準備整合開發板上的三色 LED，使用 HTML 網頁的按鈕介面來遠端控制紅色 LED 的點亮和熄滅。

使用 HTML 標籤字串 | ch14-5.py

我們只需整合三色 LED 和第 14-3-3 節的 Web 伺服器，就可以建立 HTML 網頁來遠端控制 LED，在第一個範例回傳的是單純 HTML 標籤，並不含任何 JavaScript 程式碼。

MicroPython 程式的執行結果可以看到二個按鈕的 HTML 網頁，如右圖所示：

按【開啟】鈕可以點亮紅色 LED 且更新上方 LED 狀態；按【關閉】鈕是熄滅 LED。MicroPython 程式碼是在第 1～3 行匯入相關模組，第 5 行連線 WiFi 和回傳 IP 位址，第 6～19 行是回應的 HTML 標籤內容，如下所示：

```
01: import ESPWebServer
02: from machine import Pin
03: import xtools
04:
05: ip_address = xtools.connect_wifi_led()
06: html= """
07: <!DOCTYPE html>
08: <html>
09: <head>
10:  <meta charset="utf-8"/>
11:  <meta name="viewport" content="width=device-width,initial-scale=1"/>
12: </head>
13: <body>
14:   <h1>LED 狀態: <strong>{0}</strong></h1><hr>
15:   <p><a href='/?led=on'><button style="font-size:40px">
                                        開啟</button></a></p>
16:   <p><a href='/?led=off'><button style="font-size:40px">
                                        關閉</button></a></p>
17: </body>
18: </html>
19: """
```

上述第 14 行擁有 {0} 參數，我們是在此位置格式化顯示 LED 的目前狀態，第 15～16 行是 2 個 <button> 標籤按鈕的 <a> 超連結標籤，href 屬性值如下所示：

```
<a href='/?led=on'>
<a href='/?led=off'>
```

上述「?」符號後是 URL 參數 led，分別傳入參數值 on 和 off。在下方第 21 行建立紅色 LED 的 Pin 物件，第 22 行熄滅 LED，如下所示：

```
21: ledR = Pin(15, Pin.OUT)
22: ledR.value(0)
23:
24: def handleCmd(socket, args):
25:     global html
26:     state = "熄滅"
27:     if "led" in args:
28:         if args["led"] == "on":
29:             ledR.value(1)
30:             state = "點亮"
31:         elif args["led"] == "off":
32:             ledR.value(0)
33:             state = "熄滅"
34:     response = html.format(state)
35:     ESPWebServer.ok(socket, "200", "text/html", response)
```

上述第 24～35 行是「/」路由的 handleCmd() 處理函式，在第 27～33 行的 if 條件判斷 args 參數的 Python 字典之中是否有 led 鍵的 URL 參數，如果有，在第 28～33 行的 if/elif 多選一條件敘述來分別判斷 led 參數值是 on 或 off，如下所示：

- 第 28 行是 on：條件成立就在第 29 行點亮 LED，第 30 行更新狀態變數 state 的值。
- 第 31 行是 off：條件成立就在第 32 行熄滅 LED，第 33 行更新狀態變數 state 的值。

在第 34 行使用 format() 方法將狀態變數 state 顯示在第 14 行 {0} 參數的位置，第 35 行回應 HTML 標籤字串。在下方第 37 行呼叫 begin() 函式啟動 Web 伺服器，第 38 行呼叫 onPath() 函式指定「/」路由處理函式是 handleCmd() 函式，如下一頁所示：

```
37: ESPWebServer.begin(80)
38: ESPWebServer.onPath("/", handleCmd)
39: print("Web伺服器的 IP 位址: ", ip_address)
40:
41: while True:
42:     ESPWebServer.handleClient()
```

上述第 41～42 行的 while 無窮迴圈呼叫 handleClient() 函式來處理客戶端的 HTTP GET 請求。

使用 AJAX 技術的 HTML 標籤字串 | ch14-5a.py

在第二個 MicroPython 程式同樣是整合三色 LED 和第 14-3-3 節的 Web 伺服器，只是改用 AJAX 技術來更新 HTML 標籤內容，在 HTML 標籤包含客戶端的 JavaScript 程式碼，可以讓我們建立出更佳的使用介面。

說明

AJAX 是 Asynchronous JavaScript And XML 的縮寫，即非同 JavaScript 和 XML 技術。AJAX 可以讓我們在瀏覽器建立出如同桌上型 Windows 應用程式一般的使用經驗，AJAX 技術可以不用載入整頁 HTML 標籤，只更新特定 HTML 標籤內容來更新網頁的使用介面。

MicroPython 程式的執行結果一樣可以看到二個按鈕的 HTML 網頁，如下圖所示：

按【開啟】鈕可以點亮紅色 LED 且更新上方 LED 狀態；按【關閉】鈕是熄滅 LED，請注意！更新 LED 狀態只會更新上方的點亮和熄滅兩個字串，並不會更新整頁 HTML 網頁，因為本節範例的 HTML 網頁十分簡單，所以局部更新的顯示效果並不明顯。

MicroPython 程式碼是在第 1～3 行匯入相關模組，第 5 行連線 WiFi 和回傳 IP 位址，第 6～37 行是回應的 HTML 標籤內容，如下所示：

```
01: import ESPWebServer
02: from machine import Pin
03: import xtools
04:
05: ip_address = xtools.connect_wifi_led()
06: html= """
07: <!DOCTYPE html>
08: <html>
09: <head>
10:  <meta charset="utf-8"/>
11:  <meta name="viewport" content="width=device-width,initial-scale=1"/>
12:  <script>
13:    var xhttp = new XMLHttpRequest();
14:    xhttp.onreadystatechange = function () {
15:      if (this.readyState == 4 && this.status == 200) {
16:        document.getElementById('status').innerHTML =
                                            xhttp.responseText;
17:      }
18:    };
```

上述第 12～29 行的 <script> 標籤是客戶端 JavaScript 程式碼，負責在瀏覽器背景送出 HTTP 請求來局部更新 HTML 標籤，第 13 行建立 XMLHttpRequest 物件，第 14～18 行是 onreadystatechange 事件處理，這是在背景送出 HTTP 請求後，負責處理 Web 伺服器的回應，200 是 HTTP 請求成功，然後在第 16 行以回應內容 responseText 更新第 32 行的 <span> 標籤內容（即 innerHTML 屬性值），所以只局部更新了一個標籤的內容。

在下方第 19～23 行是 turnOn() 函式，在第 21～22 行使用 XMLHttpRequest 物件送出「/on」路由的 HTTP GET 請求（處理伺服器的回應是在 onreadystatechange 事件處理），第 24～27 行是 turnOff() 函式，在第 26～27 行使用 XMLHttpRequest 物件送出「/off」路由的 HTTP GET 請求（處理伺服器的回應是在 onreadystatechange 事件處理），如下所示：

```
19:     function turnOn() {
20:       document.getElementById('status').innerHTML = '點亮中...';
21:       xhttp.open('GET', '/on', true);
22:       xhttp.send();
23:     }
24:     function turnOff() {
25:       document.getElementById('status').innerHTML = '熄滅中...';
26:       xhttp.open('GET', '/off', true);
27:       xhttp.send();
28:     }
29:   </script>
30: </head>
31: <body>
32:   <h1>LED: <span id='status'>熄滅</span></h1><hr>
33:   <p><button style="font-size:40px" onclick='turnOn()'>
                                          開啟</button></p>
34:   <p><button style="font-size:40px" onclick='turnOff()'>
                                          關閉</button></p>
35: </body>
36: </html>
37: """
```

上述第 32 行的 <span> 標籤顯示 LED 狀態值，第 33～34 行是 2 個 <button> 標籤的按鈕，分別使用 onclick 屬性指定當點選按鈕後，執行

turnOn() 和 turnOff() 函式在背景送出 HTTP GET 請求。在下方第 39 行建立紅色 LED 的 Pin 物件，第 40 行熄滅 LED，如下所示：

```
39: ledR = Pin(15, Pin.OUT)
40: ledR.value(0)
41:
42: def handleRoot(socket, args):
43:     global html
44:     ESPWebServer.ok(socket, "200", "text/html", html)
45:
46: def handleOn(socket, args):
47:     ledR.value(1)    # 點亮LED
48:     ESPWebServer.ok(socket, "200", "點亮")
49:
50: def handleOff(socket, args):
51:     ledR.value(0)    # 熄滅LED
52:     ESPWebServer.ok(socket, "200", "熄滅")
```

上述第 42～52 行是三個路由的處理函式，如下所示：

- handleRoot() 函式：處理「/」路由，在第 43 行宣告全域變數 html 後，第 44 行呼叫 ok() 函式回傳 html 變數的 HTML 標籤字串。
- handleOn() 函式：處理「/on」路由，在第 47 行點亮紅色 LED，第 48 行呼叫 ok() 函式回傳 " 點亮 " 文字字串。
- handleOff() 函式：處理「/off」路由，在第 51 行熄滅紅色 LED，第 52 行呼叫 ok() 函式回傳 " 熄滅 " 文字字串。

在下方第 54 行呼叫 begin() 函式啟動 Web 伺服器，第 55～57 行呼叫三次 onPath() 函式分別指定「/」、「/on」和「/off」路由處理函式，如下所示：

```
54: ESPWebServer.begin(80)
55: ESPWebServer.onPath("/", handleRoot)
56: ESPWebServer.onPath("/on", handleOn)
57: ESPWebServer.onPath("/off", handleOff)
```

```
58: print("Web伺服器的 IP 位址: ", ip_address)
59: while True:
60:     ESPWebServer.handleClient()
```

上述第 59～60 行的 while 無窮迴圈呼叫 handleClient() 函式來處理客戶端的 HTTP GET 請求。

學習評量

1. 請說明什麼是網路程式設計？什麼是 Socket 程式設計？
2. 請簡單說明 UDP 和 TCP 通訊協定？
3. 請問什麼是 Telnet、WWW 和 HTTP 通訊協定？
4. 請問什麼是 ESPWebServer 模組？其使用的基本步驟為何？
5. 請修改 MicroPython 程式：ch14-3-3.py，新增路由「/name」來回應顯示讀者姓名的 HTML 網頁。
6. 請修改第 14-5 節 MicroPython 程式的 Web 伺服器，在 HTML 網頁新增一個按鈕，可以顯示讀取的光敏電阻值。

CHAPTER

15 WebREPL：更多感測器、執行器與中斷處理

15-1 ESP8266 開發板的中斷處理

ESP8266 開發板的中斷（Interrupts）機制類似 Windows 視窗程式的事件處理，可以大幅簡化 MicroPython 專案多感測器所需的程式設計。

15-1-1 中斷的基礎

中斷（Interrupts）是微控制器處理多種不同外部裝置的自動處理機制，類似計時器當時間到時，自動觸發來執行回撥函式，中斷是當特定 GPIO 中斷觸發時，可以自動執行外部裝置所需的處理。

認識中斷和中斷處理

微控制器的中斷都屬於「硬體中斷」（Hardware Interrupt），中斷就是外部裝置送至微控制器的電子警告訊號，例如：某個 GPIO 的電壓改變。當中斷發生時，微控制器的 CPU 就會停止目前主程式的執行，跳至執行中斷處理函式，在執行完中斷處理函式後，再返回主程式來繼續執行，如下圖所示：

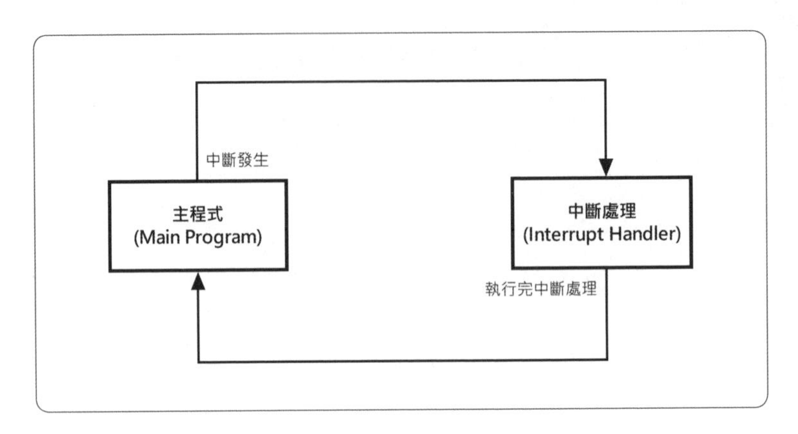

上述中斷處理（Interrupt Handlers）也稱為中斷服務常式（Interrupt Service Routine，ISR），這是一個函式用來處理產生中斷的外部裝置，簡單的說，就是當某一事件（中斷）發生時去做一些事（中斷處理）。

為什麼需要使用中斷處理

在實務上，我們撰寫 MicroPython 程式讀取外部感測器有兩種方式，如下所示：

- 輪詢方式（Polling）：微控制器主動檢查外部感測器的狀態，程式通常是使用無窮迴圈持續詢問外部感測器連接 GPIO 的狀態，有改變就進行處理。
- 中斷方式（Interrupt）：微控制器不需主動檢查外部感測器的狀態，而是被動因應，當外部感測器連接 GPIO 的中斷觸發，就暫停執行目前程序去處理中斷，程式的控制權就轉移至中斷處理函式，等到執行完函式，才會回到原來程序繼續的執行。

如果 MicroPython 程式是使用中斷處理，我們就不再需要耗用資源來持續檢查 GPIO 狀態，而是當偵測到改變時，才觸發執行中斷處理函式來進行處理。所以，中斷的目的就是取代無窮迴圈的輪詢來大幅提高微控制器的執行效率。

≫ 15-1-2　在 MicroPython 程式使用中斷

MicroPython 中斷處理主要是針對 GPIO，我們可以使用 Pin 物件的 irq() 方法來建立中斷，其基本語法如下所示：

```
Pin.irq(trigger=Pin.IRQ_RISING | Pin.IRQ_FALLING, handler=callback)
```

上述 irq() 方法的 2 個參數說明，如下所示：

- trigger 參數：指定中斷觸發的訊號邊線（Signal Edges）是從高電位至低電位的 IRQ_FALLING，或低電位至高電位的 IRQ_RISING，如下圖所示：

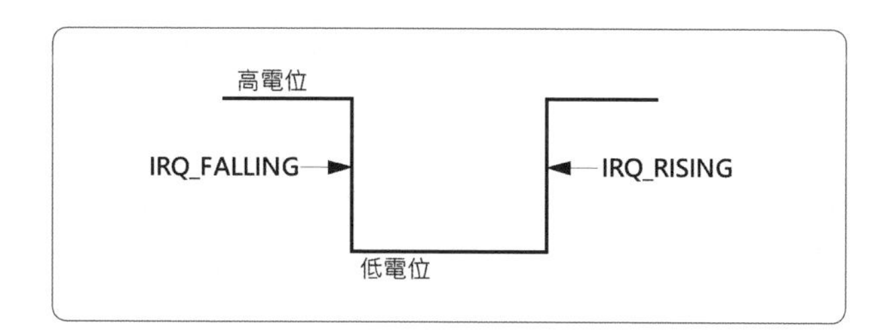

- handler 參數：中斷觸發後執行的中斷處理函式名稱。

使用按鍵開關切換 LED（輪詢方式） | ch15-1-2.py

在 MicroPython 準備建立按鍵開關的切換功能，可以按一下點亮 LED；再按一下熄滅 LED。首先使用輪詢方式，在匯入 Pin 物件後，建立內建 LED 的 led 物件和按鍵開關的 btn 物件，全域變數 state 記錄 LED 的狀態，1 是熄滅；0 是點亮，如下所示：

```
from machine import Pin

led = Pin(2, Pin.OUT)
btn = Pin(4, Pin.IN, Pin.PULL_UP)

state = 1
def toggleLED():
```

```
    global state
    state = not state
    led.value(state)
```

上述 toggleLED() 函式可以切換點亮和熄滅 LED。在下方熄滅內建 LED 後，while 無窮迴圈就是不停的偵測按鍵開關的狀態，這是使用輪詢方式檢查 GPIO，如下所示：

```
led.value(1)
while True:
    if btn.value() == 0:
        toggleLED()
        while not btn():  # 過濾多餘的按下按鍵
            pass
```

上述 if 條件判斷是否按下按鍵開關，如果是，就呼叫 toggleLED() 函式切換 LED，最後的 while 迴圈可以過濾掉多餘的按下按鍵開關。

使用按鍵開關切換 LED（中斷方式） | ch15-1-2a.py

第二個 MicroPython 程式改用中斷方式來建立相同的功能，首先匯入 Pin 物件後，建立內建 LED 的 led 物件和按鍵開關的 btn 物件，全域變數 state 儲存的是 LED 狀態，1 是熄滅；0 是點亮，如下所示：

```
from machine import Pin

led = Pin(2, Pin.OUT)
btn = Pin(4, Pin.IN, Pin.PULL_UP)

state = 1
def toggleLED(pin):
    global state
    if btn.value() == 0:
        state = not state
        led.value(state)
```

上述 toggleLED() 函式是中斷處理函式，其參數是 Pin 物件，if 條件判斷按鍵開關狀態來切換點亮和熄滅 LED。在下方熄滅內建 LED 後，呼叫 irq() 方法建立中斷處理，如下所示：

```
led.value(1)
btn.irq(trigger=Pin.IRQ_FALLING, handler=toggleLED)
```

上述 irq() 方法的 trigger 參數是 IRQ_FALLING，中斷處理函式是 toggleLED。其執行結果因為沒有使用 while 無窮迴圈，所以在「互動環境」視窗可以馬上再次看到提示字元，如下所示：

```
MicroPython v1.19.1 on 2022-06-18; ESP module with ESP8266
Type "help()" for more information.
>>> %Run -c $EDITOR_CONTENT
>>>
```

15-2 使用 WebREPL 執行 MicroPython 程式

MicroPython 程式的執行方式除了 Micro-USB 傳輸線的序列埠通訊外，還可以使用 WiFi 連線的 WebREPL 來無線執行 MicroPython 程式。

15-2-1 啟用 WebREPL

在本章之前的 MicroPython 程式都是使用 Micro-USB 傳輸線的序列埠通訊，將程式碼送至 ESP8266 開發板的 MicroPython 直譯器來執行，如同在「互動環境」視窗使用 REPL 交談模式執行 MicroPython 程式碼。

ESP8266 開發板支援 WiFi，可以讓我們使用 WiFi 無線通訊來執行 MicroPython 程式，使用的是 WebREPL。WebREPL 是使用 WiFi 建立與開發板之間的連線，然後使用 Websocket 通訊協定的 REPL 交談模式來執行程式。在使用 WebREPL 之前，我們需要先啟用和設定連線密碼，其步驟如下所示：

Step 1 請啟動 Thonny 連線 ESP8266 開發板後，在下方「互動環境」視窗輸入下列程式碼來啟用 WebREPL，可以看到目前狀態是 disabled，即沒有啟用，如下所示：

```
>>> import webrepl_setup Enter
```

```
MicroPython v1.19.1 on 2022-06-18; ESP module with ESP8266
Type "help()" for more information.
>>> %Run -c $EDITOR_CONTENT
>>> import webrepl_setup
  WebREPL daemon auto-start status: disabled

  Would you like to (E)nable or (D)isable it running on boot?
  (Empty line to quit)
  > |
```

Step 2 在輸入【E】，按 Enter 鍵啟用後，需要輸入二次密碼，在本書使用的密碼是【12345678】，別忘了按 Enter 鍵。

```
MicroPython v1.19.1 on 2022-06-18; ESP module with ESP8266
Type "help()" for more information.
>>> %Run -c $EDITOR_CONTENT
>>> import webrepl_setup
  WebREPL daemon auto-start status: disabled

  Would you like to (E)nable or (D)isable it running on boot?
  (Empty line to quit)
  > E
  To enable WebREPL, you must set password for it
  New password (4-9 chars): 12345678
  Confirm password: 12345678
```

Step 3 最後輸入【y】，按 Enter 鍵重新啟動開發板，就完成 WebREPL 的啟用和密碼設定。

```
MicroPython v1.19.1 on 2022-06-18; ESP module with ESP8266
Type "help()" for more information.
>>> %Run -c $EDITOR_CONTENT
>>> import webrepl_setup
  WebREPL daemon auto-start status: disabled

  Would you like to (E)nable or (D)isable it running on boot?
  (Empty line to quit)
  > E
  To enable WebREPL, you must set password for it
  New password (4-9 chars): 12345678
  Confirm password: 12345678
  Changes will be activated after reboot
  Would you like to reboot now? (y/n) y
```

等到重新啟動 ESP8266 開發板後，可以在 MicroPython 檔案系統看到新增 webrepl_cfg.py 檔案，這是 WebREPL 設定檔，如下圖所示：

≫ 15-2-2　使用 WebREPL

當成功啟用 WebREPL 後，接著需要修改 boot.py 來連線 WiFi，就可以開始使用 WebREPL（關於 boot.py 檔案的進一步説明，請參閱第 16-1 節）。

使用 Thonny 修改 boot.py 來連線 WiFi

請在 Thonny 開啟「MicroPython 設備」視窗的【boot.py】(雙擊此檔案)，如下圖所示：

```
ch15-1-2.py × ch15-1-2a.py × [ boot.py ] * ×
1  # This file is executed on every boot (including wake-boot
2  #import esp
3  #esp.osdebug(None)
4  import uos, machine
5  #uos.dupterm(None, 1) # disable REPL on UART(0)
6  import gc
7  import webrepl
8  webrepl.start()
9  gc.collect()
10 import xtools
11 xtools.connect_wifi_led()
```

上述紅色方框的程式碼是啟用 WebREPL 的程式碼，請在下方第 10～11 行輸入 2 行程式碼來連線 WiFi，如下所示：

```
import xtools
xtools.connect_wifi_led()
```

在儲存後，請執行 boot.py 程式，可以看到連線的 IP 位址，請記下 IP 位址，如下所示：

```
>>> %Run -c $EDITOR_CONTENT

  WebREPL daemon started on ws://192.168.4.1:8266
  WebREPL daemon started on ws://192.168.1.103:8266
  Started webrepl in normal mode
  network config: ('192.168.1.103', '255.255.255.0', '192.168.1.1', '192.168.1.1')
```

上述訊息指出已經啟用 WebREPL 的 Websocket 連線（ws://），其連線網址的 IP 位址和埠號，如下所示：

```
ws://192.168.4.1:8266
ws://192.168.1.103:8266
```

上述 192.168.4.1 是因為在第 14-4 節啟用 AP 模式，如果使用 AP 模式連線 ESP8266 開發板，請使用此 IP 位址，下方是筆者 ESP8266 開發板連線 WiFi 基地台所分派的 IP 位址。

使用 Web 介面的 WebREPL

Thonny 支援 WebREPL 連線功能，在本書是使用 ESP8266 Blockly for MicroPython 積木程式的內建 WebREPL 標籤頁來連線執行 MicroPython 程式，其步驟如下所示：

Step 1 請解壓縮本書 ESP8266Toolkit 工具箱後，點選目錄下的 index.html 來啟動 ESP8266 Blockly for MicroPython。

Step 2 選【WebREPL】標籤，在【Address】欄輸入連線 WiFi 的 IP 地址，筆者的是 192.168.1.103，【Password】欄輸入密碼【12345678】，按【Connect】鈕。

ESP8266 Blockly for MicroPython (開發者: 陳會安 Joe Chen)
Blocks | MicroPython | WebREPL | Device | XML
Address: 192.168.1.103 Password: •••••••• Connect
Execute Ctrl+c

Step 3 成功連線可以在下方看到 MicroPython 版本，【Connect】鈕變成【Disconnect】鈕。然後按最後【Open py file】鈕開啟 ch15-2-2.py，可以看到在下方編輯框載入的 MicroPython 程式碼。

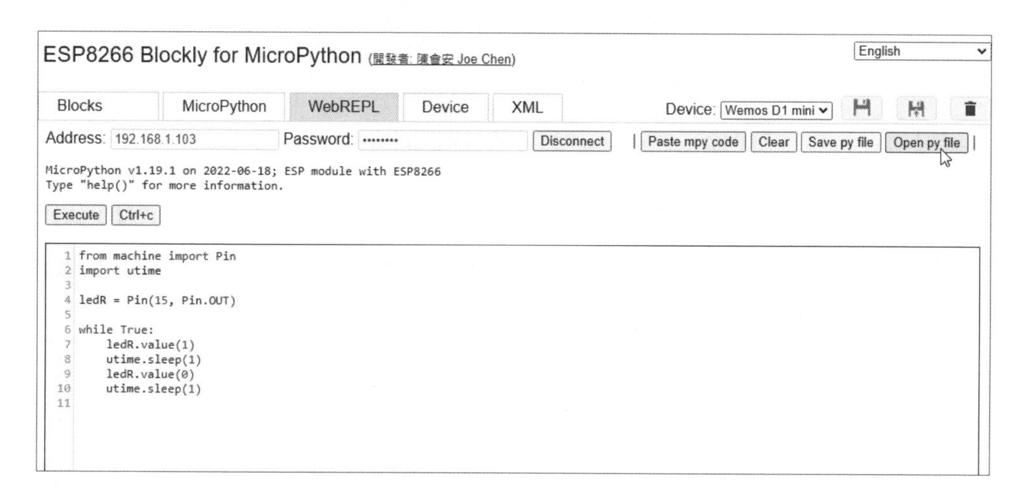

Step 4 請按上方【Execute】鈕執行 MicroPython 程式，可以看到開發板閃爍紅色 LED，按上方【Ctrl+c】鈕可以中斷程式的執行。

在上方工具列的【Paste mpy code】鈕可以貼上從積木程式自動產生的 MicroPython 程式碼，【Clear】鈕是清除程式碼，【Save py file】鈕是下載 / 儲存 MicroPython 程式檔案。

15-3 更多感測器和執行器的使用

Witty Cloud 機智雲開發板有上 / 下兩層板，並無法連接外部感測器和執行器，不過，在啟用 WebREPL 後，我們可以拆開下層板，只使用上層板來透過 WiFi 連線執行 MicroPython 程式。USB 傳輸線是連接在上層板的 USB 插槽來供電開發板，如下圖所示：

現在，Witty Cloud 機智雲開發板的 GPIO0、GPIO5、GPIO14 和 GPIO16 四個腳位就可以使用，我們可以搭配麵包板 + 麵包板跳線或杜邦線來連接外部電子元件、感測器模組和執行器，如右圖所示：

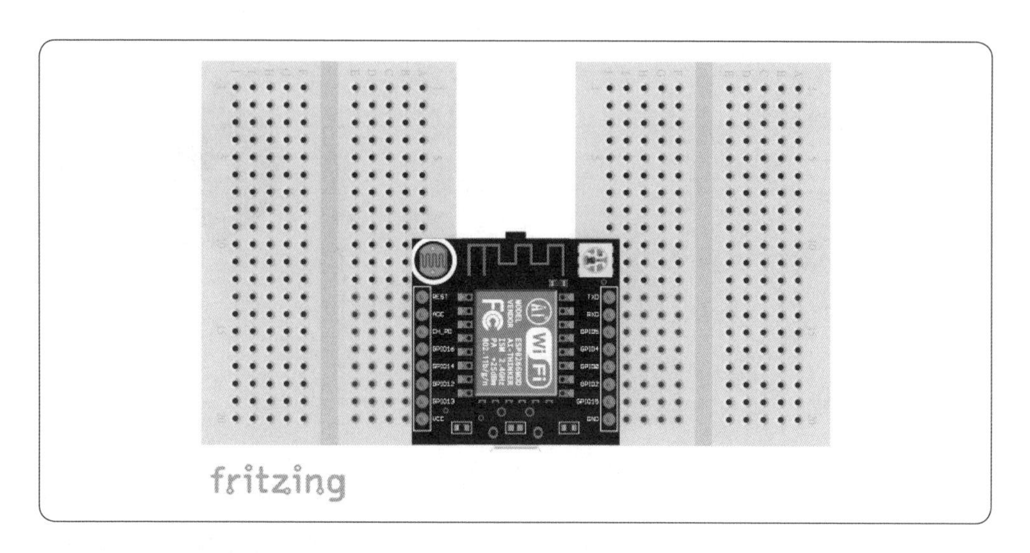

上述 Witty Cloud 機智雲開發板因為寬度太寬，所以是左右兩排接腳分別插在 2 個小麵包板上。

≫ 15-3-1　蜂鳴器

蜂鳴器（PIEZO）是一種壓電式喇叭（Piezoelectric Speaker）的電子元件，我們可以透過控制頻率和延遲時間，讓蜂鳴器發出音效或播放音樂，如右圖所示：

電子電路設計

完成本節實驗的電子電路設計需要使用到的電子元件，如下所示：

```
蜂鳴器 x 1
麵包板 x 1
麵包板跳線 x 2
```

請依據下圖連接建立電子電路，在 GPIO14 連接蜂鳴器（D1 Mini 是 D5），GND 連接蜂鳴器的 GND，就完成本節實驗的電子電路設計，如下一頁所示：

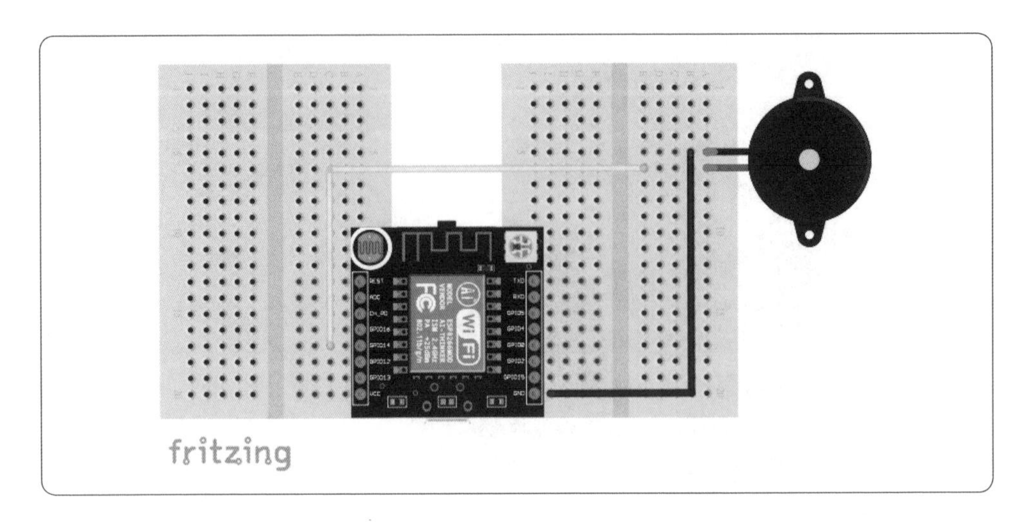

請注意！連接蜂鳴器時需要注意正負極，紅色線是正極接 GPIO 腳位；黑色線是負極接 GND。

使用蜂鳴器發出聲音 | ch15-3-1.py

MicroPython 程式只需指定 PWM 類比輸出的頻率即可讓蜂鳴器發出聲音，勤務循環是音量，0 就是靜音，延遲時間可以控制發出聲音有多久，如下所示：

```
from machine import Pin, PWM
import utime

beeper = PWM(Pin(14), freq=440, duty=512)
utime.sleep(1)
beeper.freq(1047)
beeper.duty(50)
utime.sleep(1)
```

上述程式碼建立 Pin 物件（GPIO14）後，建立 PWM 物件，頻率是 440，勤務循環是 512，在發聲 1 秒鐘後，更改頻率成 1047，勤務循環是 50，再發聲 1 秒鐘。然後在下方更改頻率成 200，勤務循環是 128，再發聲 1 秒鐘，如右頁所示：

```
beeper.freq(200)
beeper.duty(128)
utime.sleep(1)
beeper.duty(0)
beeper.deinit()
```

上述 duty(0) 方法是靜音，最後呼叫 deinit() 方法解除 Pin 物件的 PWM 模擬類比輸出。其執行結果可以從蜂鳴器聽見 3 種持續 1 秒鐘不同頻率的音效。

使用蜂鳴器播放音樂 | ch15-3-1a.py

音樂是不同音階的音符所組成，我們可以建立 Python 字典定義特定頻率聲音的音階，然後使用 for 迴圈來一一播放指定頻率的音階，換句話說，就是使用蜂鳴器來播放 Do、Re、Mi、Fa、Sol、La 和 Si/Te 等不同音階的音符。在 MicroPython 程式首先匯入相關模組，如下所示：

```
from machine import Pin, PWM
import utime

tempo = 5
tones = {
    'c': 262,
    'd': 294,
    'e': 330,
    'f': 349,
    'g': 392,
    'a': 440,
    'b': 494,
    'C': 523,
    ' ': 0,
}
```

上述程式碼指定拍子 tempo 是 5 後，建立音階字典 tones，例如：音階 'a' 的頻率是 440Hz 赫茲；'b' 的頻率是 494Hz 赫茲。在下方使用參數 Pin 物件建立 PWM 物件後，melody 變數就是準備播放的旋律字串，每一個字元是一種音階，如下所示：

```
beeper = PWM(Pin(14, Pin.OUT), freq=440, duty=512)
melody = 'cdefgabC'

for tone in melody:
    beeper.freq(tones[tone])
    utime.sleep(tempo/8)
beeper.deinit()
```

上述 for 迴圈走訪旋律字串的每一個音階字元，然後呼叫 freq() 方法指定字典的頻率，tempo/8 計算時間，即延遲 5/8 秒來播放音階，最後呼叫 deinit() 方法解除 Pin 物件的 PWM 模擬類比輸出。其執行結果可以從蜂鳴器聽見產生的 Do、Re、Mi、Fa、Sol、La、Si/Te …。

≫ 15-3-2　DHT11 溫溼度感測器

DHT11 感測器是一種溫溼度感測器，這是一個藍色長方形的裝置，在下方有 4 個接腳（左邊圖），右邊圖是 DHT11 感測器模組，如下圖所示：

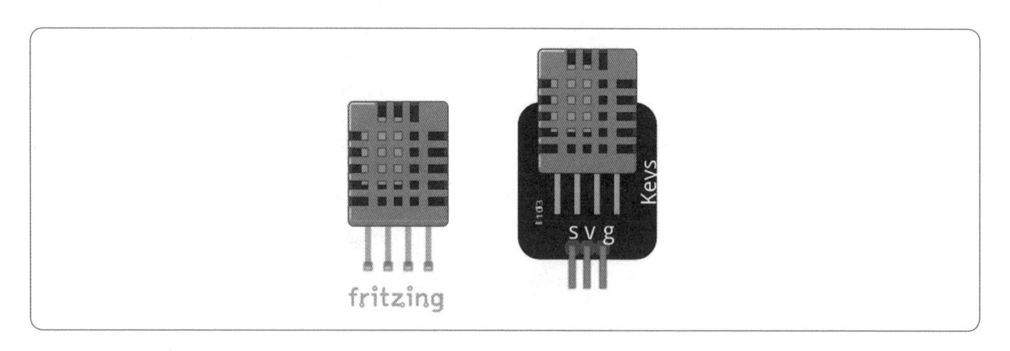

上述 DHT11 感測器的接腳從左至右依序是編號 1、2、3 和 4，在最左邊的接腳 1 是連接 VCC，最右邊的接腳 4 是接 GND，位在左邊第 2 個的接腳 2 是連接 GPIO，請注意！並沒有使用感測器的接腳 3。

電子電路設計

完成本節實驗的電子電路設計需要使用到的電子元件，如下所示：

```
DHT11感測器模組 x 1
麵包板 x 1
麵包板跳線 x 3
```

請依據下圖連接建立電子電路，DHT11 感測器模組的 S/DATA 接腳連接 GPIO16（D1 Mini 是 D0），V/VCC 接腳連接 VCC，g/GND 接腳連接 GND，就完成本節實驗的電子電路設計，如下圖所示：

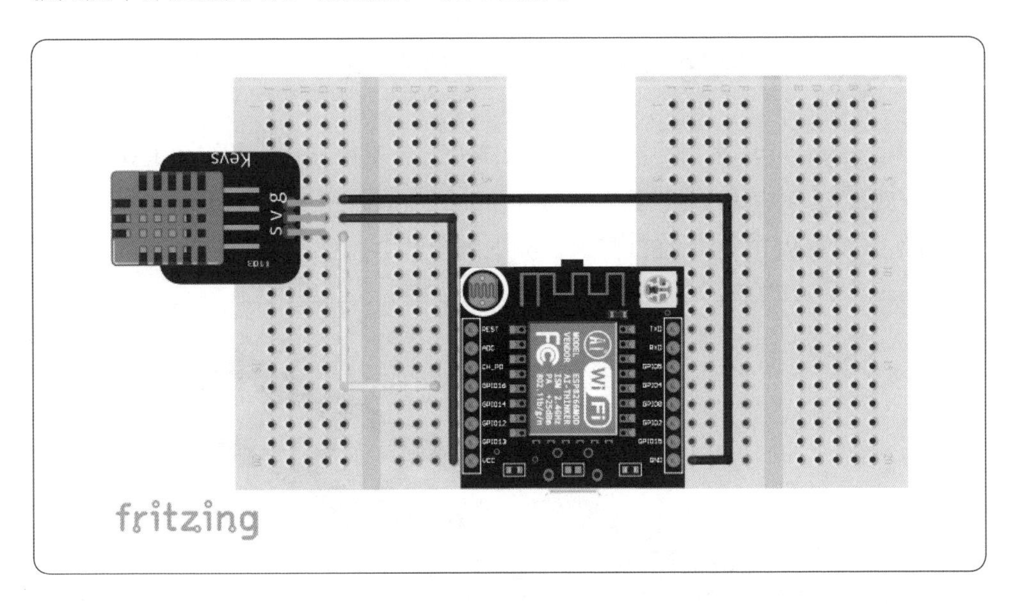

使用 DHT11 溫溼度感測器 | ch15-3-2.py

MicroPython 程式是使用 dht 模組來讀取 DHT11 溫溼度感測器的值，首先匯入 dht 模組，如下所示：

```
from machine import Pin
import dht
```

```
sensor = dht.DHT11(Pin(16))
sensor.measure()
print("溫度: ", sensor.temperature())
print("溼度: ", sensor.humidity())
```

上述程式碼建立 DHT11 物件，參數是連接 DHT11 的 GPIO16，在呼叫 measure() 方法測量後，就可以分別呼叫 temperature() 方法取得溫度，和 humidity() 方法取得溼度。其執行結果可以顯示取得的溫度和溼度值，如右所示：

```
溫度:  31
溼度:  74
```

⋙ 15-3-3　WS2812B RGB LED 燈條

如果 MicroPython 專案需要控制多顆 RGB LED，傳統方式需要複雜的接線和複雜的程式碼控制。我們可以改用內建 WS2812B 晶片的 RGB LED 燈條，例如：WS2812B 8 顆 RGB 貼片 LED 燈條，如下圖所示：

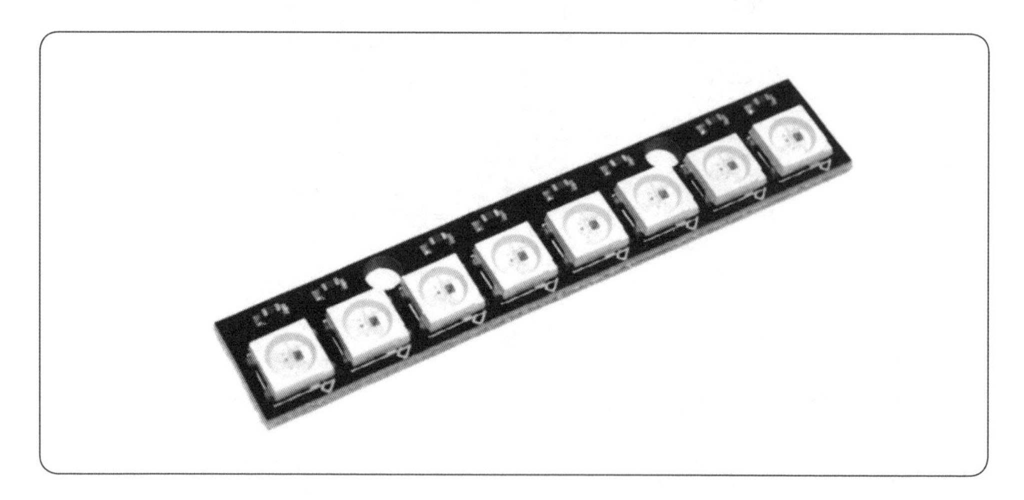

上述燈條還可以一個接一個串聯出更多顆 RGB LED 燈條，重點是不管有幾顆 RGB LED，都只需使用 1 個數位腳位來控制個別的 RGB LED。

電子電路設計

完成本節實驗的電子電路設計需要使用到的電子元件，如下所示：

```
WS2812B RGB LED燈條 x 1
麵包板 x 1
公母杜邦線 x 3
```

請依據下圖連接建立電子電路，在 GPIO4 腳位（D1 Mini 是 D2）連接 WS2812B 燈條的 IN，VCC 連接燈條的 VCC；GND 連接燈條的 GND，就完成本節實驗的電子電路設計，如下圖所示：

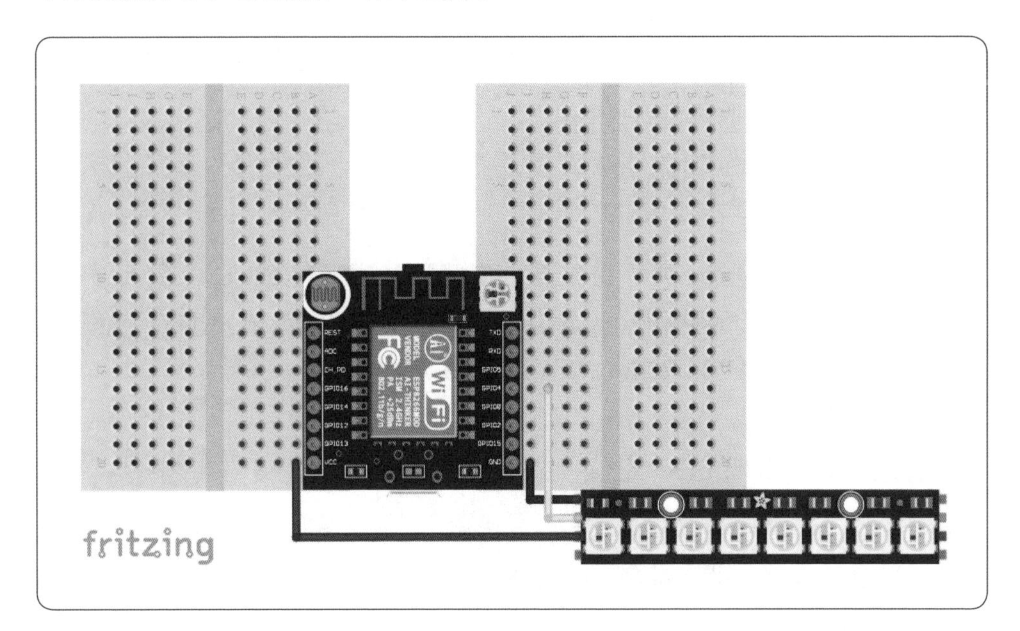

使用 WS2812B LED 燈條 | ch15-3-3.py

我們可以將 WS2812B RGB LED 燈條視為是一個串列，每一顆 RGB LED 就是串列元素，可以使用索引值來定位每一顆 RGB LED。在 MicroPython 程式需求匯入 neopixel 模組來控制 WS2812B LED 燈條，如下一頁所示：

```
from machine import Pin
import neopixel

n = 8
np = neopixel.NeoPixel(Pin(4), n)
```

上述程式碼建立 NeoPixel 物件，第 1 個參數是數位腳位的 Pin 物件（GPIO4），第 2 個參數是共有幾顆 RGB LED，以此例是 8 個，所以索引值範圍是 0～7。在下方就是使用索引值來分別指定該位置的 RGB LED 色彩，如下所示：

```
np[0] = (255, 0, 0)
np[3] = (125, 204, 223)
np[6] = (120, 153, 23)
np[1] = (255, 0, 153)
np.write()
```

上述程式碼依序指定第 1 顆、第 4 顆、第 7 顆和第 2 顆 RGB LED 顯示的 RGB 色彩，這是 RGB 三原色的元組，最後呼叫 write() 方法顯示 RGB LED 的色彩。其執行結果可以看到四顆 RGB LED 顯示 RGB 元組的色彩。

清除 WS2812B LED 燈條 | ch15-3-3a.py

因為 WS2812B RGB LED 燈條如同一個串列，我們可以使用 for 迴圈來走訪熄滅每一顆 RGB LED。在 MicroPython 程式是建立 clear() 函式來清除 WS2812B LED 燈條，如下所示：

```
from machine import Pin
import neopixel

n = 8
np = neopixel.NeoPixel(Pin(4), n)

def clear():
```

```
  for i in range(n):
    np[i] = (0, 0, 0)
    np.write()

clear()
```

上述 clear() 函式使用 for 迴圈一一走訪指定每一顆 RGB LED 的色彩，(0, 0, 0) 就是熄滅 RGB LED，最後呼叫 clear() 函式。其執行結果可以看到 WS2812B RGB LED 燈條的所有 LED 都熄滅了。

指定 WS2812B LED 燈條的 RGB 色彩 | ch15-3-3b.py

同樣方式，我們可以指定 WS2812B LED 燈條的所有 LED 都顯示相同的 RGB 色彩。在 MicroPython 程式是建立 set_color() 函式來指定 WS2812B LED 燈條的色彩，如下所示：

```
from machine import Pin
import neopixel

n = 8
np = neopixel.NeoPixel(Pin(4), n)

def set_color(r, g, b):
  for i in range(n):
    np[i] = (r, g, b)
  np.write()

set_color(0, 120, 230)
```

上述 set_color() 函式的 3 個參數是 RGB 三原色，在函式使用 for 迴圈來指定每一顆 RGB LED 色彩都是參數 RGB 色彩的元組，最後呼叫 set_color() 函式將燈條所有 RGB LED 都指定成相同色彩。其執行結果可以看到 WS2812B RGB LED 燈條的所有 LED 都是參數的色彩。

WS2812B LED 燈條的彈跳特效 | ch15-3-3c.py

在 MicroPython 程式建立 bounce() 函式來顯示 WS2812B LED 燈條的彈跳特效（Bounce Effect），如下所示：

```
from machine import Pin
import neopixel, utime

n = 8
np = neopixel.NeoPixel(Pin(4), n)

def bounce(r, g, b, wait):
  for i in range(4 * n):
    for j in range(n):
      np[j] = (r, g, b)
    if (i // n) % 2 == 0:
      np[i % n] = (0, 0, 0)
    else:
      np[n-1-(i % n)] = (0, 0, 0)
    np.write()
    utime.sleep_ms(wait)
```

上述 bounce() 函式使用二層 for 迴圈建立彈跳特效，可以移動熄滅的 LED，從第 1 個 LED，然後第 2 個、第 3 個，依序移動至最後 1 個後，反過來，再從最後 1 個移動至第 1 個，來回數次建立出彈跳效果。

```
bounce(0, 120, 230, 50)
```

上述程式碼呼叫 bounce() 函式顯示彈跳特效，前 3 個參數是 RGB 三原色，最後 1 個參數是延遲時間。

WS2812B LED 燈條的循環特效 | ch15-3-3d.py

在 MicroPython 程式建立 cycle() 函式來顯示 WS2812B LED 燈條的循環特效（Cycle Effect），如右頁所示：

```
from machine import Pin
import neopixel, utime

n = 8
np = neopixel.NeoPixel(Pin(4), n)

def cycle(r, g, b, wait):
  for i in range(4 * n):
    for j in range(n):
      np[j] = (0, 0, 0)
    np[i % n] = (r, g, b)
    np.write()
    utime.sleep_ms(wait)
```

上述 cycle() 函式使用二層 for 迴圈建立循環特效，類似彈跳特效，不過移動的是點亮的 LED，而且是循環移動點亮的 LED，而不是來回的彈跳方式。

```
cycle(0, 120, 230, 50)
```

上述程式碼呼叫 cycle() 函式顯示循環特效，前 3 個參數是 RGB 三原色，最後 1 個參數是延遲時間。

≫ 15-3-4　伺服馬達

執行器（Actuators）也稱為促動器、致動器、驅動器或驅動件等，這是一種將電源轉換成機械動能的裝置，我們可以使用執行器來控制其他設備來進行所需的操作。

伺服馬達（Servo Motor）或稱伺服機，就是一種執行器，可以依據 PWM 訊號的脈衝持續時間來決定旋轉角度（頻率 50Hz），持續時間 1.0ms 是轉 0 度；1.2ms 是轉 45 度；1.5ms 是轉 90 度；2.0ms 是轉 180 度，可以精準旋轉 0～180 之間的角度，如下一頁所示：

上述圖例的伺服馬達有 3 條線，依序是訊號線（橘或黃色）、電源 VCC（紅色）和接地 GND（棕或黑色）。

電子電路設計

完成本節實驗的電子電路設計需要使用到的電子元件，如下所示：

```
伺服馬達 x 1
麵包板 x 1
公公杜邦線 x 3
```

請依據下圖連接建立電子電路，在 GPIO4 腳位（D1 Mini 是 D2）連接伺服馬達，VCC 接腳連接 VCC，GND 接腳連接 GND，就完成本節實驗的電子電路設計，如下圖所示：

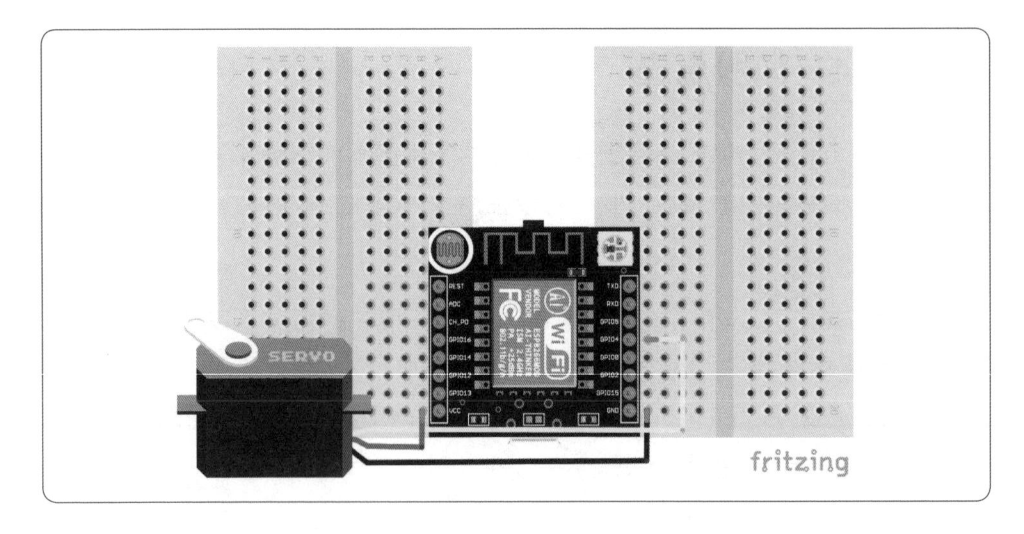

旋轉伺服馬達 | ch15-3-4.py

伺服馬達在 ESP8266 開發板是使用 50HZ 的 PWM 來進行控制，0～180 度大約對應 30～122、30 是 0 度、77 是 90 度、122 是 180 度，因為 SG90 伺服馬達的相容品很多，旋轉角度對應的 PWM 勤務循環 duty 值都會有些差異。筆者手上伺服馬達的 PWM 勤務循環 duty 值和對應的旋轉角度，如下所示：

```
20→0度
72→90度
120→180度
```

MicroPython 程式在匯入相關模組後，建立參數 Pin 物件（GPIO4）的 PWM 物件，頻率是 50，duty 值 72，就是旋轉 90 度，在延遲 1 秒鐘後，再依序旋轉至其他角度，如下所示：

```
from machine import Pin, PWM
import utime

servo = PWM(Pin(4) ,freq=50, duty=72)
utime.sleep(1)
servo.duty(20)   # 0
utime.sleep(1)
servo.duty(120)  # 180
utime.sleep(1)
servo.duty(72)   # 90
utime.sleep(1)
servo.duty(20)   # 0
```

上述程式碼呼叫 duty() 方法指定旋轉角度的勤務循環值。其執行結果可以看到伺服馬達從初始 90 度，然後依序是轉向 0 度、180 度、90 度，最後再轉至 0 度。

15-4 整合應用：上傳 DHT11 溫溼度資料至雲端物聯網平台

在第 11-1-2 節是呼叫 random_in_range() 函式產生指定範圍的整數亂數來模擬溫溼度數據，現在，我們可以整合第 15-3-2 節的 DHT11 溫溼度感測器，上傳真實的溫度和溼度資料至 ThingSpeak 雲端物聯網平台。

MicroPython 程式：ch15-4.py 的執行結果，可以看到間隔 15 秒上傳溫溼度資料至 ThingSpeak 雲端物聯網平台，如下所示：

```
儲存溫度和濕度資料!
32 74
http://api.thingspeak.com/update?api_key=GI4941WBNRF93KD7&field1=32&field2=74
invoking webhook
Webhook invoked
儲存溫度和濕度資料!
31 75
http://api.thingspeak.com/update?api_key=GI4941WBNRF93KD7&field1=31&field2=75
invoking webhook
Webhook invoked
```

MicroPython 程式碼是在第 1～3 行匯入相關模組，第 5 行註解掉連線 WiFi，在第 6 行建立 DHT11 物件，如下所示：

```
01: from machine import Pin
02: import dht
03: import xtools, utime
04:
05: #xtools.connect_wifi_led()
06: sensor = dht.DHT11(Pin(16))
07:
08: WRITE_API_KEY = "<WRITE API金鑰>"
09:
10: while True:
11:     print("儲存溫度和濕度資料!")
```

```
12:     sensor.measure()
13:     temp = sensor.temperature()
14:     hum = sensor.humidity()
15:     print(temp, hum)
```

上述第 8 行指定 WRITE API 金鑰後，在第 10～22 行的 while 無窮迴圈是每 15 秒執行 1 次，第 12～14 行取得 DHT11 溫溼度感測器的溫度和溼度。

在下方第 16～19 行建立上傳頻道資料 HTTP GET 請求的網址後，在第 21 行呼叫 webhook_get() 函式送出 HTTP 請求，如下所示：

```
16:     url = "http://api.thingspeak.com/update?"
17:     url += "api_key=" + WRITE_API_KEY
18:     url += "&field1=" + str(temp)
19:     url += "&field2=" + str(hum)
20:     print(url)
21:     xtools.webhook_get(url)
22:     utime.sleep(15)
```

學習評量

1. 請使用圖例説明 ESP8266 開發板的中斷處理？ MicroPython 程式如何實作中斷處理？
2. 請説明撰寫 MicroPython 程式讀取外部感測器有哪兩種方式？
3. 請問什麼是 WebREPL ？啟用 WebREPL 的步驟為何？
4. 請問什麼是蜂鳴器、DHT11 感測器、WS2812B RGB LED 燈條和伺服馬達？請舉出前述哪一個是執行器？
5. 請建立 MicroPython 程式定時讀取 DHT11 感測器的溫度，當溫度高過指定溫度值，例如：24 度，就發出音效和使用 LINE Notify 送出溫度過高的通知訊息。
6. 請修改第 15-4 節的 MicroPython 程式，改為上傳溫溼度資料至 Adafruit.IO 雲端物聯網平台。

16 MicroPython 專案開發：ESP-WiFi 遙控車

16-1 MicroPython 專案開發的檔案管理

MicroPython 專案開發的程式檔案一般來說都不會只有一個，所以如何規劃和管理專案的 MicroPython 程式檔案就是一項很重要的工作。

> **說明**
>
> 在本章是說明超音波感測器模組和直流馬達的使用，因為 Witty Cloud 機智雲開發板的可用腳位不足，筆者改用 Wemos D1 Mini 開發板來實作，ESP-WiFi 遙控車是使用 NodeMCU v2 電機驅動擴展板。

啟動 ESP8266 開發板自動執行的兩個檔案

MicroPython 檔案系統會預設自動執行 boot.py 和 main.py 兩個檔案，這是當 ESP8266 開發板接上電源啟動後，就依序自動執行的程式檔案，其說明如下一頁所示：

- boot.py 檔案：啟動 ESP8266 開發板時，第 1 個執行的就是 boot.py 程式檔案，此檔案只會執行一次，通常在此檔案執行專案初始的相關設定。對比 Arduino 開發板就是 setup() 函式。
- main.py 檔案：當執行完 boot.py 後，接著執行 main.py 程式檔案，此檔案可視為是 MicroPython 專案的主程式，例如：建立 Web 伺服器的程式碼是位在此檔案。對比 Arduino 開發板就是 loop() 函式。

MicroPython 專案開發的目錄結構

MicroPython 專案開發依據專案大小，可能包含多種不同類型的檔案，例如：ESP8266 的 boot.py 和 main.py 檔案、Web 伺服器的 HTML 網頁檔案、文字檔案、JSON 檔案、自訂模組檔案、其他廠商開發的工具模組，和硬體感測器所需的模組檔案等。

如果檔案類型和數量很多，在實務上，並不適合一股腦兒的都放在根目錄下，我們需要替不同類型的檔案規劃不同的子目錄，如下圖所示：

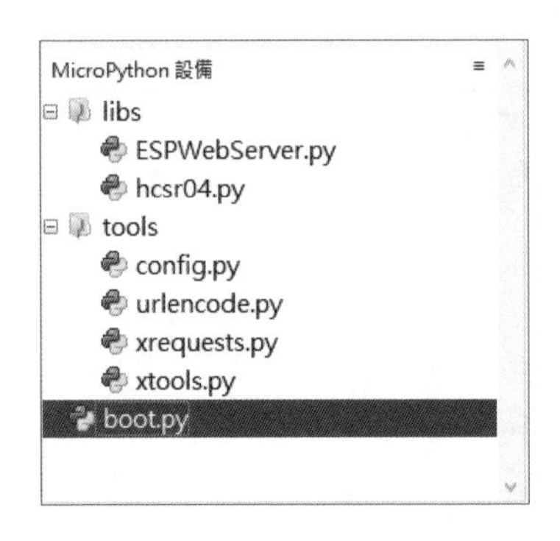

上述圖例將 MicroPython 相關檔案分別置於 tools 和 libs 子目錄（因為目錄結構改變，匯入模組的程式碼也需配合修改），如下所示：

- tools 子目錄：在 tools 子目錄是專案的工具箱模組，例如：本書之前的 config.py、xtools.py、urlencode.py 和 xrequests.py 等模組檔案。
- libs 子目錄：在 libs 子目錄是專案使用感測器的相關模組檔案，例如：超音波感測器的 hcsr04.py；Web 伺服器的 ESPWebServer.py。

如果有 HTML 網頁檔案和其他資料檔，也一樣可以建立專屬子目錄，如下所示：

- www 子目錄：在 www 子目錄的 Web 伺服器的 HTML 網頁檔案，例如：index.html。
- data 子目錄：在 data 子目錄是專案所需的資料檔、文字檔案或 JSON 格式檔案等。

使用 Thonny 檔案管理上傳檔案至子目錄

我們可以使用 Thonny 檔案管理上傳檔案至子目錄，例如：上傳 xtools.py 到 MicroPython 設備的「tools」子目錄，其步驟如下所示：

Step 1 請啟動 Thonny 連接 ESP8266 開發板且開啟【檔案】標籤，在 MicroPython 設備執行右鍵快顯功能表的【新增目錄…】命令。

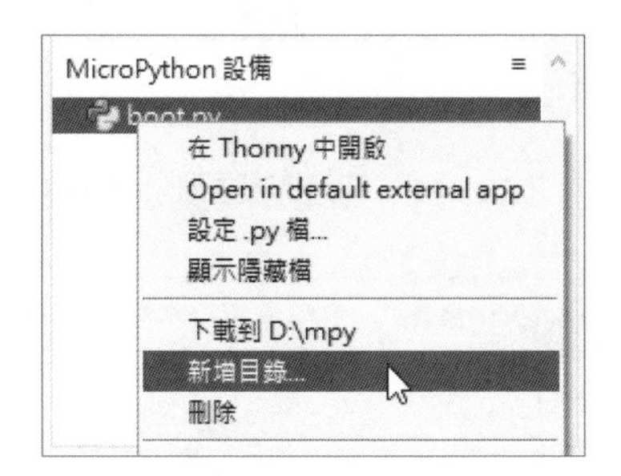

Step 2 輸入目錄名稱 tools，按【確認】鈕，可以看到新增的目錄。

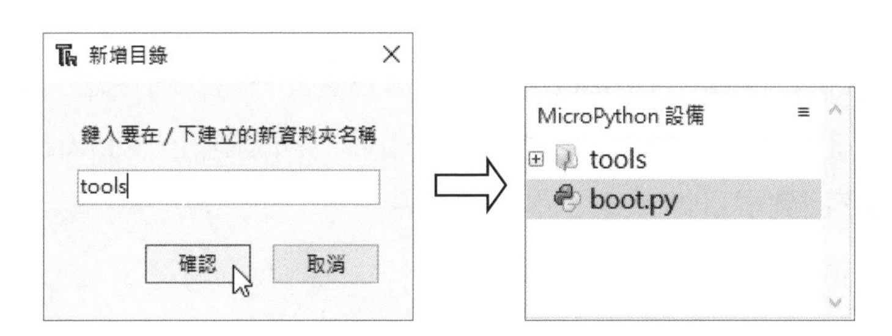

Step 3 在下方先雙擊【tools】目錄切換到此目錄後，在上方【本機】展開「ch16/tools」目錄，選欲上傳的 xtools.py 檔案後，執行右鍵快顯功能表的【上傳到 /tools】命令來上傳檔案至「tools」子目錄。

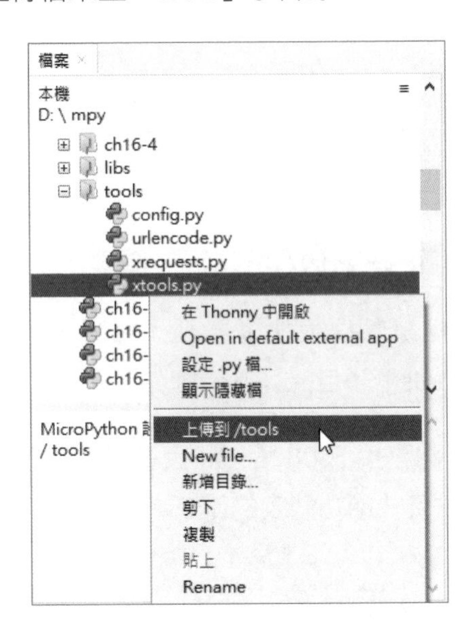

Step 4 稍等一下，可以在「tools」子目錄看到上傳的 xtools.py 檔案。

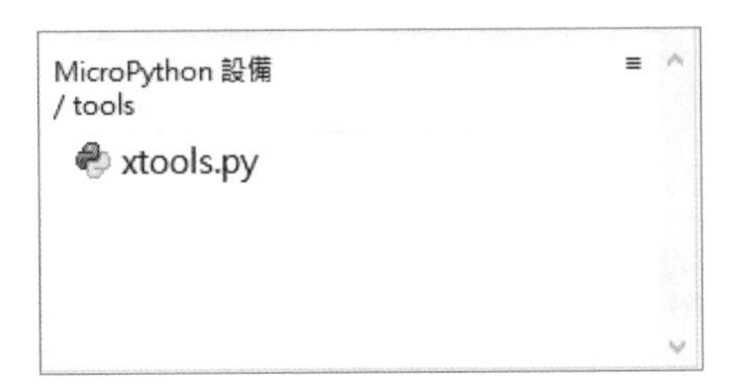

相同方法，我們可以建立 MicroPython 專案的檔案和目錄結構。請注意！ Thonny 在下方 MicroPython 設備的子目錄回到根目錄，請點選上方【MicroPython 設備】超連結來回到根目錄。

16-2 超音波感測器模組

超音波感測器（Ping Sensor）模組是超音波發射器、接收器和控制電路所組成，在市面上很容易購買的型號是 HC-SR04，請購買 HC-SR04P 型號，這是支援 3.3v 開發板的版本，如下圖所示：

上述超音波感測器模組的原理是發射一連串 40KHz 聲波（一種頻率很高的聲音，人類耳朵並沒有辦法聽到），當聲波踫到物體，就會反彈聲波回到模組，模組可以接收回音且測量花費時間來計算出距離。

HC-SR04 超音波感測器模組的接腳共有 4 個，其說明如下表所示：

HC-SR04 接腳	說明
Vcc	VCC 電源
Trig	連接數位 GPIO，當 HIGH 時送出聲波
Echo	連接數位 GPIO 來接收 Trig 腳位送出的反彈聲波
GND	GND 接地

≫ 16-2-1 使用 HC-SR04 超音波感測器模組

MicroPython 程式的超音波測距是使用位在「libs」子目錄的 hcsr04.py 模組，測量距離單位是公制的公分（cm）或毫米（mm）。

電子電路設計

完成本節實驗的電子電路設計需要使用到的電子元件，如下所示：

```
HC-SR04超音波感測器模組 x 1
麵包板 x 1
麵包板跳線 x 6
```

請依據下圖連接建立電子電路，HC-SR04 超音波感測器模組的 Trig 接腳連接 GPIO13（D1 Mini 是 D7），Echo 接腳連接 GPIO15（D1 Mini 是 D8），VCC 接腳連接 3V3，GND 接腳連接 GND，就完成本節實驗的電子電路設計，如下圖所示：

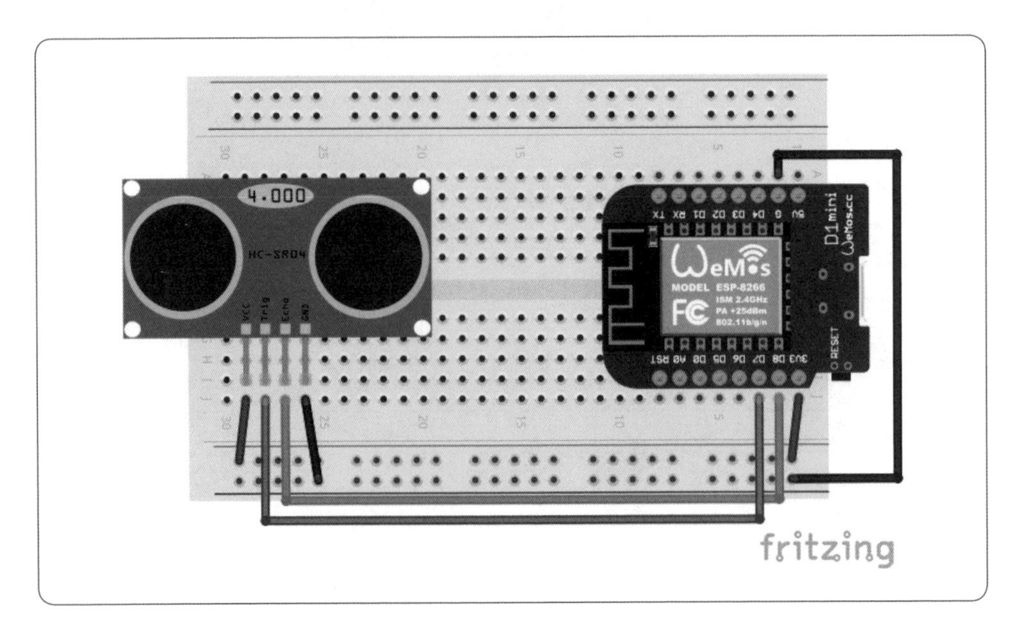

使用超音波感測器模組測量距離 | ch16-2-1.py

MicroPython 程式是使用 hcsr04.py 模組來讀取 HC-SR04 超音波感測器模組的距離值。首先匯入 HCSR04 類別（hcsr04.py 模組是位在「libs」子目錄），如右頁所示：

```
from libs.hcsr04 import HCSR04
import utime

sensor = HCSR04(trigger_pin=13, echo_pin=15)  # D7, D8
```

上述程式碼建立 HCSR04 物件，trigger_pin 參數是 Trig 接腳的 GPIO13；echo_pin 參數是 Echo 接腳的 GPIO15。在下方 while 迴圈可以間隔 1 秒鐘來持續讀取距離值，如下所示：

```
while True:
    distance = sensor.distance_cm()
    print(distance, "cm")
    utime.sleep(1)
```

上述程式碼呼叫 distance_cm() 方法回傳距離，單位是公分，毫米請呼叫 distance_mm() 方法。其執行結果可以持續顯示取得的距離值，如右所示：

```
41.7698 cm
8.71134 cm
2.50859 cm
8.16151 cm
20.9278 cm
11.1684 cm
```

使用超音波測距調整 LED 的亮度 | ch16-2-1a.py

因為超音波測距可以測量距離，我們可以活用距離值來調整內建 LED 的亮度。請注意！內建 LED 的邏輯相反，0 是最亮；1023 是熄滅，如下所示：

```
from machine import Pin, PWM
from libs.hcsr04 import HCSR04
import tools.xtools as xtools
import utime
```

上述程式碼匯入相關模組，因為 xtools.py 位在「tools」子目錄，為了和之前程式碼相容，所以使用 as 取了別名 xtools。在下方建立 HCSR04 物件和內建 LED 的 PWM 物件，如下所示：

```
sensor = HCSR04(trigger_pin=13, echo_pin=15)  # D7, D8
led = PWM(Pin(2, Pin.OUT))
```

```
while True:
    distance = sensor.distance_cm()
    print(distance, "cm")
    if distance < 5:
        led.duty(1023)
    elif distance > 50:
        led.duty(0)
    else:
        pwm = xtools.map_range(distance, 5, 50, 0, 1023)
        led.duty(1023-pwm)
    utime.sleep(0.2)
```

上述 while 迴圈可以間隔 0.2 秒鐘持續讀取距離值，然後使用 if/elif/else 多選一條件，當小於 5 公分時熄滅 LED；大於 50 公分時 LED 是全亮，否則呼叫 map_range() 函式調整距離比例成 0～1023 之間，然後呼叫 duty() 方法指定 LED 的亮度。其執行結果可以看到愈接近 HC-SR04 模組，LED 的亮度就愈暗。

≫ 16-2-2　空手彈奏的電子琴

現在，我們準備結合超音波感測器模組和蜂鳴器，能夠依據不同距離來播出不同音符，建立使用空手就可以彈奏的電子琴。

電子電路設計

完成本節實驗的電子電路設計需要使用到的電子元件，如下所示：

```
HC-SR04超音波感測器模組 x 1
蜂鳴器 x 1
麵包板 x 1
麵包板跳線 x 8
```

請依據下圖連接建立電子電路，在腳位 GPIO14 連接蜂鳴器（D1 Mini 是 D5），GND 連接蜂鳴器的 GND。HC-SR04 超音波感測器模組的 Trig 接腳連接 GPIO13（D7），Echo 接腳連接 GPIO15（D8），VCC 接腳連接 3V3，GND 接腳連接 GND，就完成本節實驗的電子電路設計，如下圖所示：

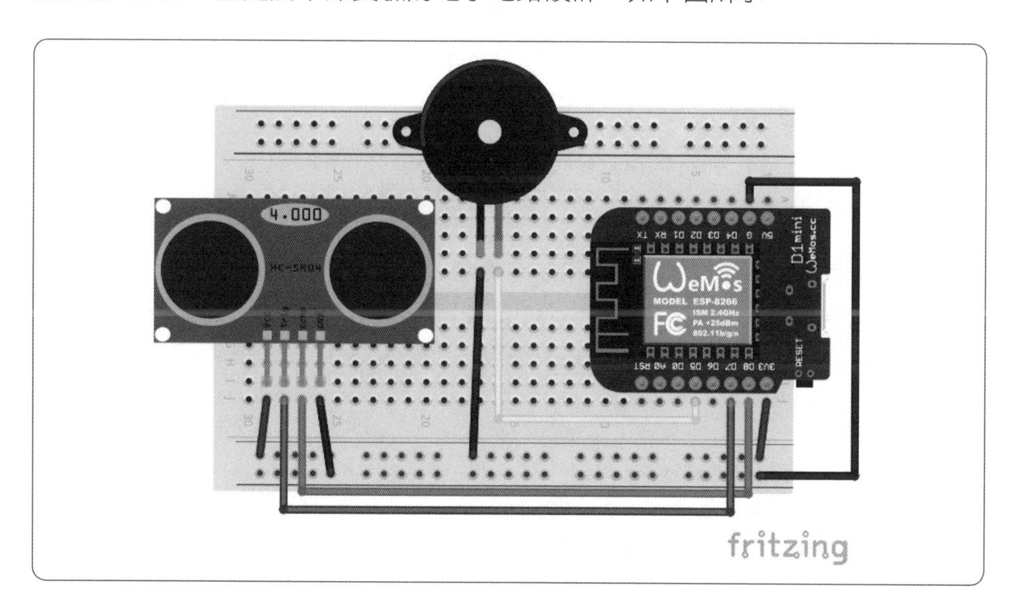

空手彈奏的電子琴 | ch16-2-2.py

MicroPython 程式首先匯入相關模組和建立 HCSR04 物件，如下所示：

```
from machine import Pin, PWM
from libs.hcsr04 import HCSR04
import tools.xtools as xtools
import utime

sensor = HCSR04(trigger_pin=13, echo_pin=15)  # D7, D8
tempo = 8
tones = {
    'c': 262,
    'd': 294,
```

```
    'e': 330,
    'f': 349,
    'g': 392,
    'a': 440,
    'b': 494,
    'C': 523,
    ' ': 0
}
beeper = PWM(Pin(14, Pin.OUT), freq=440, duty=512)  # D5
melody = 'cdefgabC '
```

上述程式碼建立音調字典 tones，和使用參數 Pin 物件建立 PWM 物件 beeper，melody 變數是依序播放 Do、Re、Mi、Fa、Sol、La…音階音符的字串。在下方 while 迴圈可以持續間隔 1 秒鐘來讀取距離值，如下所示：

```
while True:
    distance = sensor.distance_cm()
    print('%scm' % distance)
    if distance >= 5 and distance <= 50:
        index = xtools.map_range(distance, 5, 50, 0, 8)
        if index > 7:
            index = 7
        if index < 0:
            index = 0
    else:
        index = 8
    print(index)
```

上述程式碼讀取距離值後，在外層 if/else 條件判斷距離範圍是否在 5～50 公分之內，如果是，將距離值依比例轉換成 0～8，然後使用內層 2 個 if 條件判斷是否超過範圍，超過 7 調整成 7；小於 0 調整成 0。在下方呼叫 freq() 方法指定頻率來播放音階的音符，如下所示：

```
    beeper.freq(tones[melody[index]])
    utime.sleep(tempo/8)
```

上述程式碼的執行結果可以依據空手位在 HC-SR04 模組前方的距離遠近，來播放出 Do、Re、Mi、Fa、Sol、La…的不同音符。

16-3 馬達驅動模組與直流馬達

直流馬達（DC Motor）的線路連接並不複雜，只需接上直流電源和接地（GND），馬達就會轉動；反接直流電源，馬達就會反轉，如右圖所示：

上述直流馬達控制就是在控制馬達的轉速和方向（順時鐘或逆時鐘轉）。在這一節是使用 L298N 馬達模組來控制 2 顆直流馬達的轉動。

L298N 馬達驅動模組

L298N 馬達模組是市面上很容易買到的馬達控制模組，相當多智慧車都是使用此模組來驅動 2 個車輪，模組能夠同時驅動 2 顆直流馬達或 1 顆步進馬達，如下圖所示：

上述 L298N 馬達模組驅動一顆馬達需要 2 個 GPIO，可以控制馬達順時鐘（正轉）或逆時鐘轉（反轉），2 顆馬達共需 4 個 GPIO。

在 L298N 馬達模組前方的 IN1 和 IN2 接腳（3 個藍色接頭面向前，位在其右方）是控制第 1 顆馬達；IN3 和 IN4 接腳控制第 2 顆馬達，其控制方式如下表所示：

IN1/IN3	IN2/IN4	馬達旋轉方向
HIGH（1）	LOW（0）	馬達正轉
LOW（0）	HIGH（1）	馬達反轉
IN1 = IN2、IN3 = IN4	IN2 = IN1、IN4 = IN3	馬達快速停止

電子電路設計

L298N 馬達模組本身是靠 ESP8266 開發板供電，2 顆直流馬達是使用 6V 電池盒來供電（電壓需高過 5V）。電子電路設計的接線圖，如下圖所示：

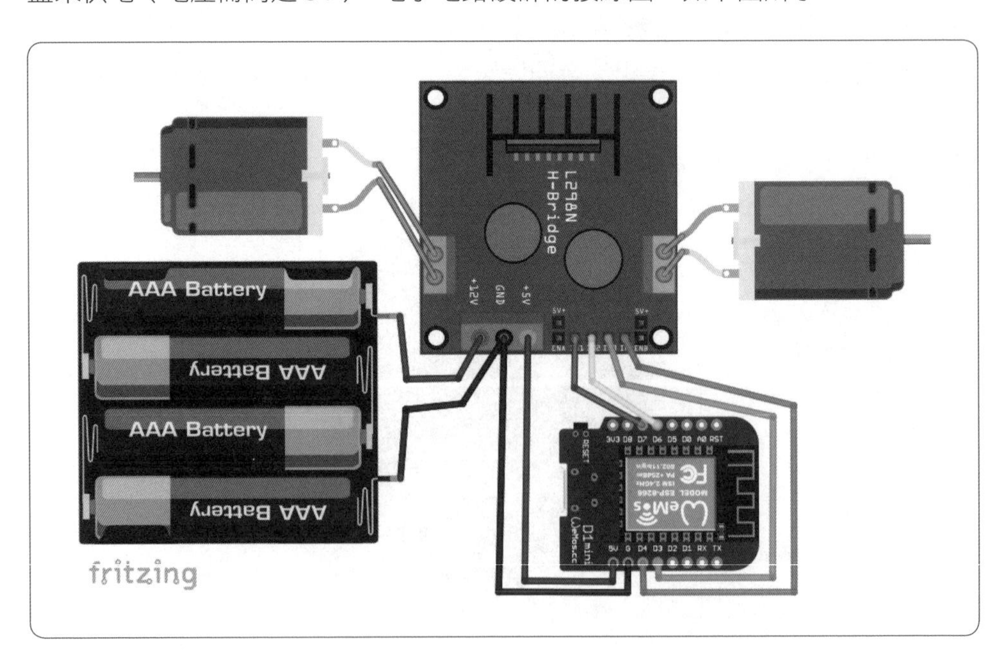

上述 L298N 馬達模組是使用杜邦線連接 ESP8266 開發板，直流馬達的電源是 6V 電池盒，其說明如下所示：

- 位在左右 2 邊的藍色接頭：分別連接 2 顆馬達的 2 條電源線（請使用十字小起子鬆開上方螺絲後，在下方將接線插入 2 片金屬片之中，再鎖緊接線），先不用考量 2 條線的正負極（這會影響馬達正轉或反轉），在連接好電源線測試執行 MicroPython 程式後，再行調整是否需要反接電源線。

- 前方位在右邊是 IN1~IN4 接腳：請使用杜邦線（接頭是一公一母，也可使用 2 母加麵包板跳線）依序連接 ESP8266 開發板的 GPIO13、12、0 和 2 接腳（D1 Mini 依序是 D7、D6、D3 和 D4）。

- 在前方位在左邊的 3 個藍色接頭：右邊 2 個是 L298N 馬達模組的電源，最右邊接頭連接 ESP8266 開發板的 5V，中間是連接 GND 接腳，在 3 個藍色接頭中，左邊 2 個是連接直流馬達的電源，我們是使用 6V 電池盒供電，中間 GND 連接至電池盒負極（需同時連接 ESP8266 開發板的 GND 接腳），最左邊是連接正極。

控制直流馬達 | ch16-3.py

MicoPython 程式是使用 IN1～IN4 接腳的 4 個 GPIO 的數位輸出來控制 2 顆馬達的旋轉方向，如下所示：

```
from machine import Pin
import utime

in1 = Pin(13, Pin.OUT)  # D7
in2 = Pin(12, Pin.OUT)  # D6
in3 = Pin( 0, Pin.OUT)  # D3
in4 = Pin( 2, Pin.OUT)  # D4
```

上述程式碼建立 4 個 GPIO 的 Pin 物件。在下方 5 個函式依序是 2 顆直流馬達的前進、後退、左轉、右轉和停止函式。首先是停止的 stop_all() 函式，2 個直流馬達都停止，數位輸出 IN1～IN4 都是 0，如下所示：

```
def stop_all():          # 停止 Stop
    in1.value(0)
    in2.value(0)
    in3.value(0)
    in4.value(0)

def backward():          # 後退 Backward
    in1.value(0)
    in2.value(1)
    in3.value(0)
    in4.value(1)
```

上述 backward() 函式是後退，即 2 個直流馬達都反轉，IN1 和 IN3 是 0；IN2 和 IN4 是 1。在下方是前進的 forward() 函式，即 2 個直流馬達都正轉，IN1 和 IN3 是 1；IN2 和 IN4 是 0，如下所示：

```
def forward():           # 前進 Forward
    in1.value(1)
    in2.value(0)
    in3.value(1)
    in4.value(0)

def left():              # 左轉 Turn Left
    in1.value(0)
    in2.value(0)
    in3.value(1)
    in4.value(0)
```

上述 left() 函式是左轉，即左邊直流馬達停止，IN1 和 IN2 都是 0；右邊直流馬達正轉，IN3 是 1，IN4 是 0。在下方是右轉的 right() 函式，即左邊直流馬達正轉，IN1 是 1，IN2 是 0；右邊直流馬達停止，IN3 和 IN4 都是 0，如下所示：

```
def right():                # 右轉 Turn Right
    in1.value(1)
    in2.value(0)
    in3.value(0)
    in4.value(0)
```

在下方程式碼依序測試上述 5 個直流馬達函式，如下所示：

```
forward()
utime.sleep(1)
stop_all()
utime.sleep(1)
backward()
utime.sleep(1)
stop_all()
utime.sleep(1)
left()
utime.sleep(1)
stop_all()
utime.sleep(1)
right()
utime.sleep(1)
stop_all()
utime.sleep(1)
```

上述程式碼的執行結果是 2 顆直流馬達前進 1 秒；停止 1 秒；後退 1 秒；停止 1 秒，然後左轉 1 秒；停止 1 秒；右轉 1 秒；停止 1 秒。

16-4 MicroPython 專案開發：ESP-WiFi 遙控車

ESP-WiFi 遙控車可以使用第 16-3 節的 L298N 馬達模組來實作，另一種更簡單的解決方案是使用 NodeMCU v2 電機驅動擴展板，如下圖所示：

≫ 16-4-1 組裝 ESP-Wifi 遙控車的硬體

因為本書是使用可輕鬆購買的標準零件來打造 ESP-WiFi 遙控車的車體，所以在本節筆者只準備簡單說明組裝 ESP-WiFi 遙控車的步驟，其基本步驟如下所示：

步驟一：組裝車體、2 顆直流馬達和車輪

ESP-WiFi 遙控車的車體是一個完整套件（使用和 Arduino 智慧車相同的車體），本身提供有組裝說明書來詳細說明組裝過程，請注意！在車身壓克力板的前後都有一層膠膜，在組裝前記得先移除，如右圖所示：

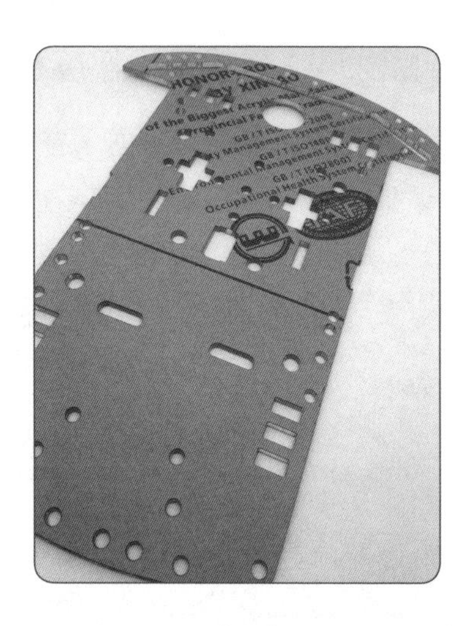

在車體套件包含直流馬達、車輪、電池盒和開關，如下圖所示：

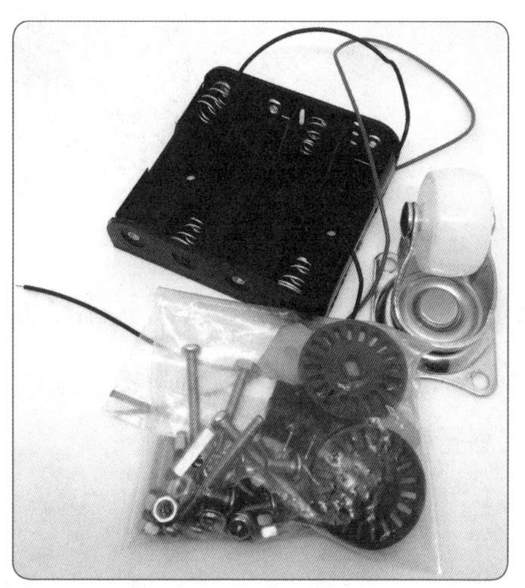

請參閱說明書來組裝車體，本書並沒有使用內建電池盒，而是改用 16850 電池盒，建議使用焊接方式來連接直流馬達和電源線。請注意！直流馬達 2 個電源接點是面向外，即面向車輪。

步驟二：安裝 NodeMCU v2 電機驅動擴展板

NodeMCU v2 電機驅動擴展板是安裝在車體上方，在後方是 18650 電池盒，請使用銅柱和螺絲，將電機驅動擴展板和電池盒固定在車體的壓克力板上，如下圖所示：

步驟三：安裝伺服馬達和 HC-SR04 超音波感測器模組

在 ESP-WiFi 遙控車的車頭使用標準固定件來安裝伺服馬達和 HC-SR04 超音波感測器模組，如下圖所示：

步驟四：連接直流馬達和 NodeMCU v2 電機驅動擴展板

接著將 18650 電池盒和直流馬達電源線連接至電機驅動擴展板，詳細接線方式請參閱第 16-4-3 節，2 條電源線的方向沒有關係，在實際測試時，如果發現接反了，再更改接線位置即可，如下圖所示：

步驟五：連接伺服馬達和 HC-SR04 超音波感測器模組

最後使用母母接頭的杜邦線連接 HC-SR04 超音波感測器模組，伺服馬達部分，不同板子接腳的 VCC 和 GND 可能相反，有可能需要公母接頭的杜邦線來轉接至擴展板，詳細接線方式請參閱第 16-4-3 節，如下圖所示：

≫ 16-4-2 上傳與執行 ESP-WiFi 遙控車的 MicroPython 程式

ESP-WiFi 遙控車的 MicroPython 程式是整合第 14 章的 Web 伺服器、第 15-3-4 節的伺服馬達和第 16-2 節 HC-SR04 超音波感測器模組，HTML 網頁遙控器是使用 AJAX 技術來建立使用介面。

上傳和設定 ESP-WiFi 遙控車的 MicroPython 程式

NodeMCU v2 電機驅動擴展板需搭配 NodeMCU v2 開發板使用，請參閱第 7 章燒錄 MicroPython 韌體至開發板後，使用 Thonny 檔案管理上傳「ch16/ch16-4」目錄下的子目錄和相關檔案，如下圖所示：

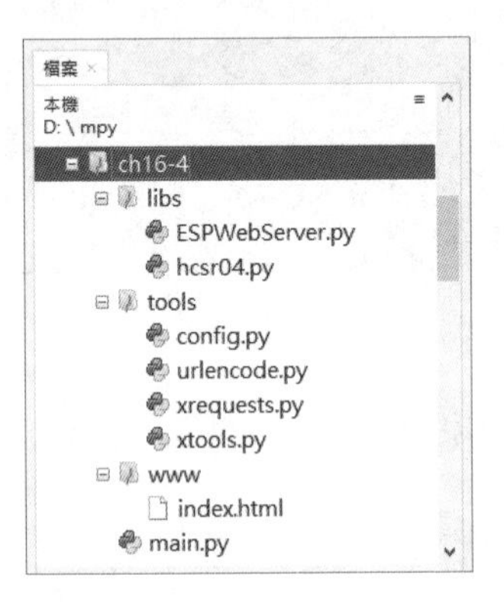

在 MicroPython 設備上傳的檔案和目錄（main.py 程式檔案請最後上傳），如下圖所示：

然後開啟 MicroPython 設備的「tools/config.py」檔案修改 SSID 和 PASSWORD 連線 WiFi 的常數後，執行 MicroPython 程式：ch16-4-2.py 和記下 WiFi 基地台連線分派的 IP 位址。

說明

請注意！經筆者測試部分 ESP8266 開發板在安裝 ESP-WiFi 遙控車的 MicroPython 專案程式後，因為啟動就會自動執行 main.py，Thonny 有可能無法成功連接 ESP8266 開發板，請執行「執行 > 中斷程式執行」命令或按 Ctrl + C 鍵中斷程式執行後，即可成功連接 ESP8266 開發板。

執行 ESP-WiFi 遙控車的 MicroPython 程式

請在 ESP-WiFi 遙控車的 18650 電池盒裝上 2 顆 18650 電池，然後按下 NodeMCU v2 電機驅動擴展板的電源開關，當看到開發板的內建 LED 亮起，表示已經成功連線 WiFi。

接著在連接同一 WiFi 基地台的智慧型手機上啟動 Web 瀏覽器，輸入 ch16-4-2.py 取得 IP 位址的 URL 網址，如下所示：

```
http://192.168.1.112
```

上述 URL 網址是 IP 位址：192.168.1.112，這是筆者 WiFi 基地台分派的 IP 位址，請自行修改成讀者取得的 IP 位址，在成功載入網頁後，可以看到 ESP-WiFi 遙控車的遙控器介面，如右圖所示：

右述網頁介面可以看到 5 個控制按鈕（按住動作；放開即停止），可以控制 ESP-WiFi 遙控車的行走方向（中間紅色按鈕是測距），因為 2 顆直流馬達的轉速有誤差，可以在下方拖拉調整左右馬達的轉速。

≫ 16-4-3　ESP-WiFi 遙控車的 MicroPython 程式說明

ESP-WiFi 遙控車的 MicroPython 專案的主程式是 main.py，這是使用 ESPWebServer.py 模組建立 Web 伺服器，可以回應位在「www」子目錄的 index.html，這是使用 AJAX 技術建立的 HTML 表單網頁。

NodeMCU v2 電機驅動擴展板的接線圖

在 NodeMCU v2 電機驅動擴展板可以直接安裝 ESP8266 NodeMCU v2 開發板，其接線圖如下圖所示：

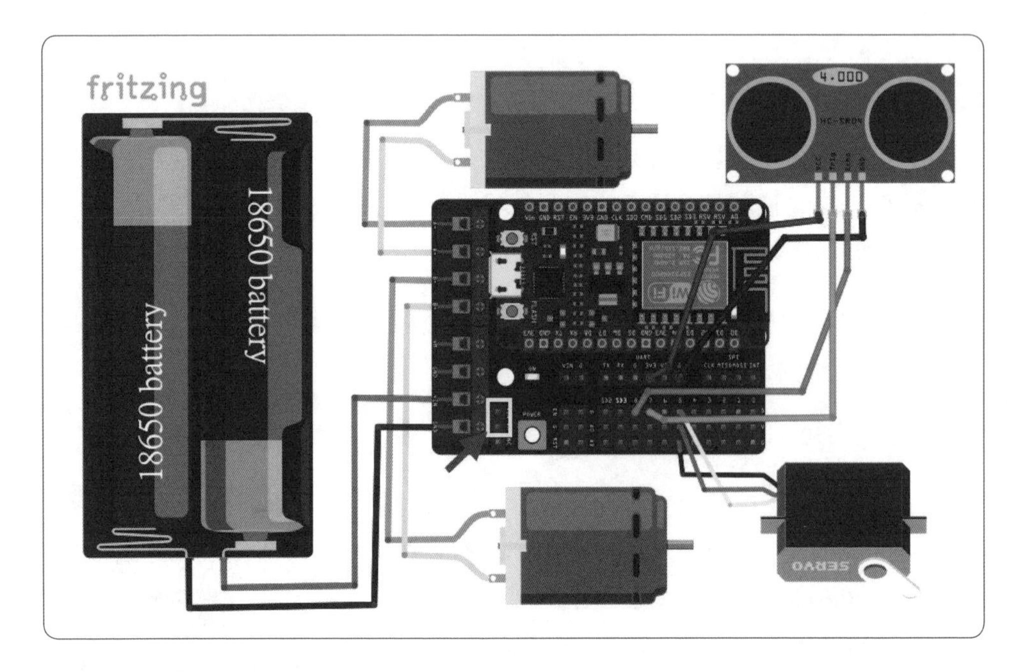

上述接線圖分成三大部分，各部分說明如下所示：

- 16850 電池盒和 2 顆直流馬達：連接至擴展板後方一排兩組的藍色接頭，上方第 1 組是連接直流馬達；下方第 2 組連接外部電源，如下所示：
    - 第 1 組的 4 個接頭：從上而下的第 1 和 2 個接頭 A- 和 A+ 是第 1 顆直流馬達，第 3 和 4 個接頭 B- 和 B+ 是第 2 顆直流馬達。

- 第 2 組的 4 個接頭：從上而下依序是 VM、GND、VIN 和 GND，VM 是直流馬達電源；VIN 是開發板電源，請將 18650 電池盒同時連接 VM 和 VIN，因為已經讓箭頭指向的 VM 和 VIN 兩個接腳短路，讓 VM 和 VIN 使用相同電源，所以本書只有連接 VIN，在後方白色按鈕是電源開關，按一下通電；再按一下是斷電。

■ 伺服馬達：連接在 D5（GPIO14），也就是下方 GPIO 編號 5 的接腳。

■ HC-SR04 超音波感測器模組：VCC 是連接中間橫排的 3v3 接腳，GND 是 G 接腳，Trig 是連接 D7（GPIO13）；Echo 是連接 D8（GPIO15）。

ESP-WiFi 遙控車的 HTML 網頁檔案：index.html

ESP-WiFi 遙控車的 HTML 網頁介面是位在「www」子目錄的 index.html，這是使用 AJAX 技術處理 5 個按鈕和 2 個滑動軸的 HTTP 請求，如下所示：

```
01: <html>
02: <head>
03:   <title>Wifi-ESP-Car遙控器</title>
04:   <meta name="viewport" content="width=device-width, initial-scale=1">
05:   <meta charset="utf-8" />
06:   <style>
…
18:   </style>
19:   <link href="https://fonts.googleapis.com/icon?family=Material+Icons"
          rel="stylesheet">
```

上述第 6～18 行是 CSS 樣式，第 19 行是 Material 圖示的樣式表，網頁按鈕的標題是 Material 圖示，查詢圖示名稱的 URL 網址，如下所示：

```
https://material.io/resources/icons/?icon=my_location&style=baseline
```

在下方第 20～31 行的 <script> 標籤是 JavaScript 程式碼，用來處理 AJAX 的 HTTP 請求，如下一頁所示：

```
20:   <script>
21:     var xhttp = new XMLHttpRequest();
22:     xhttp.onreadystatechange = function () {
23:       if (this.readyState == 4 && this.status == 200) {
24:         document.getElementById('status').innerHTML =
                              xhttp.responseText;
25:       }
26:     };
27:     function iotAction(route) {
28:       xhttp.open('GET', route, true);
29:       xhttp.send();
30:     }
31:   </script>
32: </head>
33: <body>
34:   <h1>Wifi-ESP-Car遙控器</h1>
35:   <div><strong><span id='status'>Speed: 500</span></strong></div>
36:   <p><button class="button" ontouchstart='iotAction("/forward")'
37:               ontouchend='iotAction("/stop")'>
          <span class="material-icons">north</span></button></p>
38:   <p><button class="button" ontouchstart='iotAction("/left")'
39:               ontouchend='iotAction("/stop")'>
          <span class="material-icons">west</span></button>
40:     <button class="button button1" onclick='iotAction("/ping")'>
41:       <span class="material-icons">my_location</span></button>
42:     <button class="button" ontouchstart='iotAction("/right")'
43:               ontouchend='iotAction("/stop")'>
          <span class="material-icons">east</span></button></p>
44:   <p><button class="button" ontouchstart='iotAction("/backward")'
45:               ontouchend='iotAction("/stop")'>
          <span class="material-icons">south</span></button></p>
```

上方第 35 行的 <span> 標籤是用來顯示 HTTP 請求的回應訊息，在第 36～45 行是 5 個按鈕的 <button> 標籤，按鈕的標題文字是 <span class="material-

icons"> 的圖示，使用 onclick 屬性呼叫 iotAction() 函式，參數是 HTTP 請求的路由。

在下方第 48 行和 52 行的 <input> 標題是 2 個調整轉速的滑動軸，如下所示：

```
46:   <div>
47:     <b><span id="leftOutput" class="output"></span></b>
48:     <input type="range" min="300" max="1000" value="500"
                        step=50 class="slider" id="leftSlider">
49:   </div>
50:   <div>
51:     <b><span id="rightOutput" class="output"></span><b>
52:     <input type="range" min="300" max="1000" value="500"
                        step=50 class="slider" id="rightSlider">
53:   </div>
54:   <script>
55:      var leftSlider = document.getElementById("leftSlider");
56:      var leftOutput = document.getElementById("leftOutput");
57:      leftOutput.innerHTML = "左輪: " +  leftSlider.value;
58:      leftSlider.oninput = function() {
59:         leftOutput.innerHTML = "左輪: " + this.value;
60:         iotAction("/cmd?leftspeed=" + this.value)
61:      };
62:      var rightSlider = document.getElementById("rightSlider");
63:      var rightOutput = document.getElementById("rightOutput");
64:      rightOutput.innerHTML = "右輪: " +  rightSlider.value;
65:      rightSlider.oninput = function() {
66:         rightOutput.innerHTML = "右輪: " + this.value;
67:         iotAction("/cmd?rightspeed=" + this.value)
68:      };
69:   </script>
70: </body>
71: </html>
```

上述第 54～69 行的 <script> 標籤是當轉速改變時，就呼叫 iotAction() 函式送出請求，參數 leftspeed 是左邊直流馬達的轉速；rightspeed 是右邊直流馬達的轉速。

ESP-WiFi 遙控車的 MicroPython 程式：main.py

ESP-WiFi 遙控車的 MicroPython 程式是使用 ESPWebServer.py 模組來建立 Web 伺服器。在第 2～6 行匯入相關模組，如下所示：

```
001: # main.py
002: import libs.ESPWebServer as ESPWebServer
003: from libs.hcsr04 import HCSR04
004: from machine import Pin, PWM
005: import tools.xtools as xtools
006: from utime import sleep
007:
008: ip_address = xtools.connect_wifi_led()
009: print("listening on: ", ip_address)
010: # 建立 HC-SR04 超音波測距
011: sensor = HCSR04(trigger_pin=13, echo_pin=15)  # D7, D8
012: # 馬達擴充板的腳位
013: pin_a_speed = Pin(5, Pin.OUT)  # D1
014: pin_a_dir   = Pin(0, Pin.OUT) # D3
015: pin_b_speed = Pin(4, Pin.OUT)  # D2
016: pin_b_dir   = Pin(2, Pin.OUT) # D4
017: pwm_a = PWM(pin_a_speed, freq=750)
018: pwm_b = PWM(pin_b_speed, freq=750)
019: servo = PWM(Pin(14) ,freq=50, duty=72)  # D5
```

上述第 8 行連線 WiFi，第 11 行建立 HCSR04 物件，第 13～16 行是馬達擴充板的腳位，因為控制晶片是 L293D，腳位 D3 和 D4 是控制正反轉的方向；D1 和 D2 是使用 PWM 調整直流馬達轉速，所以在第 17～18 行建立 PWM 物件，第 19 行是伺服馬達的 PWM 物件，GPIO14 就是 D5。

在下方第 22～23 行是左右直流馬達的 PWM 轉速，接著在第 25～51 行是控制直流馬達的 5 個函式，第 25～27 行是停止的 stop_all() 函式，也就是將 PWM 都設為 0，即轉速為 0，如下所示：

```
022: leftspeed = 500
023: rightspeed = 500
024: # 馬達前進, 後退, 左轉, 右轉和停止函式
025: def stop_all():          # 停止 Stop
026:     pwm_a.duty(0)
027:     pwm_b.duty(0)
028: 
029: def backward():          # 後退 Backward
030:     pin_a_dir.value(0)
031:     pwm_a.duty(leftspeed)
032:     pin_b_dir.value(0)
033:     pwm_b.duty(rightspeed)
034: 
035: def forward():           # 前進 Forward
036:     pin_a_dir.value(1)
037:     pwm_a.duty(leftspeed)
038:     pin_b_dir.value(1)
039:     pwm_b.duty(rightspeed)
```

上述第 29～39 行分別是 forward() 前進和 backward() 後退函式，前進的方向數位輸出值都是 1；後退都是 0，PWM 指定左右直流馬達的轉速。在下方第 41～51 行是 left() 左轉和 right() 右轉，2 個方向的數位輸出值是 1 個是 0；另 1 個是 1，如下所示：

```
041: def left():              # 左轉 Turn Left
042:     pin_a_dir.value(0)
043:     pwm_a.duty(leftspeed)
044:     pin_b_dir.value(1)
045:     pwm_b.duty(rightspeed)
046: 
```

```
047: def right():              # 右轉 Turn Right
048:     pin_a_dir.value(1)
049:     pwm_a.duty(leftspeed)
050:     pin_b_dir.value(0)
051:     pwm_b.duty(rightspeed)
052:
053: def ping():               # 測距 Ping
054:     d = sensor.distance_cm()
055:     servo.duty(38)
056:     sleep(1)
057:     d_right = sensor.distance_cm()
058:     servo.duty(110)
059:     sleep(1)
060:     d_left = sensor.distance_cm()
061:     servo.duty(72)
062:
063:     return d, d_right, d_left
```

上述第 53～63 行的 ping() 函式是用來測距的函式，使用伺服馬達轉動超音波感測器模組，可以測量前方、左方和右方的距離。在下方第 65～69 行就是處理根路由的 handleRoot() 函式，可以回應 index.html 檔案內容，如下所示：

```
065: def handleRoot(socket, args):          # 處理 "/" 路由的函式
066:     f = open("www//index.html", "r")
067:     html = f.read()
068:     f.close()
069:     ESPWebServer.ok(socket, "200", "text/html", html)
070:
071: def handleForward(socket, args):      # 處理 "/forward" 路由的函式
072:     global leftspeed, rightspeed
073:     forward()                         # 前進
074:     msg = "Forward: " + str(leftspeed) + "," + str(rightspeed)
075:     ESPWebServer.ok(socket, "200", msg) # AJAX回應
076:
```

```
077: def handleBackward(socket, args):      # 處理 "/backward" 路由的函式
078:     global leftspeed, rightspeed
079:     backward()                         # 後退
080:     msg = "Backward: " + str(leftspeed) + "," + str(rightspeed)
081:     ESPWebServer.ok(socket, "200", msg) # AJAX回應
082:
083: def handleLeft(socket, args):          # 處理 "/left" 路由的函式
084:     global leftspeed, rightspeed
085:     left()                             # 左轉
086:     msg = "Left: " + str(leftspeed) + "," + str(rightspeed)
087:     ESPWebServer.ok(socket, "200", msg) # AJAX回應
088:
089: def handleRight(socket, args):         # 處理 "/right" 路由的函式
090:     global leftspeed, rightspeed
091:     right()                            # 右轉
092:     msg = "Right: " + str(leftspeed) + "," + str(rightspeed)
093:     ESPWebServer.ok(socket, "200", msg) # AJAX回應
094:
095: def handleStop(socket, args):          # 處理 "/stop" 路由的函式
096:     stop_all()                         # 停止
097:     ESPWebServer.ok(socket, "200", "Stop") # AJAX回應
```

上方第 71～97 行是處理前進、後退、左轉、右轉和停止的路由函式，這些都是 AJAX 請求，回傳資料只會更新 <span> 標籤的內容。在下方第 99～102 行的 handlePing() 函式是處理測距的路由函式，如下所示：

```
099: def handlePing(socket, args):          # 處理 "/ping" 路由的函式
100:     d, d_right, d_left = ping()
101:     response = str(d) + "," + str(d_right) + "," + str(d_left)
102:     ESPWebServer.ok(socket, "200", response) # AJAX回應
103:
104: def handleCmd(socket, args):           # 處理 "/cmd" 路由的函式
105:     global leftspeed, rightspeed
106:     if "leftspeed" in args:
```

```
107:         leftspeed = int(args["leftspeed"])
108:         msg = "Left Speed: " + str(leftspeed)
109:         ESPWebServer.ok(socket, "200", msg) # AJAX回應
110:     if "rightspeed" in args:
111:         rightspeed = int(args["rightspeed"])
112:         msg = "Right Speed: " + str(rightspeed)
113:         ESPWebServer.ok(socket, "200", msg) # AJAX回應
```

上述第 104～113 行是處理調整轉速的 handleCmd() 路由函式，在第 106～113 行使用 2 個 if 條件判斷是否有 leftspeed 和 rightspeed 參數，有，就在第 107 行和第 111 行取得和指定轉速的參數值。

在下方第 115 行啟用 Web 網站，第 116～123 行設定路由對應的處理函式，如下所示：

```
115: ESPWebServer.begin(80)                    # 啟用網站
116: ESPWebServer.onPath("/",handleRoot)
117: ESPWebServer.onPath("/forward",handleForward)
118: ESPWebServer.onPath("/backward",handleBackward)
119: EESPWebServer.onPath("/left",handleLeft)
120: ESPWebServer.onPath("/right",handleRight)
121: ESPWebServer.onPath("/stop",handleStop)
122: ESPWebServer.onPath("/ping",handlePing)
123: ESPWebServer.onPath("/cmd",handleCmd)
124:
125: while True:
126:     try:
127:         ESPWebServer.handleClient()
128:     except Exception as ex:
129:         xtools.show_error()       # 閃爍 LED 顯示錯誤訊息
130:         import machine
131:         machine.reset()           # 重設開發板
132:         print("Reconnecting...")
```

上述第 125～132 行的 while 無窮迴圈持續在第 127 行處理客戶端請求，在第 126～132 行是例外處理 try/except，如果有錯誤，就在第 129 行閃爍內建 LED，在第 131 行重設開發板，即可重新連線和啟動 Web 伺服器。

學習評量

1. 請說明如何規劃和管理專案的 MicroPython 程式檔案？ boot.py 和 main.py 兩個檔案的用途為何？
2. 請問什麼是超音波感測器模組？其用途為何？
3. 請問 MicroPython 程式如何控制直流馬達？
4. 在第 13 章的 ch13-2-2.py 是使用光敏電阻模擬距離值來存入 Google Sheets，請修改 MicroPython 程式，將 HC-SR04 超音波感測器模組取得的距離值存入 Google Sheets。
5. 請使用 ESP-WiFi 遙控車收集小車行走數據，例如：轉彎半徑，行車速度和找出兩個直流馬達的轉速差，即可依據數據來建立自走車，當前方有障礙，就轉彎或退後，在 while 無窮迴圈只使用前方距離來判斷小車是前進、左轉或後退，如下所示：

```
while True:
    d, _, _ = ping()
    if d > 30:
        forward()
    elif d > 20:
        left()
    elif d <= 10:
        backward()
    utime.sleep(0.2)
```

APPENDIX

A 本書各章電子零件的購買清單

本書使用的電子零件可在國內外拍賣網站直接搜尋來進行購買，例如：蝦皮、露天、Yahoo 拍賣和淘寶等。

第 6 章 ~ 第 14 章：電子零件的購買清單

- Witty Cloud 機智雲開發板 x 1

第 15 章：電子零件的購買清單

- Witty Cloud 機智雲開發板 x 1
- 蜂鳴器 x 1
- DHT11 感測器模組 x 1
- WS2812B RGB LED 燈條 x 1
- 伺服馬達 x 1
- 麵包板 x 1
- 麵包板跳線 x 若干
- 公 - 公杜邦線 x 若干
- 公 - 母杜邦線 x 若干

第 16 章：電子零件的購買清單

- Wemos D1 Mini x 1
- HC-SR04 超音波感測器模組 x 1
- L298N 馬達模組 x 1
- 4 顆 1.5V 的 6V 電池盒 x 1
- 直流馬達 x 2
- 麵包板 x 1
- 麵包板跳線 x 若干
- 公 - 母杜邦線 x 若干

ESP-WiFi 遙控車：電子零件的購買清單

- ESP8266 NodeMCU v2 開發板 x 1
- NodeMCU v2 電機驅動擴展板 x 1
- HC-SR04 超音波感測器模組 x 1
- 伺服馬達 x 1
- 智慧車車體套件 x 1
- 伺服馬達固定件 x 1
- HC-SR04 模組固定件 x 1
- 2 顆 18650 電池盒 x 1
- 麵包板跳線 x 若干
- 公 - 母杜邦線 x 若干
- 母 - 母杜邦線 x 若干
- 銅柱 x 若干
- 固定螺絲 x 若干

APPENDIX

B Thonny+ESP8266 工具箱套件使用說明

B-1 Thonny+ESP8266 工具箱可攜式套件

WinPython 是一套支援 Windows 作業系統的免費且開放原始碼的科學和教育用途可攜式版本的 Python 整合散發套件。

Thonny+ESP8266 工具箱可攜式套件是使用 WinPython 安裝 Thonny IDE 4.x 版，和整合本書 ESP8266 工具箱提供的工具程式和書附範例程式，此套件並不需要安裝，只需執行自解壓縮檔解壓縮後，就可以馬上開始學習 Python/MicroPython 程式設計的 IoT 物聯網開發。

下載安裝 Thonny+ESP8266 工具箱可攜式套件

本書提供整合 fChart 教學工具和客製化 WinPython 套件的 Python/MicroPython 開發環境，此套件已經安裝 Thonny IDE+ 功能表程式碼片段的外掛程式，和提供本書 ESP8266 工具箱的相關工具。

請進入 fChart 官網：https://fchart.github.io/，在上方選【Python 套件】標籤頁，可以看到書附套件的下載超連結，如下圖所示：

上述第一行是單獨下載本書的 ESP8266 工具箱，包含書附範例程式、積木程式範例和相關工具，在第 2 行有 3 個超連結，最後 1 個超連結是 B-2 節的 Thonny 外掛程式，請點選前 2 個的任一個超連結，可以下載 Thonny+ESP8266 工具箱可攜式套件，這是一個 7-Zip 格式的自解壓縮檔，下載檔名是：fChartThonny6_mpy2.exe。

當成功下載套件後，請執行 7-Zip 自解壓縮檔，在【Extract to:】欄位輸入解壓縮的硬碟，例如：「C:\」或「D:\」等，按【Extract】鈕，就可以解壓縮安裝 Thonny+ESP8266 工具箱可攜式套件，如下圖所示：

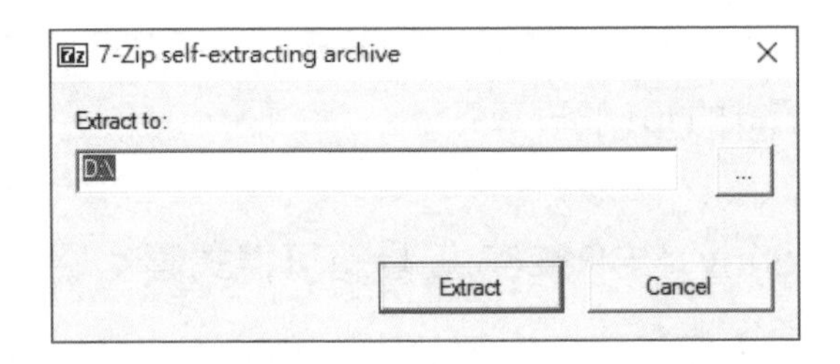

當成功解壓縮後，預設建立名為「\fChartThonny6_mpy2」的目錄。

使用 Thonny+ESP8266 工具箱可攜式套件

在「\fChartThonny6_mpy2」安裝目錄下擁有多個子目錄，主要的子目錄有兩個，其說明如下所示：

- WinPython 子目錄：WinPython 可攜式的 Python 整合散發套件。
- ESP8266Toolkit 子目錄：本書提供的 ESP8266 工具箱，其 Examples 子目錄是本書各章的範例程式 + 積木程式。

Thonny + ESP8266 工具箱可攜式套件的使用是透過 fChart 主選單的命令。請開啟「\fChartThonny6_mpy2」目錄捲動至最後，按二下【startfChartMenu.exe】執行 fChart 主選單。

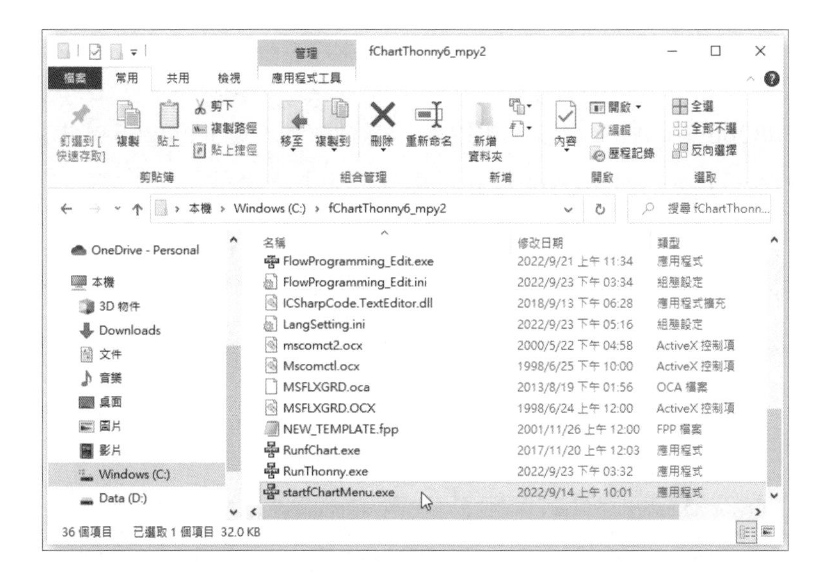

可以看到訊息視窗顯示已經成功在工作列啟動主選單，請按【確定】鈕。

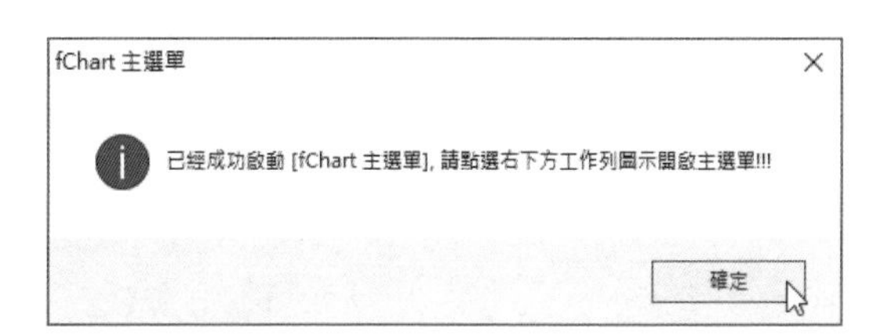

然後，在右下方工作列可以看到 fChart 圖示，點選圖示，可以看到一個主選單來啟動 fChart 和 Python/MicroPython 相關工具，我們可以執行【Thonny Python IDE】命令來啟動 Thonny IDE，如下圖所示：

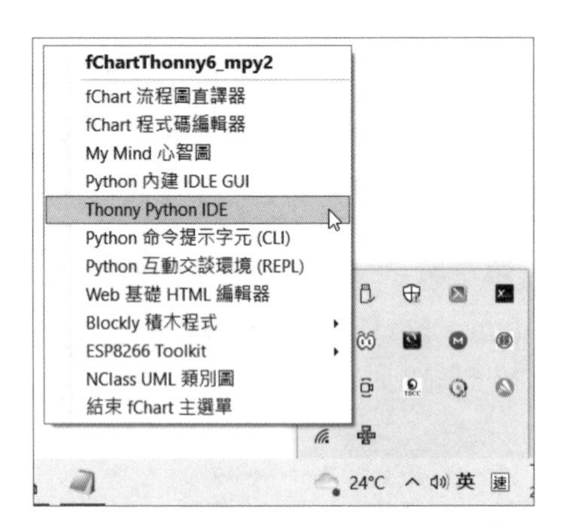

點選【ESP8266 Toolkit】命令，可以在子選單啟動本書 ESP8266 的相關工具和 ESP8266 Blockly for MicroPython 積木程式，如下圖所示：

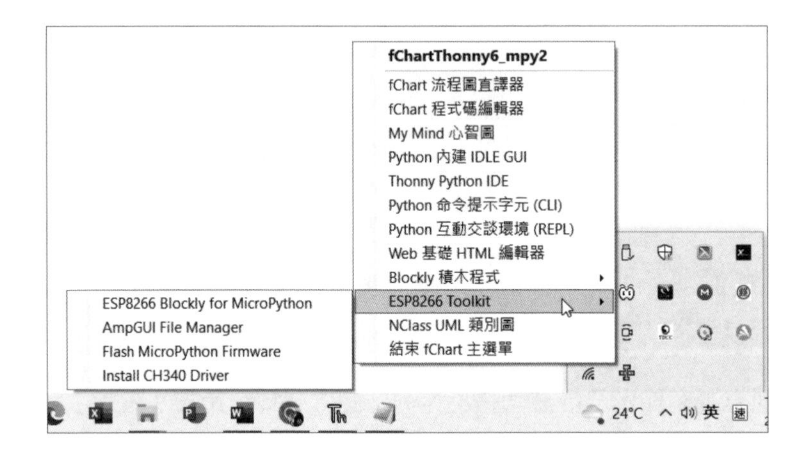

B-2 Thonny 外掛程式的安裝

如果讀者是參閱第一章的說明，自行安裝 Thonny Python IDE 時，因為預設並沒有安裝功能表程式碼片段的外掛程式，所以並無法使用功能表命令來快速插入基礎的 Python 程式碼，如下圖所示：

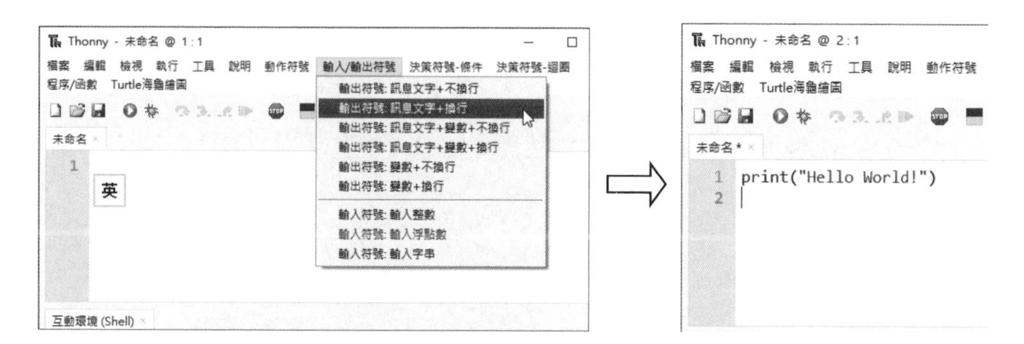

在 Thonny 安裝此功能表外掛程式的步驟，如下所示：

Step 1 請連線第 B-1 節的下載網頁，下載本書工具的 Thonny 外掛程式，檔名是【plugins.zip】。

Step 2 請啟動自行安裝的 Thonny 開發工具，可以看到功能表只到「說明」，然後執行「工具 > 開啟 Thonny 資料夾」命令。

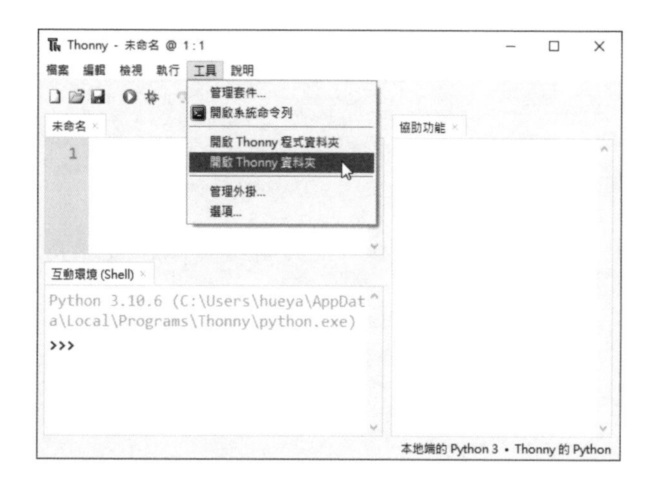

Step 3 可以開啟 Thonny 資料夾，請將下載的 ZIP 檔 plugins.zip 複製至此目錄，如下圖所示：

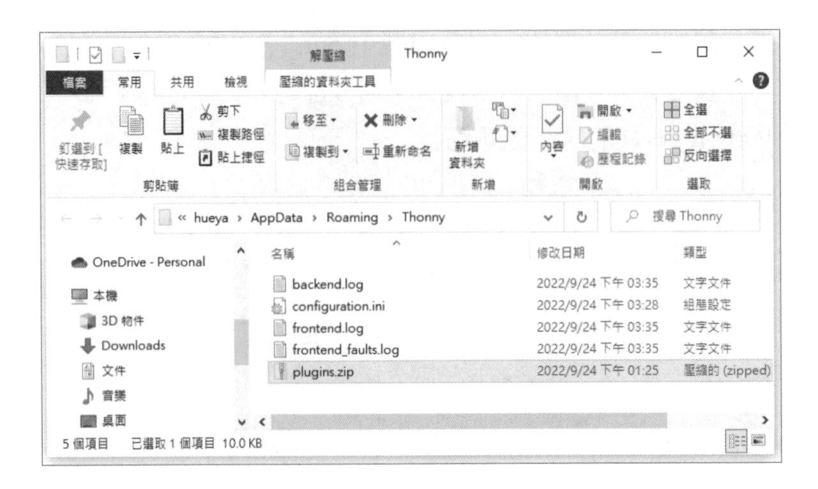

Step 4 然後解壓縮 ZIP 檔案至此目錄，即可建立「plugins」子目錄。

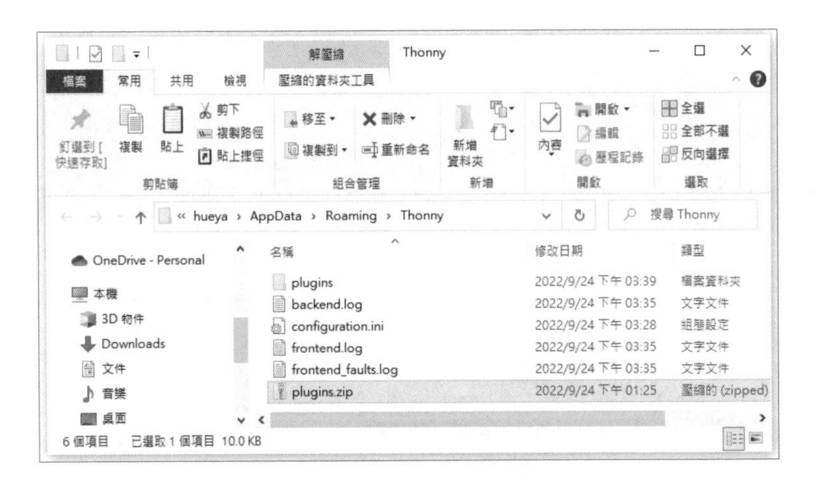

Step 5 請重新啟動 Thonny，就可以在上方看到對應流程圖的功能表選單。

Note

Note